JN063907

転換期における
わが国漁業の構造変化

2018年漁業センサス分析報告書

農林水産省 編

北斗書房

はじめに

本報告書は農林水産省大臣官房統計部の令和２年度「2018 年漁業センサス分析支援業務」による、漁業センサスの調査結果を基にした、わが国漁業構造分析についての報告である。この事業は、漁業経済等の問題に造詣の深い研究者、専門家７名による「2018 年漁業センサス分析検討会」を組織し、わが国の漁業の再編と新しい役割に焦点をあてて、その背景を分析したものである。なお、分析の際には、2011 年３月 11 日に発生した東日本大震災の復興状況に着目した。

この「2018 年漁業センサス分析検討会」は、加瀬和俊委員を座長として、以下の委員で構成し、それぞれに分担執筆していただいた。ここに厚く感謝申し上げる次第である。

座長　加瀬和俊　　東京大学名誉教授
委員　三木奈都子　国立研究開発法人水産研究・教育機構水産技術研究所
委員　佐野雅昭　　鹿児島大学水産学部
委員　工藤貴史　　東京海洋大学海洋政策文化学科
委員　濱田武士　　北海学園大学経済学部
委員　佐々木貴文　北海道大学水産学部
委員　西村絵美　　国立研究開発法人水産研究・教育機構水産大学校

（執筆順）

目　次

序章　漁業センサスの役割と本報告書の課題

加瀬　和俊

本書の課題は、2018年11月1日（流通加工調査は2019年1月1日。以下同じ。）に実施された漁業センサスの内容を整理・解説することを通して、日本漁業の現況を正確に把握するとともに、今後に予想される変化の方向をさぐることである。そのため以下の各章において、日本漁業の分野ごとに漁業センサスの関連部分の解説がなされるが、それに先立つ本章では、各論を理解しやすくするための関連事項にふれておきたい。

1．漁業センサスの役割と構成

（1）多様な漁業関係統計と漁業センサスの位置

水産業は水産物を漁労・養殖によって獲得する漁業、それに調理の手を加えて消費しやすい形に変える水産加工業、製品や加工用原料を保存するための冷蔵庫業、腐敗しやすい水産物を迅速に集荷・分荷する水産流通産業・運輸産業等から成り立っているし、漁業の前提としては漁船・漁労機器類製造業、漁網製造業、餌料供給業等も不可欠である。その中心に位置する漁業は天然の水産物（未だ人間の所有権の対象になっていない無主物）を漁獲行為によって人間の所有物に変える漁船漁業（採捕漁業）と、人間の所有物である稚魚・稚貝・種苗等を育ててより高次の商品にする養殖業から成り立っている。

このように水産物が消費されるまでには多様な産業が関わっており、それぞれの産業・企業が衛生関係規則をはじめとする多様な約束ごとを守り、相互に情報を交換しあって前後の工程との円滑な調整を行うことによって、自然による制約が強い水産物の生産・加工・流通・消費が円滑に進んでいるのである。したがって、漁業に関わる諸産業に属する企業は隣接産業の実態について正確な情報を必要としている。事情は官公庁でも同様であり、漁業関連の諸産業の実情を知り、それが抱えている経営上の問題を理解することが、水産業に関わる諸政策を実施するためには不可欠なことである。消費者もまた、合理的で豊かな食生活を形成するためには供給される水産食料品の供給がどのような実態にあり、価格がどのような事情によって動いているのか等について知っておくことが必要であろう。このように漁業に関わる多くの情報が求められ、それに答えるべく多数・多様な情報が提供されているのが現実である。

このように水産業についての多数の分野から多くの情報が発せられているが、その中で各種の実態を客観的に把握するための統計類は極めて重要な役割を果たしている。日本の漁業関係統計は国際的にみて正確・詳細なものとして知られてきた。それは水産物が国民の摂取タンパク質の大きな部分を占めるなど、国民経済の中で水産業の比重が高かったことに対応していた。経済発展にともなう漁業の位置の低下にも関わらず、現在でも日本の漁業関係統計は国際的に見て最も多様で詳細であるといえる。

現在、農林水産省（統計部）のホームページでは、各種の分野にわたる水産業関係統計を作成するための調査類を以下のように分類している。（刊行物の形をとっている場合とそうでない場合とがあり、必ずしも一つの方法で整理されてはいないが。）

経営体数・・・漁業センサス、漁業構造動態調査
経営収支・・・漁業経営調査
生産量・・・海面漁業生産統計調査、内水面漁業生産統計調査
産出額・・・漁業産出額
流通・・・産地水産物流通調査、冷蔵水産物在庫量調査、食品流通段階別価格形成調査
水産加工・・・水産加工統計調査、水産加工業経営実態調査
その他・・・水産業協同組合年次報告、水産業協同組合統計表、都道府県知事認可の漁業協同組合の職員に関する一斉調査

以上は農林水産省ないし水産庁によって実施されている調査とその結果である報告書の名称であるが、このほかにも他の団体等によって実施されているものや、地方自治体が定期的ないし適宜に刊行している統計報告を含んだ報告書類、各機関の水産関係業務を集計した業務統計類等、多数に及んでいる。以上のような多様な統計類によって漁業・関連産業の実態が把握されているのである。

（2）漁業センサスの特徴

このうちで最も大掛かりな調査が以下のような特徴を持つ漁業センサスである。

①全漁業経営体等を対象にした構造統計である。

一年間の生産量・産出額・経営収支などの動態統計とは異なって、一定時点における経営体等の性格を捉えた構造統計であり、日本に存在する海面漁業・内水面漁業・漁業関連流通加工業の一定条件を備えた全経営体等を対象としている。

②５年に一度、11 月１日現在で実施される。

全経営体等を対象とした大掛かりな調査であるため毎年ではなく５年に一度、11 月１日現在について調査されている。

③詳細な地域区分ごとに結果が発表されている。

全国・都道府県・市町村・漁業地区・漁業集落という各地域区分ごとに統計数値が集計・発表されており、限定された一定地域の実態を把握することもできる。

④長期にわたって漁業・関連産業の基本構造の推移を追うことができる。

第一次（1949 年３月)、第二次（1954 年１月)、沿岸漁業臨時調査（1958 年 11 月）以降は、第三次（1963 年）から第 11 次（2003 年）までは継続番号が付されて継続性が明確であり、それ以降も 2008 年、2013 年、2018 年と５年ごとに基本的に同様の内容で実施されている。このため戦後全期間にわたる漁業経営体・漁業就業者・漁業関連施設整備状況等の推移が明瞭に把握できる。

（3）漁業センサスの現状と最近の変化

1）漁業センサスの調査票

現在の漁業センサスの仕組みを表序 -1 に示した８種類の調査票にそくして説明しておこう。

①漁業経営体調査票Ⅰ（個人経営体用）

これは海面漁業経営体のうち個人経営体の調査に使用されるものであり、回答者数は他の調査を大きく上回って最も多い。調査項目は、Ⅰ。世帯・世帯員、Ⅱ。自家漁業に雇った人、Ⅲ。漁船、Ⅳ。営んだ漁業種類（漁船漁業・養殖業の種類、販売金額等）、Ⅴ。漁業以外の事業の５分野に及んでいる。

②漁業経営体調査票Ⅱ（団体経営体用）

これは海面漁業経営体のうち団体経営体（会社、共同経営、漁協、漁業生産組合、その他）の形態をとっているものを対象とした調査票である。①とほとんど同じ質問も含まれているが、①にあった世帯・世帯員の質問事項が消えて、代わりに会社の種類、法人格を有するか否か、資本金額、子会社を有する場合にその事業分野といった質問が入っている。

③海面漁業地域調査票

これは漁業経営体が回答するのではなく、郵送又はオンラインにより漁協が回答するものであり、Ⅰ。資源管理・漁場改善の取組、Ⅱ。漁業地区の会合・集会等の開催状況、Ⅲ。地域活性化の取組について聞いている。海面漁

表序 -1　2018 年漁業センサスの調査票の構成

	調査票の名称	頁数
1	漁業経営体調査票Ⅰ（個人経営体用）	9
2	漁業経営体調査票Ⅱ（団体経営体用）	11
3	海面漁業地域調査票	4
4	内水面漁業経営体調査票Ⅰ（個人経営体用）	9
5	内水面漁業経営体調査票Ⅱ（団体経営体用）	7
6	内水面漁業地域調査票	5
7	魚市場調査票	2
8	冷凍・冷蔵、水産加工場調査票	6

業経営体が存在する地域が社会的にどのような性格をもっているのかを調べようとしていることがわかる。

④内水面漁業経営体調査票Ⅰ（個人経営体用）

上記①と類似の内容を内水面漁業について調べようとする調査票である。その質問項目は、Ⅰ。世帯・世帯員、Ⅱ。湖沼漁業（年齢別・男女別の湖上作業従事者数、漁船、漁業種類、魚種、販売金額）、Ⅲ。養殖業（年齢別・男女別の養殖業従事者数、養殖種類、養殖方法、販売金額）について調査している。

⑤内水面漁業経営体調査票Ⅱ（団体経営体用）

上記②と類似の内容を内水面漁業について調べるための調査票である。その質問項目は、Ⅰとして「法人か否か」を全調査対象に聞いた上で、Ⅱ。湖沼漁業（年齢別・男女別の湖上作業の従事者数、漁船、漁業種類、魚種、販売金額）、Ⅲ。養殖業（年齢別・男女別の養殖業従事者数、養殖種類、養殖方法、販売金額）について調査している。

⑥内水面漁業地域調査票

上記③に対応する内水面版であり、郵送又はオンラインにより内水面漁協が回答することになっている。質問項目はⅠ。内水面漁協の正・准別の組合員数、Ⅱ。生産条件（漁場環境、遊漁の状況）、Ⅲ。活性化の取組（取組の参加人数、直売所があれば来場者数）。

⑦魚市場調査票

調査票は実質１頁だけの短いものであり、魚市場の管理者等が回答している。質問項目は１．卸売場面積、２．水産物卸売業者数、水産物買受人数、３．過去１年間の水産物取扱高（重量、金額）、４．品質・衛生の管理のための施設・機器の有無。

⑧冷凍・冷蔵、水産加工場調査票

これは冷凍・冷蔵庫を経営する企業と水産加工場についての調査票である。調査項目は、Ⅰ。事業所が営んだ事業と従業者数、Ⅱ。冷凍・冷蔵工場（自家用か営業用か、寄託品の業者別、冷蔵能力、凍結能力）、Ⅲ。水産加工場（品目別生産量、販売金額、出荷先、原材料中の国産品％、国産原材料の仕入れ先）となっている。

これらの調査が５年に１回、具体的には国勢調査・農業センサスなどが実施される５の倍数年（西暦年で）の３年後の 11 月１日を期して実施されている。調査票は、①、②は市町村の総務課など主要な統計を担当している部局から、③～⑧は農林水産省からそれぞれの調査票に回答すべき世帯・事業体等に配布されて記入してもらうことになるのである。

２）報告書の構成

これまでの実績では、調査の報告書はほぼ調査から１年後以内に刊行がはじまり、２年を経過した時点前後までに公表が完了している。報告書は第一巻から第九巻までと「総括編」「英文統計」とからなるが、そのうち漁業地区ごとの数値を収録した第四巻は４冊からなるので、合計で 14 冊に及ぶ大部な統計となっている。

各巻の収録テーマは次の通りである。

第一巻～第六巻：海面漁業

（第一巻：全国・大海区。第二巻：都道府県。第三巻：市区町村。

第四巻：漁業地区。第五巻：海面漁業の構造変化。第六巻：団体経営体）

第七巻：内水面漁業

第八巻～第九巻：流通加工業

（第八巻：全国・都道府県・市区町村。第九巻：漁業地区）

総括編

３）漁業センサスの統計項目の変化

漁業センサスは 2003 年の第 11 次漁業センサスを最後に、統計のタイトルに継続番号を付すことをやめ、実施年の西暦を付す方式に変更されている。これは調査項目の継続性を重視するよりも、産業実態の変化に柔軟に対応して機敏に調査項目を変更し、変化の動向を適確にとらえることに重点を置くように調査の姿勢が変化したためではないかと推測される。

あらゆる官庁統計類がそうであるように、漁業センサスも歴史的産物であり、調査対象の歴史的変化に応じて統計の内容・規模も変化を余儀なくされてきた。したがって、漁業センサスによって与えられる統計が構造統計のすべてであるとみなすことは不適切であり、時代の推移とともに何が新しく調査され、何が調査対象から消えていったのかを知ることが必要である。漁業センサスを批判的に読み、漁業の産業的特徴をより正確に把握することができるように、新しい統計の要望を出すことも必要であろう。そのためにここでは、最近の漁業センサスの調査項目の主な変化にふれておこう。

2008年漁業センサス調査における最大の変化は雇われ漁業就業者の直接調査を廃止したことであった。これは、調査の圧縮・合理化の趣旨に沿って雇用乗組員に回答してもらう漁業従事者世帯調査を廃止した大変化であった。2003年の雇われ漁業就業者の人数は6万人弱であったから、それだけの回答者が一気に消えたことは統計簡素化の観点からは大きな意味があったといえる。それが可能であったのは、200海里体制の定着にともなって遠洋漁業が大幅に縮小してその乗組員数が減少してきたこととともに、遠洋漁業乗組員の相当部分が外国で乗船し、外国で船を下りる外国人乗組員に入れ替わり、詳細な調査が困難になったことも一因であった。

2008年センサスでの今一つの大きな変化は、個人経営体世帯の15歳以上の世帯員全員の就業状況を記載するようになっていた調査票の部分を簡略化して、漁業に従事している世帯員だけを記入するように変更されたことである。家族経営である沿岸漁業経営体の性格を知るためには労働力人口世代の世帯員全員がどのような就業・非就業の状態にあるのかは重要だと考えられており、戦後の漁業センサスでは一貫して調査されていた項目であるが、調査項目の合理化の必要もあって、漁業に従事していない人についてはその人数を調べるだけで、その就業実態については調査から外すという大きな選択がなされたのである。この変化は、漁業センサスなのだから世帯員でも漁業に従事していない人についての情報はいらないという原則論だけではなく、会社員として家には寝に帰るだけで、自家の漁業には全くかかわりがなく、通勤に便利な適切な住居が見つかればすぐに世帯から出ていくといった世帯員が増加してきたという客観的な変化を反映していたため、回答者の調査負担の軽減の必要性というセンサスの継続的実施のための今一つの重要な要因によって圧縮を余儀なくされたものと推測される。

他方、新しく統計に加えられるようになった項目も見られる。その一つは、「漁業者」にあたるセンサス用語は海上作業に年間30日以上従事したことを要件とする「漁業就業者」であったのであるが、2003年センサス以降、日数条件無しに少しでも漁業（陸上作業だけでも良い）に従事した者をさす「漁業従事世帯員」という概念が重視されるように変化してきている。これは漁業就業者の高齢化が進展することによって海上作業日数が減少し、地区内に漁業就業者がいない漁業地区が多数になると、漁業地区でありながら漁業の実態についての統計が得られなくなってしまうことを回避するためには、漁業従事度が低い漁業者も把握する必要性が高くなったといった事情を反映しているものと推測される。また、高齢の漁業者の操業が他の世帯員の支えによって可能になっている状況を把握するためにも、より広い世帯員の漁業従事状況を把握できるように調査対象を広げることになったためであると考えられる。換言すれば、陸上作業で自家の漁業を支えている補助的労働力がないと高齢者の漁業従事が不可能になってしまうという現実の下で、かつては漁業を支えるほどの役割を果たしているとは意識されなかった世帯員の手伝い労働も重視せざるをえなくなってきたことの結果であろう。このように漁業の客観的な状況が変化することによって漁業センサスの統計項目の削減や新規採用といった事態が今日まで続いてきたのである。

それでは今回の2018年のセンサスではどのような変化があったのだろうか。この点で最も大きな変化は、団体経営体における漁業従事者のうち、その経営に「責任のある者」を調査するようにしたことと、個人経営体における「経営方針決定関与者」を加えたことである。調査票に記載されている項目としては、団体経営体については経営主と、「海上作業において責任のある者（役員に限る）」として、「漁ろう長・船長・機関長・養殖場長・その他」と「陸上作業において責任のある者（役員に限る）」の7者に該当する者について、それぞれの性別、出生年月、年間の漁労従事日数（海上作業日数と陸上作業日数を含む全日数）等を記入することになっている。また個人経営体については、漁業従事世帯員の記入欄に「経営主とともに経営方針の決定に関わっている」者の項目を新設し、該当者の欄にチェックをいれるようになっている。

こうした調査項目が採用された理由は、団体経営体において必要な国家資格を有する幹部職員の減少によって一般乗組員はそろっているのに操業できないといった事態が生じているとの指摘があるため、幹部職員の実態を調べようとしているのではないかと推測される。また、個人経営体については、経営主が高齢化している下で一緒に経営方針の決定に関与している者の有無に関心が向けられているのであろう。

このように調査設計者が現実の漁業をどのように認識し、センサスをどのように役立てようとしているかによって、センサスの調査項目は少しずつ変化してきたといえる。それが漁業実態の変化を正確に反映した有効なものになるように、正確な情報や調査が望まれるといえよう。

2．漁業構造変化の背景

（1）一般経済の動向

2回の漁業センサス時点をつなぐ2013年～2018年の期間は経済事情としては、相対的に有利な条件に恵まれていた時期であったといえる。この状況を表序-2で概観し、漁業経営の経済的環境の概容を把握しておこう。リーマンショック（2008年9月）によって国際金融危機が一挙に広がり2010年にかけて失業率が高まって、日本でも完全失業者数330万人、完全失業率5.1％という欧米並みの水準を記録している。加えて2011年3月の東日本大震災によって消費節約のムードが被災地以外にも広がってサービス産業等を中心に不況が続いた。しかしその後の世界的な景気回復の影響と、安倍内閣（2012年12月発足）の円安政策に対して先進諸国が対抗措置をとらなかったことにも助けられて、日本の景気は早めに好転したといえる。安倍内閣は、民主党政権時代の2011～2012年の1ドル＝80円という円高局面から2015年の120円台への大幅な円安誘導を行い、輸出の増加、輸入

表序 -2　一般経済指標

	GDP 実質成長率（前年度比）	民間最終消費支出（前年度比）	完全失業者数（万人）	完全失業率（%）	有効求人倍率
2010	3.3	1.5	334	5.1	0.52
2011	0.5	0.7	302	4.6	0.65
2012	0.8	1.6	285	4.3	0.80
2013	2.6	2.8	265	4.0	0.93
2014	▲ 0.4	▲ 2.6	236	3.6	1.09
2015	1.3	0.7	222	3.4	1.20
2016	0.9	-	208	3.1	1.36
2017	1.9	1.1	190	2.8	1.50
2018	0.3	0.1	166	2.4	1.61

	輸出額（兆円）	輸入額（兆円）	円相場（円/ドル）	日経平均株価指数（円）	赤字国債発行額（兆円）
2010	64	55	88	10,229	35
2011	63	63	80	8,455	34
2012	62	66	80	10,395	36
2013	68	77	98	16,291	34
2014	74	85	106	17,451	32
2015	75	76	121	19,034	28
2016	69	64	109	19,114	29
2017	77	72	112	22,765	26
2018	81	80	110	20,015	27

資料：内閣府「日本経済 2019-2020」，巻末「長期経済統計」より抜粋。

の抑制の効果をもたらし、特に消費財産業分野には追い風になったといえる。

この後、長期に及んだ安倍内閣時代には、積極財政の副作用として赤字国債増発による日銀の国債保有高の急増、マネー量の拡大などが明瞭であったが、政府の姿勢は財政再建よりも、当面の景気対策を重視して景気刺激策を取り続けたといえる。この方針によって、2018 年段階では完全失業率は 2 ％台、有効求人倍率は 1.6 という好調な状態を持続できていたといえる。

（2）漁業にとっての環境

この時期の漁業にとっての経営環境をいくつかの統計にそくしてみてみよう。

①　表序 -3 は食料需給表の要点を示している。これによると、魚介類・海藻類の国内生産は微減状態、輸入量はほぼ横ばいで大きな変化はないが、この間に国内生産より輸入量の方が多い状態に変化していることがわかる。さ

表序 -3　魚介類・海藻類の需給関係

	類別・品目別	国内生産量	外国貿易		在庫の増減量	国内消費仕向量	国内仕向量						
			輸入量	輸出量			飼料用	加工用	粗食料			歩留り	純食料
									総数	1人1年当たり	1人1日当たり		
	(単位)	1,000 t	1,000 t	1,000 t	1,000 t	1,000 t	1,000 t	1,000 t	1,000 t	kg	g	%	1,000 t
2013 年度（確定値）	魚介類	4,289	4,081	680	▲178	7,868	1,588	-	6,280	49.3	135.2	55.6	3,492
	a. 生鮮・冷凍	1,950	1,063	578	▲13	2,448	-	-	2,448	19.2	52.7	55.6	1,361
	b. 塩干・燻製等	1,606	1,941	82	▲36	3,501	-	-	3,501	27.5	75.3	55.6	1,947
	c. かん詰	213	123	7	▲2	331	-	-	331	2.6	7.1	55.6	184
	d. 飼肥料	520	954	13	▲127	1,588	1,588	-	-	-	-	-	-
	海藻類	101	48	2	-	147	-	24	123	1.0	2.6	100.0	123
2017 年度（確定値）	魚介類	3,828	4,086	656	▲124	7,382	1,564	-	5,818	45.9	125.8	53.2	3,095
	a. 生鮮・冷凍	1,806	1,013	551	18	2,250	-	-	2,250	17.8	48.7	53.2	1,197
	b. 塩干・燻製等	1,244	2,060	75	1	3,228	-	-	3,228	25.5	69.8	53.2	1,717
	c. かん詰	187	160	8	▲1	340	-	-	340	2.7	7.4	53.2	181
	d. 飼肥料	591	853	22	▲142	1,564	1,564	-	-	-	-	-	-
	海藻類	96	46	2	-	140	0	23	117	0.9	2.5	100.0	117
2018 年度（概算値）	魚介類	3,923	4,049	808	7	7,157	1,465	-	5,692	45.0	123.3	53.1	3,022
	a. 生鮮・冷凍	1,858	954	722	▲4	2,094	-	-	2,094	16.6	45.4	53.1	1,112
	b. 塩干・燻製等	1,304	2,005	59	▲3	3,253	-	-	3,253	25.7	70.5	53.1	1,727
	c. かん詰	187	163	6	▲1	345	-	-	345	2.7	7.5	53.1	183
	d. 飼肥料	574	927	21	15	1,465	1,465	-	-	-	-	-	-
	海藻類	93	46	2	-	137	-	22	115	0.9	2.5	100.0	115

	類別・品目別	1人当たり供給純食料				
		1年当たり数量	1日当たり			
			数量	熱量	たんぱく質	脂質
	(単位)	kg	g	kcal	g	g
2013 年度（確定値）	魚介類	27.4	75.2	99.8	14.9	3.8
	a. 生鮮・冷凍	10.7	29.3	38.9	5.8	1.5
	b. 塩干・燻製等	15.3	41.9	55.6	8.3	2.1
	c. かん詰	1.4	4.0	5.3	0.8	0.2
	d. 飼肥料	-	-	-	-	-
	海藻類	1.0	2.6	3.9	0.7	0.1
2017 年度（確定値）	魚介類	24.4	66.9	97.4	13.2	4.4
	a. 生鮮・冷凍	9.4	25.9	37.7	5.1	1.7
	b. 塩干・燻製等	13.6	37.1	54.0	7.3	2.4
	c. かん詰	1.4	3.9	5.7	0.8	0.3
	d. 飼肥料	-	-	-	-	-
	海藻類	0.9	2.5	3.8	0.7	0.1
2018 年度（概算値）	魚介類	23.9	65.5	98.0	12.8	4.6
	a. 生鮮・冷凍	8.8	24.1	36.1	4.7	1.7
	b. 塩干・燻製等	13.7	37.4	56.0	7.3	2.6
	c. かん詰	1.4	4.0	5.9	0.8	0.3
	d. 飼肥料	-	-	-	-	-
	海藻類	0.9	2.5	3.7	0.7	0.1

資料：農林水産省「食料需給表」各年度版より作成。

らに国民全体および一人当たりの年間ないし1日当たり消費量も漸減傾向が続いており、国内漁業の比重は緩やかに低下しつつあったといわなければならない。

② 表序-4は家計消費の動向を示す。ここでは1998年からの20年間に魚介類の消費は8,800円台から4,700円台へ大幅に減少しているのに対して、肉類の消費は動揺している期間があるものの20年間を通してみれば増加しているという対照的状態にあることが示されている。同時に2013～2018年の期間についても、以前から指摘され続けている蛋白源摂取における魚から肉へのシフト（金額で見て）は未だ強い傾向として持続していることが読み取れる。

表序-4　2人以上の勤労者世帯における消費額の推移

（単位：円/月）

	消費支出	食料支出	魚介類					肉類		
			計	生鮮	塩干	魚肉練製品	他の魚介加工品	計	生鮮肉	加工肉
1998	353,552	80,169	8,856	5,481	1,565	850	959	7,286	5,734	1,552
2003	326,566	71,394	6,856	4,287	1,166	654	748	6,250	4,891	1,359
2008	324,929	71,051	5,995	3,612	1,051	643	689	6,832	5,387	1,446
2013	319,170	70,586	5,080	3,004	874	551	651	6,751	5,305	1,446
2018	315,314	76,090	4,795	2,744	838	541	672	7,761	6,260	1,501

資料：総務省統計局「家計調査年報」各年版。

③ この時期の魚価水準について、2020年6月に国会に提出された『水産白書』（平成31年度版）は「2013年度以降、食料品全体の価格が上昇していますが、特に生鮮魚介類及び生鮮肉類の価格は大きく上昇しています」と述べている。同年の『水産白書』が掲載している図4-5から2010年を100とした指数を読み取ると、2019年の価格指数は生鮮魚介類133、生鮮肉類123、食料品全体111となっている（同年の『水産白書』177頁）。漁業の縮小傾向をとどめるほどの力はなかったとはいえ、魚価高に恵まれて漁業経営にとっては相対的に有利な期間であったといえよう。

この背景には、①円安基調のために輸入価格が上がり輸入量が抑制されたこと、②日本の国際的な所得水準の相対的低下ゆえに国際食料品市場での買い付け能力が低下したこと、③東日本大震災の影響も含めて国内の供給制約が強まったことなどの事情が作用したことが推測される。

もちろん水産物の消費地価格の上昇による利益が産地価格に連動して漁業者の利益の増加に直結するわけではないので、消費者価格の上昇の影響の相当部分は割り引かなければならないが。

表序-5　漁業産出額及び生産量

（単位：10億円、1,000 t ）

		合計	海面漁業			内水面漁業		
			計	漁業	養殖業	計	漁業	養殖業
金額	1971	1,117	1,061	927	134	56	21	35
	1976	2,220	2,078	1,792	286	123	41	81
	1982	2,958	2,762	2,326	436	196	71	125
	1996	2,164	1,998	1,463	534	166	73	93
	2003	1,567	1,465	1,037	428	102	56	45
	2010	1,461	1,382	972	410	79	23	57
	2013	1,414	1,332	944	388	82	17	65
	2014	1,481	1,392	966	426	89	18	71
	2015	1,562	1,463	996	467	99	18	81
	2016	1,560	1,451	962	489	109	20	89
	2017	1,574	1,459	961	498	115	20	95
	2018	1,533	1,424	938	486	110	18	91
生産量	1971	9,909	9,757	9,149	609	151	101	50
	1976	10,656	10,455	9,605	850	201	124	77
	1982	11,388	11,170	10,231	938	219	122	96
	1996	7,417	7,250	5,974	1,276	167	94	73
	2003	6,083	5,973	4,722	1,251	110	60	50
	2010	5,313	5,233	4,122	1,111	79	40	39
	2013	4,774	4,713	3,715	997	61	31	30
	2014	4,765	4,701	3,713	988	64	31	34
	2015	4,631	4,561	3,492	1,069	69	33	36
	2016	4,359	4,296	3,264	1,033	63	28	35
	2017	4,306	4,244	3,258	986	62	25	37
	2018	4,421	4,364	3,359	1,005	57	27	30

資料：農林水産省「漁業産出額」、「漁業・養殖業生産統計」より。

最後に国内の漁業・養殖業の生産量を表序-5でみると、2010年代において530万トンから440万トンへとさらに生産が減退していることがわかる。漁業種類ごとに具体的事情は種々であろうが、供給力は確実に縮小しているとみなければならない。ただし2010年代に生産量の減退は続いているのに、販売額では回復傾向を見せているのは、単価上昇の効果が漁業の生産者価格の上昇に結び付いたことを示しているといえよう。

第１章　生産構造

１－１．沿岸採捕漁業の現状と動向

三木　奈都子

（１）はじめに

漁業の経営体階層は、沿岸漁業層と中小漁業層、大規模漁業層に大きく分かれている。沿岸漁業層とは、「漁船非使用、無動力漁船、船外機付漁船、動力漁船 10 トン未満、定置網及び海面養殖の各階層を総称したもの」である。ここでは、海面養殖を除く沿岸漁業層について分析する。なお、これ以降、海面養殖を除く沿岸漁業層を沿岸採捕漁業層と呼ぶ。また、定置網、地びき網を除く沿岸採捕漁業層を沿岸漁船漁業層と呼ぶ。

近年、漁業経営体数の減少が顕著であるが、１経営体あたりの生産量は増加傾向にある。本稿は、2018 年漁業センサスで新設された調査項目も適宜利用して沿岸採捕漁業層について分析し、その漁業生産構造を把握することを目的としている。

（２）沿岸採捕漁業層の経営体数の変化と増減率

１）沿岸漁業層の経営体階層別の変化

表 1-1 は 1988 年から 2018 年までの海面養殖層を含む沿岸漁業層における経営体階層別の経営体数の変化をみたものである。ここでは、経営体階層別の経営体数と構成比、増減を確認していく。海面養殖層を含む沿岸漁業層の割合は、1988 年から 2013 年までの 25 年間は、全体の約 95％で一定であった。その後の 2013 年から 2018 年の間の 5 年間では、2013 年に 94.3％だったその割合が 2018 年に 93.8％になり若干低下傾向にあるものの、全体に対して海面養殖層を含む沿岸漁業層が占める割合は依然として高

表 1-1　沿岸漁業層の経営体数と構成比及び増減率の変化

	経営体数						
	1988年	1993年	1998年	2003年	2008年	2013年	2018年
合計	190,271	171,524	150,586	132,417	115,196	94,507	79,067
沿岸漁業層計（海面養殖層を含む）	180,377	162,795	142,678	125,434	109,022	89,107	74,151
沿岸採捕漁業計	141,906	129,839	115,072	102,367	89,376	74,163	60,201
漁船非使用	6,346	5,298	4,365	3,883	3,694	3,032	2,595
無動力漁船のみ	786	467	285	198	157	97	47
動力漁船１トン未満	41,619	39,189	34,460	30,951	27,609	23,479	19,366
１～３トン	37,336	31,650	26,255	22,254	18,077	14,109	10,652
３～５トン	36,191	34,664	32,169	29,010	25,628	21,080	16,810
５～10トン	12,113	11,827	11,207	10,494	9,550	8,247	7,495
定置網・地びき網計	7,515	6,744	6,331	5,577	4,661	4,119	3,236
大型・さけ定置網	1,179	1,126	1,068	969	1,086	1,252	943
小型定置網	5,906	5,272	5,042	4,457	3,575	2,867	2,293
地びき網	430	346	221	151	-	-	-

	構成比（%）						
	1988年	1993年	1998年	2003年	2008年	2013年	2018年
合計	100.0	100.0	100.0	100.0	100.0	100.0	100.0
沿岸漁業層計（海面養殖層を含む）	94.8	94.9	94.7	94.7	94.6	94.3	93.8
沿岸採捕漁業計	74.6	75.7	76.4	77.3	77.6	78.5	76.1
漁船非使用	3.3	3.1	2.9	2.9	3.2	3.2	3.3
無動力漁船のみ	0.4	0.3	0.2	0.1	0.1	0.1	0.1
動力漁船１トン未満	21.9	22.8	22.9	23.4	24.0	24.8	24.5
１～３トン	19.6	18.5	17.4	16.8	15.7	14.9	13.5
３～５トン	19.0	20.2	21.4	21.9	22.2	22.3	21.3
５～10トン	6.4	6.9	7.4	7.9	8.3	8.7	9.5
定置網・地びき網計	3.9	3.9	4.2	4.2	4.0	4.4	4.1
大型・さけ定置網	0.6	0.7	0.7	0.7	0.9	1.3	1.2
小型定置網	3.1	3.1	3.3	3.4	3.1	3.0	2.9
地びき網	0.2	0.2	0.1	0.1	-	-	-

	対前回増減率（%）					
	93/88	98/93	03/98	08/03	13/08	18/13
合計	-9.9	-12.2	-12.1	-13.0	-18.0	-16.3
沿岸漁業層計（海面養殖層を含む）	-9.7	-12.4	-12.1	-13.1	-18.3	-16.8
沿岸採捕漁業計	-8.5	-11.4	-11.0	-12.7	-17.0	-18.8
漁船非使用	-16.5	-17.6	-11.0	-4.9	-17.9	-14.4
無動力漁船のみ	-40.6	-39.0	-30.5	-20.7	-38.2	-51.5
動力漁船１トン未満	-5.8	-12.1	-10.2	-10.8	-15.0	-17.5
１～３トン	-15.2	-17.0	-15.2	-18.8	-22.0	-24.5
３～５トン	-4.2	-7.2	-9.8	-11.7	-17.7	-20.3
５～10トン	-2.4	-5.2	-6.4	-9.0	-13.6	-9.1
定置網・地びき網計	-10.3	-6.1	-11.9	-16.4	-11.6	-21.4
大型・さけ定置網	-4.5	-5.2	-9.3	12.1	15.3	-24.7
小型定置網	-10.7	-4.4	-11.6	-19.8	-19.8	-20.0
地びき網	-19.5	-36.1	-31.7	-	-	-

注：1）動力漁船１トン未満には船外機付漁船を含む。

いままであるといえる。

　このように海面養殖層を含む沿岸漁業層の割合がこの30年間ほぼ一定であったなかで、沿岸採捕漁業層が全体に占める割合は1988年から2013年の間に74.6％から78.5％に徐々に上昇したものの、2018年に76.1％と低下した。

　沿岸採捕漁業層の経営体数については、1988年の14万1,906経営体が30年後の2018年には57.6％減少して6万201経営体になった。5年刻みの増減率をみると、沿岸採捕漁業層よりも海面養殖層の減少率が高かった1998年から2013年までの傾向と異なり、2013年から2018年の間の、沿岸採捕漁業層の減少率は18.8％と海面養殖層の減少率よりも高かった。

　特に動力漁船1トン未満層と1～3トン層、3～5トン層、小型定置網が減少の速度を高め構成比を下げた。その一方で、5～10トン層が減少率を緩め構成比を高めた。また、大型・さけ定置網については、2003年から2013年の10年間に経営体数を増加させていたが、2013年から2018年の間に大幅に減少した。大型定置網がその間に約5％の減少であったのに対し、さけ定置網は約35％の減少であったことから分かるように、これはさけ定置網の減少によるものである。これらは販売金額1位の漁業種類としての経営体数の変化である。表には示していないが、営んだ漁業種類の経営体数でさけ定置網をみると減少率は約27％であり、販売金額1位の漁業種類としての経営体数の減少よりは減少率が下がっている。漁期が短いさけ定置網では、さけ定置網のみを営む単一漁業専業は約57％であり、さけ定置網以外の漁業を組み合わせている経営体の割合が高い。上記の変化は、近年のさけの水揚げ減少による漁獲物の販売金額の減少が影響し、特に販売金額1位の漁業種類としてのさけ定置網の経営体数の減少に強く関係していると考えられる。

2）沿岸漁船漁業層の地域別（大海区別）の変化

長期的な漁業経営体数の地域別の変化をみようと、大海区別の漁船トン数階層別の経営体数と構成比を示したのが表 1-2 である。2003 年漁業センサスにおいて大海区の境界線の変更が行われ、単純に比較することができないものの、趨勢を把握することが可能である。

表 1-2　大海区別の沿岸漁船漁業層の経営体数と構成比

（単位：経営体、％）

	年	沿岸漁船漁業経営体数計	全国に占める割合（%）	動力漁船1トン未満		1～3トン		3～5トン		5～10トン	
				経営体数	割合（%）	経営体数	割合（%）	経営体数	割合（%）	経営体数	割合（%）
全国	1998	108,741	100.0	34,460	31.7	26,255	24.1	32,169	29.6	11,207	10.3
	2003	96,790	100.0	30,951	32.0	22,254	23.0	29,010	30.0	10,494	10.8
	2008	84,715	100.0	27,609	32.6	18,077	21.3	25,628	30.3	9,550	11.3
	2013	70,044	100.0	23,479	33.5	14,109	20.1	21,080	30.1	8,247	11.8
	2018	56,965	100.0	19,366	34.0	10,652	18.7	16,810	29.5	7,495	13.2
北海道区	1998	13,148	12.1	7,919	60.2	921	7.0	2,585	19.7	1,457	11.1
	2003	11,477	11.9	6,778	59.1	714	6.2	2,309	20.1	1,374	12.0
	2008	10,041	11.9	5,870	58.5	573	5.7	2,012	20.0	1,293	12.9
	2013	8,448	12.1	4,883	57.8	414	4.9	1,723	20.4	1,159	13.7
	2018	8,294	14.6	4,141	49.9	303	3.7	1,552	18.7	1,063	12.8
太平洋北区	1998	8,662	8.0	4,028	46.5	1,204	13.9	2,007	23.2	755	8.7
	2003	7,319	7.6	3,503	47.9	896	12.2	1,717	23.5	673	9.2
	2008	7,330	8.7	3,608	49.2	682	9.3	1,567	21.4	623	8.5
	2013	5,433	7.8	2,919	53.7	326	6.0	1,068	19.7	382	7.0
	2018	5,168	9.1	2,658	51.4	266	5.1	975	18.9	463	9.0
太平洋中区	1998	14,410	13.3	4,816	33.4	3,464	24.0	3,189	22.1	1,722	12.0
	2003	13,393	13.8	4,827	36.0	2,894	21.6	2,922	21.8	1,568	11.7
	2008	11,648	13.7	4,320	37.1	2,174	18.7	2,618	22.5	1,548	13.3
	2013	10,178	14.5	3,898	38.3	1,848	18.2	2,240	22.0	1,415	13.9
	2018	8,167	14.3	3,632	44.5	1,295	15.9	1,709	20.9	1,276	15.6
太平洋南区	1998	9,921	9.1	2,168	21.9	3,115	31.4	3,277	33.0	1,144	11.5
	2003	8,772	9.1	1,808	20.6	2,768	31.6	2,940	33.5	1,124	12.8
	2008	7,574	8.9	1,635	21.6	2,259	29.8	2,496	33.0	1,023	13.5
	2013	6,313	9.0	1,412	22.4	1,769	28.0	2,035	32.2	927	14.7
	2018	5,004	8.8	1,241	24.8	1,368	27.3	1,517	30.3	693	13.8
日本海北区	1998	7,315	6.7	3,699	50.6	1,576	21.5	1,352	18.5	587	8.0
	2003	4,968	5.1	2,586	52.1	1,004	20.2	899	18.1	392	7.9
	2008	4,622	5.5	2,502	54.1	807	17.5	884	19.1	347	7.5
	2013	3,693	5.3	1,988	53.8	603	16.3	744	20.1	301	8.2
	2018	3,240	5.7	1,584	48.9	421	13.0	558	17.2	250	7.7
日本海西区	1998	8,768	8.1	2,842	32.4	2,578	29.4	2,240	25.5	912	10.4
	2003	7,718	8.0	3,120	40.4	1,942	25.2	1,742	22.6	763	9.9
	2008	6,777	8.0	2,818	41.6	1,619	23.9	1,537	22.7	630	9.3
	2013	5,478	7.8	2,352	42.9	1,253	22.9	1,233	22.5	496	9.1
	2018	4,530	8.0	1,955	43.2	916	20.2	982	21.7	430	9.5

東シナ海区	1998	25,517	23.5	5,624	22.0	6,526	25.6	9,421	36.9	2,611	10.2
	2003	25,063	25.9	5,536	22.1	6,213	24.8	9,173	36.6	2,810	11.2
	2008	21,196	25.0	4,597	21.7	5,016	23.7	7,976	37.6	2,629	12.4
	2013	18,004	25.7	4,132	23.0	4,078	22.7	6,805	37.8	2,335	13.0
	2018	15,129	26.6	4,030	26.6	3,074	20.3	5,312	35.1	2,193	14.5
瀬戸内海区	1998	21,000	19.3	3,364	16.0	6,871	32.7	8,098	38.6	2,019	9.6
	2003	18,080	18.7	2,793	15.4	5,823	32.2	7,308	40.4	1,790	9.9
	2008	15,527	18.3	2,259	14.5	4,947	31.9	6,538	42.1	1,457	9.4
	2013	12,497	17.8	1,895	15.2	3,818	30.6	5,232	41.9	1,232	9.9
	2018	10,669	18.7	2,016	18.9	3,009	28.2	4,205	39.4	1,127	10.6

注：1）北海道太平洋北区と北海道日本海北区を合わせて北海道区としている。また、2003（第 11 次）漁業センサスでは海区の境界が変更されているので以前の年次との比較には注意が必要。
　　2）動力漁船 1 トン未満には船外機付漁船を含む。

2018 年の沿岸漁船漁業層の経営体数が多いのは、順に東シナ海区、瀬戸内海区、北海道区、太平洋中区、太平洋北区、太平洋南区、日本海西区、日本海北区である。2013 年から 2018 年の間に、大海区別の沿岸漁船漁業層の経営体数はすべての大海区で減少したが、全国に占める割合が北海道区、太平洋北区、日本海北区、東シナ海区、瀬戸内海区は上昇した。この間に太平洋中区と北海道区の経営体数の順位が逆転し、北海道区が順位をあげた。

2013 年から 2018 年の間の漁船トン数階層別の動きで注目されるのは、表 1-1 でも指摘したように 5 -10 トン層である。他の漁船トン数階層の構成比が低下するなか、沿岸漁船漁業層の経営体全体に占める 2018 年の 5 -10 トン層の構成比は上昇し全体で 13.2％となった。この 5 -10 トン層の構成比を大海区別にみると高い順に、太平洋中区が 15.6％、東シナ海区が 14.5％、太平洋南区が 13.8％、北海道区が 12.8％となる。その構成比が上昇している海区は、表 1-2 で区分している 8 海区中、太平洋北区と太平洋中区、日本海西区、東シナ海区、瀬戸内海区の 5 海区にのぼる。

1 - 3 トン層、3 - 5 トン層はどの大海区でも、2013 年から 2018 年の間に経営体数及び構成比を下げている。一方で、その間、動力漁船 1 トン未満層は全体で構成比を 33.5％から 34.0％へ若干上げ、海区別にみると特に太平洋中区、太平洋南区、日本海西区、東シナ海区、瀬戸内海区では構成比が上昇した。これについては、1 - 3 トン層や 3 - 5 トン層から動力漁船 1 トン未満層に下向した移動がある程度あると推察される。

表1-3は、1998年から2018年までの20年間の大海区別の定置網漁業の経営体数と構成比の変化を示したものである。表1-1でも確認したように、2013年から2018年の間に大型・さけ定置網、小型定置網も全体の経営体数は減少し、特に小型定置網の減少幅は大きかった。それらの2013年から2018年の間の経営体数の増減を大海区別にみると、大型・さけ定置網では太平洋北区と東シナ海区で増加し、小型定置網では太平洋北区で増加した。なお、太平洋北区におけるこれらの経営体数の増加については、東日本大震災後の復興によるものであると推察される。

構成比に注目すると、大型・さけ定置網では2018年に59.5％と全体の約6割を占めている北海道区が、2013年よりも構成比を下げた一方で、北海道区以外のすべての大海区で構成比を上昇させるか維持した。小型定置

表1-3　大海区別の定置網漁業の経営体数と構成比

（単位：経営体、％）

大海区別		大型・さけ定置網					小型定置網				
		1998	2003	2008	2013	2018	1998	2003	2008	2013	2018
経営体数	全国	1,068	969	1,086	1,252	943	5,042	4,457	3,575	2,867	2,293
	北海道区	603	509	660	855	561	1,052	878	687	552	425
	太平洋北区	85	82	74	68	71	590	396	320	209	233
	太平洋中区	74	70	73	65	59	510	440	347	261	196
	太平洋南区	47	46	43	40	38	302	284	276	226	147
	日本海北区	88	62	62	59	48	652	675	534	439	379
	日本海西区	88	116	92	87	85	325	360	281	224	162
	東シナ海区	76	78	77	74	78	875	778	632	519	442
	瀬戸内海区	7	6	5	4	3	736	646	498	437	309
構成比	全国	100.0	100.0	100.0	100.0	100.0	100.0	100.0	100.0	100.0	100.0
	北海道区	56.5	52.5	60.8	68.3	59.5	20.9	19.7	19.2	19.3	18.5
	太平洋北区	8.0	8.5	6.8	5.4	7.5	11.7	8.9	9.0	7.3	10.2
	太平洋中区	6.9	7.2	6.7	5.2	6.3	10.1	9.9	9.7	9.1	8.5
	太平洋南区	4.4	4.7	4.0	3.2	4.0	6.0	6.4	7.7	7.9	6.4
	日本海北区	8.2	6.4	5.7	4.7	5.1	12.9	15.1	14.9	15.3	16.5
	日本海西区	8.2	12.0	8.5	6.9	9.0	6.4	8.1	7.9	7.8	7.1
	東シナ海区	7.1	8.0	7.1	5.9	8.3	17.4	17.5	17.7	18.1	19.3
	瀬戸内海区	0.7	0.6	0.5	0.3	0.3	14.6	14.5	13.9	15.2	13.5

注：1）定置網漁業を主とする経営体数と構成比である。
2）北海道太平洋北区と北海道日本海北区を合わせて北海道区としている。また、2003（第11次）漁業センサスでは海区の境界が変更されているので以前の年次との比較には注意が必要。

網では 2013 年から 2018 年の間に太平洋北区、日本海北区、東シナ海区の構成比が上昇した。構成比が比較的高いのは、東シナ海区の 19.3％、北海道区の 18.5％、日本海北区の 16.5％、瀬戸内海区の 13.5％、太平洋北区の 10.2％である。小型定置網は、比較的全国に広く分布していることが分かる。

3）沿岸漁業層における経営組織別の経営体数と構成比の変化

表 1-4 は、海面養殖層を含む沿岸漁業層における経営体階層別の経営組織別経営体数と構成比の推移を示したものである。海面養殖層を含む沿岸漁業層は、中小漁業層、大規模漁業層と比較して個人経営体の割合が高いことが特徴である。海面養殖層を含む沿岸漁業層全体の個人経営体の割合は、2008 年が 96.4％、2013 年が 96.2％、2018 年が 95.9％と低下傾向を示しているものの、2018 年でも 95.9％と高い。沿岸漁業層を海面養殖層と沿

表 1-4　沿岸漁業層の経営組織別経営体数と構成比の変化

（単位：経営体、％）

		2008 年		2013 年		2018 年		増減率（％）	
		経営体数	構成比（％）	経営体数	構成比（％）	経営体数	構成比（％）	13/08	18/13
沿岸漁業層（海面養殖層を含む）	計	109,022	100.0	89,107	100.0	74,151	100.0	-18.3	-16.8
	個人経営体	105,096	96.4	85,694	96.2	71,117	95.9	-18.5	-17.0
	会社	1,604	1.5	1,490	1.7	1,539	2.1	-7.1	3.3
	漁業協同組合	193	0.2	193	0.2	146	0.2	-	-24.4
	漁業生産組合	69	0.1	66	0.1	51	0.1	-4.3	-22.7
	共同経営	2,019	1.9	1,629	1.8	1,265	1.7	-19.3	-22.3
うち海面養殖層	計	19,646	100.0	14,944	100.0	13,950	100.0	-23.9	-6.7
	個人経営体	17,922	91.2	13,416	89.8	12,506	89.6	-25.1	-6.8
	会社	1,084	5.5	967	6.5	983	7.0	-10.8	1.7
	漁業協同組合	57	0.3	72	0.5	31	0.2	26.3	-56.9
	漁業生産組合	14	0.1	12	0.1	6	0.0	-14.3	-50.0
	共同経営	534	2.7	451	3.0	400	2.9	-15.5	-11.3
うち沿岸採捕漁業層	計	89,376	100.0	74,163	100.0	60,201	100.0	-17.0	-18.8
	個人経営体	87,174	97.5	72,278	97.5	58,611	97.4	-17.1	-18.9
	会社	520	0.6	523	0.7	556	0.9	0.6	6.3
	漁業協同組合	136	0.2	121	0.2	115	0.2	-11.0	-5.0
	漁業生産組合	55	0.1	54	0.1	45	0.1	-1.8	-16.7
	共同経営	1,485	1.7	1,178	1.6	865	1.4	-20.7	-26.6

岸採捕漁業層に分けてみると、沿岸採捕漁業層における個人経営体の割合は2018年で97.5％であり、海面養殖層よりも高いことがわかる。

次に個人経営体以外の団体経営体に目を転じると、海面養殖層を含む沿岸漁業層全体では2018年に会社1,539経営体、共同経営1,265経営体、漁業協同組合146経営体、漁業生産組合51経営体の順で数が多いが、沿岸採捕漁業層に限定するとその順番は共同経営865経営体、会社556経営体、漁業協同組合115経営体、漁業生産組合45経営体となり、海面養殖層を含む沿岸漁業層全体と比べた場合、会社と共同経営の経営体数の順位が変わる。

会社については漁業経営体数全体が減少しているなかで、海面養殖層を含む沿岸漁業層の経営体数全体に占める会社経営体の構成比は、2008年の1.5％、2013年の1.7％、2018年の2.1％と高まっている。直近の2013年から2018年の間には、海面養殖層を含む沿岸漁業層の漁業経営体数全体が約17％減少しているなかで、会社経営体の数は海面養殖層を含む沿岸漁業層全体では1,490経営体から1,539経営体へと3.3％（49経営体）の微増であったが、沿岸採捕漁業層では523経営体から556経営体と6.3％（33経営体）の増加を示した。その増加率が海面養殖層の1.7％よりも高かったことは注目される。

経営体数では沿岸採捕漁業層の会社経営体数が上記のように増加し共同経営体数が減少しているものの、団体経営体のなかで占める構成比としては、共同経営のほうが高い状況に変化はない。あらためて共同経営の定義を示すと、「二つ以上の漁業経営体（個人又は法人）が漁船、漁網等の主要生産手段を共有し、漁業経営を共同で行うものであり、その経営に資本又は現物を出資しているもの」である。

以上のことから、この表1-4では次の2つの特徴を指摘することができる。第一に沿岸採捕漁業層においては会社経営体が構成比だけでなく経営体数としても増加した。第二に共同経営体は経営体数の減少が明らかであるものの、沿岸採捕漁業層において会社経営体よりも構成比が高く、団体経営体のなかで注目されるものである。経営組織については、後段でさらなる分析を行うこととする。

４）沿岸採捕漁業層における販売金額１位の漁業種類別の経営体数と構成比の変化

表 1-5 は、1998 年から 2018 年の沿岸採捕漁業層における販売金額１位の漁業種類別の経営体数と構成比をみたものである。経営体数の多い漁業種類の上位５位までの順位は、1998 年から 2003 年までは１位がその他の釣、２位が採貝・採藻、３位がその他の刺網、４位がその他の漁業、５位が小型底びき網であったが、2008 年に１位と２位の順位が変わり、2018 年まで

表 1-5　沿岸採捕漁業層における販売金額１位の漁業種類別の経営体数と構成比及び増減率

（単位：経営体、％）

区分	1998 年		2003 年		2008 年		2013 年		2018 年	
	経営体数	構成比（％）	経営体数	構成比（％）	経営体数	構成比（％）	経営体数	構成比（％）	経営体数	構成比（％）
沿岸採捕漁業層計	115,072	100.0	102,367	100.0	89,376	100.0	74,163	100.0	60,201	100.0
８漁業種類計	107,005	93.0	90,636	88.5	78,435	87.8	64,462	86.9	52,535	87.3
採貝・採藻	22,608	19.6	19,739	19.3	19,771	22.1	16,462	22.2	12,355	20.5
その他の釣	26,203	22.8	21,571	21.1	17,817	19.9	14,812	20.0	11,755	19.5
その他の刺網	21,360	18.6	19,534	19.1	15,652	17.5	12,268	16.5	9,795	16.3
その他の漁業	12,791	11.1	9,935	9.7	8,651	9.7	7,902	10.7	7,881	13.1
小型底びき網	11,130	9.7	9,672	9.4	8,422	9.4	6,715	9.1	5,527	9.2
沿岸いか釣	6,759	5.9	5,325	5.2	3,829	4.3	3,005	4.1	2,391	4.0
その他のはえ縄	4,314	3.7	3,370	3.3	2,795	3.1	2,132	2.9	1,703	2.8
船びき網	1,840	1.6	1,490	1.5	1,498	1.7	1,166	1.6	1,128	1.9

区分	増減率（％）			
	03/98	08/03	13/08	18/13
沿岸採捕漁業層計	-11.0	-12.7	-17.0	-18.8
８漁業種類計	-15.3	-13.5	-17.8	-18.5
採貝・採藻	-12.7	0.2	-16.7	-24.9
その他の釣	-17.7	-17.4	-16.9	-20.6
その他の刺網	-8.5	-19.9	-21.6	-20.2
その他の漁業	-22.3	-12.9	-8.7	-0.3
小型底びき網	-13.1	-12.9	-20.3	-17.7
沿岸いか釣	-21.2	-28.1	-21.5	-20.4
その他のはえ縄	-21.9	-17.1	-23.7	-20.1
船びき網	-19.0	0.5	-22.2	-3.3

注：1）1998 年の「その他の刺網」には「かじき等流し網」を含む。
　　2）「その他の釣」には「さば釣」を含む。
　　3）1998 年の「沿岸いか釣」は「いか釣」として調査した結果である。
　　4）1998 年の「その他の漁業」には「潜水器漁業」を含む。

１位は採貝・採藻、２位がその他の釣となった。表 1-5 に示している８種を販売金額１位の漁業種類とする経営体数の合計が沿岸採捕漁業層全体の経営体数に占める構成比は、1998 年は約 93％であったが、2003 年に約 89％に下がり、その後は約 87％で大きな変化はない。

1998 年から 2018 年の間の増減率を５年刻みでみると、1998 年から 2003 年には沿岸いか釣やその他のはえ縄、船びき網漁業など漁船トン数階層が上位に分布する漁業種類の減少率の高さが目に留まる。2003 年から 2008 年になると、沿岸いか釣やその他の釣その他のはえ縄など釣はえ縄漁業の減少率が高まった。さらに 2008 年から 2013 年の間にはその他の漁業以外の漁業で全体的に高い減少率を示した。

そして、2013 年から 2018 年に経営体数上位の採貝・採藻、その他の釣の減少率が高まった。前回よりは減少率が若干低下したもののやはり減少率が比較的高かったのは、その他の刺網、小型底びき網、沿岸いか釣、その他のはえ縄である。一方、明らかに減少速度を緩めたのが船びき網であった。

次の表 1-6 は、1998 年から 2018 年の間の沿岸漁船漁業層における販売金額１位の漁業種類別に、漁船トン数規模階層別の経営体数の構成比を示したものである。それぞれの漁業種類別にトン数階層別の分布とその変化を把握することができる。まず、販売金額１位の漁業種類を表の左からみながら、漁業種類ごとの漁船トン数階層別の分布の特徴を確認したい。採貝・採藻は、動力漁船１トン未満に近年約 65％が集中している。その他の釣とその他の刺網は、主に動力漁船１トン未満層、１- ３トン層、３- ５トン層の３階層にまたがって分布している。さらにそれらの右の列に示しているその他のはえ縄と沿岸いか釣、小型底びき網、沿岸かつお一本釣の経営体は、主に１- ３トン層、３- ５トン層、５-10 トン層の３階層に分布している。表の右側に示している船びき網と沿岸まぐろはえ縄については、沿岸漁業の範囲ではほとんどが３- ５トン層、５-10 トン層の２階層の分布となっている。既に示した表 1-1 の経営体階層別の経営体数の変化において、１- ３トン層、３- ５トン層の階層の減少率が高かったのは、この２階層に分布する漁業種類が多く、かつ、元々の経営体数が多いその他の釣とその他の刺網の減少率が高

表 1-6　沿岸漁船漁業層の経営体階層別の販売金額１位の漁業種類別の経営体数と構成比

（単位：経営体、％）

区分		年	採貝（・採藻）	採藻	その他の漁業	その他の刺網	その他の釣	その他のはえ縄	沿岸いか釣	沿岸かつお一本釣	小型底びき網	船びき網	沿岸まぐろはえ縄
沿岸漁船漁業経営体数計		1998	14,388	8,220	12,791	21,360	26,203	4,317	6,759	502	11,130	1,840	155
		2003	13,345	6,394	9,935	19,534	21,571	3,370	5,325	82	9,672	1,490	201
		2008	19,771		8,651	15,652	17,817	2,795	3,829	245	8,422	1,498	213
		2013	16,462		7,902	12,268	14,812	2,132	3,005	193	6,715	1,166	220
		2018	12,355		7,881	9,795	11,755	1,703	2,391	115	5,527	1,128	138
2018/1998 の割合（％）				54.6	61.6	45.9	44.9	39.4	35.4	22.9	49.7	61.3	89.0
構成比（％）	漁船非使用	1998	16.6	12.5	5.7	0.3	0.3	0.0	0.1	-	0.0	0.3	-
		2003	16.7	12.2	4.9	0.4	0.2	0.0	0.1	-	-	-	-
		2008	14.9		5.5	0.2	0.1	-	0.1	-	-	0.1	-
		2013	14.4		5.8	0.2	0.4	0.3	0.1	-	0.1	0.0	-
		2018	14.1		6.2	0.6	0.9	0.1	0.3	-	0.0	0.3	-
	無動力漁船のみ	1998	0.6	0.8	0.5	0.1	0.1	0.1	0.1	-	-	-	-
		2003	0.5	0.8	0.4	0.1	0.1	0.0	0.0	-	-	0.1	-
		2008	0.4		0.3	0.1	0.1	0.0	0.1	-	0.1	-	-
		2013	0.3		0.1	0.0	0.2	-	0.1	-	-	-	-
		2018	0.1		0.1	0.1	0.0	-	0.0	-	0.0	-	-
	動力漁船１トン未満	1998	57.1	73.6	40.7	31.8	22.7	9.8	9.0	3.3	3.8	1.6	0.2
		2003	58.3	73.2	45.7	31.8	25.7	9.7	8.9	2.2	3.2	0.6	0.7
		2008	65.0		41.1	30.7	22.7	7.7	8.4	3.7	3.4	1.2	3.7
		2013	65.2		41.6	30.8	24.5	8.0	6.9	6.3	4.0	0.9	-
		2018	65.0		44.4	31.6	24.9	8.0	6.1	-	3.8	1.3	-
	１～３トン	1998	14.7	8.1	19.6	29.6	39.6	26.3	17.1	24.2	8.3	2.9	3.3
		2003	13.1	7.4	19.4	27.5	39.3	23.6	13.4	17.4	6.7	2.7	2.7
		2008	10.4		19.6	26.4	36.9	19.6	11.5	15.6	6.4	3.2	2.7
		2013	10.4		17.4	25.2	34.2	16.9	8.7	15.0	6.5	2.3	0.3
		2018	9.7		15.2	23.8	32.2	14.6	8.5	14.4	6.0	2.8	-
	３～５トン	1998	8.2	4.3	21.3	25.7	29.7	41.1	40.6	43.3	63.2	31.6	7.1
		2003	8.4	5.1	20.5	26.6	28.2	41.4	42.8	16.7	63.2	31.5	19.5
		2008	6.9		20.5	27.7	30.6	44.2	42.3	34.0	63.9	31.0	22.6
		2013	7.1		20.6	28.1	30.4	43.4	43.6	31.7	61.0	30.8	31.4
		2018	7.8		20.5	26.4	29.6	42.6	40.5	29.9	58.5	27.4	24.7
	５～10トン	1998	2.4	0.5	8.5	9.5	7.6	14.8	19.7	17.2	17.6	20.5	21.8
		2003	2.6	0.9	9.1	10.4	6.4	17.2	21.3	23.2	18.3	17.7	44.6
		2008	2.1		9.1	11.4	7.6	19.1	24.0	29.9	17.4	18.4	42.9
		2013	2.3		10.0	12.0	8.2	22.1	25.0	27.5	18.7	16.2	44.9
		2018	2.7		9.3	13.2	9.6	24.7	28.0	22.8	21.3	19.4	46.4

注：1）動力漁船１トン未満には船外機付漁船を含む。
2）1998 年の「その他の刺網」には「かじき等流し網」を含む。
3）「その他の釣」には「さば釣」を含む。
4）1998 年の「沿岸いか釣」は「いか釣」として調査した結果である。
5）1998 年の「その他の漁業」には「潜水器漁業」を含む。

かったためであると考えられる。

このように分布する漁船トン数階層の特徴が漁業種類ごとにあるものの、2013 年から 2018 年の間に沿岸かつお一本釣とその他の漁業を除いた多くの漁業種類において、5-10 トン層の構成比が高まった。もっともこれは経営体数が増加したのではなく、相対的に減少率が低かった 5-10 トン層の構成比が高まったととらえることができる。

次に、漁業種類ごとに 2018 年の経営体数を 1988 年の経営体数に対する割合で示すと、動力漁船 1 トン未満層の経営体数の構成比が高いその他の漁業（61.6％）と採貝・採藻（54.6％、）と、比較的 5-10 トン階層の経営体数の構成比が高い船びき網（61.3％）と沿岸まぐろはえ縄（89.0％）におけるその割合が高く、比較的残存しているといえる。5-10 トン階層の構成比が高い漁業種類の経営体は、当然、それによって得られる漁業所得の高さから残存しやすいと考えられる。一方で採貝・採藻とその他の漁業の場合、漁業以外に所得獲得の主軸を持つ第 2 種兼業経営体が当該漁業に従事することが多いためであると推察される。

上記の漁業種類は、表 1-6 の左右両脇の列となる。それらの列に挟まれたその他の刺網（1998 年の経営体数に対する 2018 年の経営体数の割合：45.9％）、その他の釣（同 44.9％）、その他のはえ縄（同 39.4％）沿岸いか釣（同 35.4％）、沿岸かつお一本釣（同 22.9％）、小型底びき網（同 49.7％）では、比較的減少度合いが大きかったことが分かる。なお、沿岸かつお一本釣と沿岸まぐろはえ縄は、漁獲対象魚種の魚群の形成位置や魚群の規模等に影響されて、販売金額 1 位の漁業種類としての経営体数が他の漁業種類より変動しやすい漁業であることに注意を払う必要がある。

（3）沿岸採捕漁業層の個人経営体における販売金額規模の変化

1）沿岸採捕漁業層の個人経営体における販売金額 1 位の漁業種類別の販売金額規模

表 1-7 は、2013 年と 2018 年の沿岸採捕漁業層の個人経営体における販売金額 1 位の漁業種類別の販売金額規模別の経営体数と構成比についてみた

表 1-7　沿岸採捕漁業層（個人経営体）の販売金額1位の漁業種類別販売金額規模別の経営体数と構成比

（単位：経営体、%）

	年	経営体数	（18/13 増減率）	販売金額なし	100万円未満	100～300	300～500	500万円未満の計	500万円以上の計	500～800	800～1,000	1,000～1,500	1,500～2,000	2,000～5,000	5,000万円～1億円	1～10億円
小型底びき網	2013	6,502	82.5	0.3	11.3	24.6	20.9	57.1	42.9	20.6	8.6	6.9	2.7	3.9	0.3	0.0
	2018	5,363		0.3	11.0	25.0	19.3	55.6	44.4	20.3	7.6	8.6	3.3	4.1	0.5	0.1
船びき網	2013	1,086	97.9	0.1	11.1	20.5	18.1	49.9	50.	16.1	9.8	11.0	7.5	5.6	0.2	-
	2018	1,063		0.5	7.0	16.7	14.5	38.6	61.4	17.4	11.1	13.5	9.2	9.9	0.3	0.1
中小型まき網	2013	107	65.4	0.9	8.4	29.9	24.3	63.6	36.5	13.1	10.3	5.6	3.7	2.8	0.9	-
	2018	70		1.4	11.4	25.7	17.1	55.7	44.3	22.9	10.0	8.6	2.9	-	-	-
その他の刺し網	2013	12,180	79.9	0.7	38.0	31.8	12.9	83.4	16.6	8.2	3.0	2.6	1.2	1.6	0.1	0.0
	2018	9,736		1.0	34.9	31.7	13.7	81.3	18.7	7.8	3.6	3.2	1.5	2.4	0.2	0.0
その他の網漁業	2013	1,341	89.9	3.9	42.7	25.8	9.6	82.0	18.0	7.3	3.4	3.7	1.8	1.7	0.1	-
	2018	1,205		1.6	38.2	27.1	12.5	79.3	20.8	8.5	3.2	3.5	2.3	2.7	0.6	-
沿岸まぐろはえ縄	2013	216	61.6	-	2.3	5.6	10.7	18.5	81.5	18.1	16.7	21.3	12.5	12.0	0.9	-
	2018	133		-	3.0	6.8	15.0	24.8	75.2	18.8	11.3	14.3	13.5	15.8	1.5	-
その他のはえ縄	2013	2,112	80.1	0.3	18.4	29.8	19.5	68.0	32.[illegible]	14.2	6.8	5.7	2.2	2.8	0.3	-
	2018	1,691		0.7	15.3	26.6	19.5	62.0	38.0	14.4	6.3	7.6	3.7	5.5	0.5	-
沿岸かつお一本釣	2013	188	60.6	-	31.9	25.5	17.6	75.0	25.0	10.6	3.2	5.3	1.1	3.7	1.1	-
	2018	114		1.8	26.3	26.3	20.2	74.6	25.4	7.9	2.6	4.4	0.9	7.0	0.9	1.8
沿岸いか釣	2013	2,996	79.7	0.8	25.1	25.0	17.3	68.2	31.8	13.6	5.7	6.8	3.2	2.3	0.1	-
	2018	2,387		0.6	22.0	26.0	17.1	65.6	34.4	15.0	7.8	7.5	2.4	1.6	0.0	-
ひき縄釣	2013	2,710	72.8	0.9	36.0	34.5	15.0	86.4	13.[illegible]	9.3	2.3	1.2	0.4	0.4	-	-
	2018	1,973		0.4	37.1	34.7	15.1	87.2	12.8	7.7	2.4	1.8	0.6	0.3	-	-
その他の釣	2013	14,792	79.3	3.1	58.2	23.1	7.6	92.1	7.9	4.3	1.5	1.4	0.5	0.3	0.0	-
	2018	11,736		1.8	57.4	23.1	7.9	90.2	9.8	5.0	1.8	1.7	0.5	0.7	0.0	-
潜水器漁業	2013	874	93.6	0.6	23.1	31.1	14.3	69.1	30.9	11.8	7.4	8.5	1.8	1.3	0.1	-
	2018	818		1.0	20.8	32.3	17.4	71.4	28.6	11.6	7.0	7.6	1.7	0.7	-	-
採貝・採藻	2013	16,397	75.0	1.3	47.0	30.2	11.1	89.6	10.4	6.1	2.5	1.2	0.3	0.2	0.0	0.0
	2018	12,302		1.2	43.7	30.3	12.7	87.9	12.[illegible]	6.8	2.9	1.7	0.4	0.3	0.1	0.0
その他の漁業	2013	7,823	99.8	1.1	41.4	30.7	11.4	84.6	15.4	6.9	2.9	2.7	1.3	1.5	0.1	0.0
	2018	7,806		0.8	39.3	29.0	12.9	82.1	18.0	7.6	3.5	3.3	1.7	1.7	0.2	-
大型定置網	2013	81	101.2	-	7.4	9.9	1.2	18.5	81.5	2.5	8.6	13.6	14.8	24.7	12.4	4.9
	2018	82		-	2.4	7.3	7.3	17.1	82.9	6.1	-	14.6	9.8	26.8	15.9	9.8
さけ定置網	2013	391	37.9	1.5	2.8	6.4	11.3	22.0	78.0	17.9	17.9	17.4	10.2	8.7	3.1	2.8
	2018	148		4.1	4.1	8.1	18.2	34.5	65.5	9.5	8.1	7.4	12.2	21.6	5.4	1.4
小型定置網	2013	2,444	80.6	0.5	19.7	27.5	17.4	65.0	35.0	14.6	5.8	6.4	3.3	4.5	0.4	0.1
	2018	1,969		1.0	13.7	26.8	19.2	60.6	39.4	12.9	7.6	7.8	3.7	6.0	1.3	0.1

注：1）表示単位未満を四捨五入しているため500万円未満の計及び500万円以上の計とその内訳の計は一致しない。

ものである。まず、販売金額1位であった漁業種類別の経営体数の5年間の変化を割合でみると、大型定置網が約101%、その他の漁業が約100%、船びき網が約98%などで高い。一方で低いのは、さけ定置網の約38%、沿岸かつお一本釣の約61%、沿岸まぐろはえ縄の約62%である。販売金額1位の漁業種類としてさけ定置網の経営体数が大幅に減少しているのは、表1-1で触れたように近年のさけの不漁が大きく関わっていると考えられる。

2018年に個人経営体数が多かった販売金額1位の漁業種類は、順に採貝・採藻の12,302経営体、その他の釣の11,736経営体、その他の刺網の9,736経営体、その他の漁業の7,806経営体であった。表1-5及び表1-6で示されたのと同様に、この3つの漁業種類が経営体数では上位を占めている。

しかしながら、それらの漁業種類を販売金額1位とする個人経営体の漁獲物・収獲物の販売金額規模は全体的に小さい。2013年に500万円未満である割合をみると、採貝・採藻が約90%、その他の釣が約92%、その他の刺網が約83%である。その傾向に大きな変化はないものの、2013年から2018年の間に、これらの漁業種類も含めて500万円未満の構成比は若干低下し、その分500～800万円階層の割合が上昇している漁業種類が比較的ある。これは漁獲物・収獲物販売金額の増加が示された経営体数が増加した結果というよりも、全体的に経営体数の減少が激しいなか、漁獲物・収獲物販売金額の低い経営体が脱落し、相対的に金額規模が高い層の構成比が上昇したものと考えられる。

表1-8は、沿岸採捕漁業層の個人経営体の専兼業構成比の2003年から2018年の変化を示したものである。ここで専兼業構成比の変化を確認し、対象を沿岸採捕漁業層の専業個人経営体に絞った販売金額1位の漁業種類別の販売金額規模別の経営体数と構成比をみた表1-9につなげたい。専兼業構成比に関するこの間の変化として大きかったのは、2003年から2008年の間に専業の構成比が急激に上昇したことであった。これは世帯員数の減少と漁業従事者の高齢化によって生じた高齢専業の進展が主な理由とされている。それにより第1種兼業および第2種兼業が構成比を下げた。

沿岸採捕漁業層の個人経営体の2018年の専兼業別の構成比は、専業が

表 1-8　沿岸採捕漁業層の個人経営体の専業・兼業別の構成比の変化

区分	経営体数				構成比（%）			
	2003	2008	2013	2018	2003	2008	2013	2018
計	99,856	87,174	72,278	58,611	100.0	100.0	100.0	100.0
専業	37,735	41,211	34,894	28,977	37.8	47.3	48.3	49.4
第 1 種兼業	31,109	23,811	18,979	14,723	31.2	27.3	26.3	25.1
第 2 種兼業	31,012	22,152	18,405	14,911	31.1	25.4	25.5	25.4

49.4%、第 1 種兼業が 25.1%、第 2 種兼業が 25.4%であった。2003 年以降、専業が構成比を高める一方で、第 1 種兼業が構成比を低下させてきた。第 2 種兼業については、2003 年から 2008 年の間に構成比を下げたものの、2008 年以降は構成比の大きな変動が示されていない。その結果、2018 年は専業が約半分を占め、残りの約半分を第 1 種兼業と第 2 種兼業でほぼ同じぐらいに分けた状況にある。

表 1-9 は、表 1-7 で示した沿岸採捕漁業層の個人経営体全体の販売金額 1 位の漁業種類別の漁獲物・収獲物の販売金額規模別の経営体数（2013 〜 2018 年）を、専業個人経営体に絞って示したものである。表 1-8 で示したように、沿岸採捕漁業層の個人経営体の専業の割合は約半分である。表 1-9 で対象とした個人経営体は専業であるため、当然ながら漁業だけで生計を成り立たせている。

専業個人経営体数を示したこの表において、2018 年の販売金額 1 位の漁業種類別で経営体数が多いのは、個人経営体すべて異なり、順に、その他の釣 5,669 経営体（個人経営体全体 11,736 経営体・専業率 48.3%）、その他の刺網 5,231 経営体（個人経営体全体 9,736 経営体・専業率 53.7%）、採貝・採藻 5,092 経営体（個人経営体全体 12,302 経営体・専業率 41.4%）その他の漁業 3,435 経営体（個人経営体 7,806 経営体・専業率 44.0%）であった。

表 1-7 と同様にそれらの漁獲物・収獲物の販売金額が 500 万円未満である割合をみると、その他の釣が約 87%（個人経営体全体では約 90%）、その他の刺網が約 78%（個人経営体全体では約 81%）採貝・採藻が約 87%（個人経営体全体では約 88%）、その他の漁業が 78%（個人経営体全体では約

表 1-9　専業沿岸採捕漁業層（個人経営体）の販売金額 1 位の漁業種類別販売金額別の経営体数と構成比

（単位：経営体、%）

		経営体数	(18/13 増減率)	販売金額なし	100 万円未満	100 ～ 300	300 ～ 500	500 万円未満の計	500 万円以上の計	500 ～ 800	800 ～ 1,000	1,000 ～ 1,500	1,500 ～ 2,000	2,000 ～ 5,000	5,000 万円 ～ 1 億円	1 ～ 10 億円
小型底びき網	2013	3,800	81.8	0.2	8.1	22.8	21.8	53.0	47.1	23.2	9.5	7.1	2.7	4.2	0.2	0.0
	2018	3,110		0.3	8.1	23.0	18.9	50.3	49.7	23.1	8.4	9.8	3.1	4.6	0.6	0.1
船びき網	2013	590	99.7	0.2	10.3	18.1	16.6	45.3	54.8	16.3	11.4	13.1	7.8	6.3	-	-
	2018	588		0.2	4.1	14.0	15.3	33.5	66.5	18.5	12.4	14.1	9.2	11.7	0.5	-
中小型まき網	2013	55	85.5	1.8	10.9	34.6	18.2	65.5	34.6	14.6	7.3	9.1	-	1.8	1.8	-
	2018	47		-	10.6	23.4	21.3	55.3	44.7	25.5	10.6	6.4	2.1	-	-	-
その他の刺し網	2013	6,398	81.8	0.4	30.8	33.5	15.0	79.7	20.3	9.4	3.5	3.2	1.7	2.3	0.3	0.0
	2018	5,231		0.5	29.0	33.2	15.3	78.0	22.0	9.2	4.3	3.3	1.8	3.1	0.3	0.0
その他の網漁業	2013	572	92.3	1.1	32.5	27.8	12.8	74.1	25.9	11.2	4.9	5.2	2.6	1.9	-	-
	2018	528		0.8	29.4	27.3	15.2	72.5	27.5	9.3	4.7	4.6	3.4	4.7	0.8	-
沿岸まぐろはえ縄	2013	154	63.0	-	2.0	4.6	10.4	16.9	83.1	18.2	16.2	23.4	13.0	11.7	0.7	-
	2018	97		-	-	4.1	12.4	16.5	83.5	20.6	12.4	15.5	14.4	19.6	1.0	-
その他のはえ縄	2013	1,346	86.5	0.2	16.6	29.8	18.8	65.4	34.6	14.0	7.6	6.3	2.7	3.5	0.5	-
	2018	1,164		0.5	12.5	25.3	20.0	58.4	41.6	16.0	6.8	7.7	4.4	6.4	0.4	-
沿岸かつお一本釣	2013	127	50.4	-	29.1	22.8	19.7	71.7	28.4	11.0	4.7	6.3	0.8	3.9	1.6	-
	2018	64		1.6	12.5	28.1	23.4	65.6	34.4	7.8	3.1	6.3	1.6	12.5	1.6	1.6
沿岸いか釣	2013	1,763	77.7	0.3	18.7	24.7	18.3	61.9	38.1	15.1	6.8	8.7	4.4	3.0	0.2	-
	2018	1,369		0.7	16.1	25.3	18.0	60.0	40.0	17.3	8.8	9.4	2.7	1.7	0.1	-
ひき縄釣	2013	1,552	72.8	0.1	30.0	37.1	16.8	84.0	16.0	10.7	2.6	1.7	0.5	0.5	-	-
	2018	1,130		0.1	32.3	36.5	17.4	86.3	13.7	8.5	1.7	2.5	0.7	0.4	-	-
その他の釣	2013	7,054	80.4	1.7	50.3	27.9	9.7	89.5	10.5	5.6	2.0	1.7	0.7	0.5	-	-
	2018	5,669		1.0	48.1	27.5	10.2	86.8	13.2	6.8	2.4	2.3	0.6	0.9	0.1	-
潜水器漁業	2013	413	98.8	0.5	17.0	33.9	15.7	67.1	32.9	15.0	7.8	7.8	1.0	1.2	0.2	-
	2018	408		1.2	13.2	33.3	19.6	67.4	32.6	12.8	7.1	10.3	2.2	0.3	-	-
採貝・採藻	2013	6,208	82.0	0.9	40.0	33.1	14.0	88.0	12.0	7.1	2.7	1.7	0.4	0.2	0.1	-
	2018	5,092		0.8	38.1	33.4	14.7	87.1	12.9	7.5	2.8	1.7	0.5	0.4	0.0	0.0
その他の漁業	2013	3,530	97.3	0.8	31.6	33.3	13.2	78.9	21.1	8.9	3.9	3.9	1.8	2.4	0.2	0.1
	2018	3,435		0.6	33.6	30.7	13.0	77.9	22.1	8.9	4.3	4.3	2.1	2.4	0.2	-
大型定置網	2013	50	84.0	-	-	6.0	-	6.0	94.0	-	10.0	14.0	16.0	32.0	16.0	6.0
	2018	42		-	-	2.4	2.4	4.8	95.2	7.1	-	16.7	11.9	28.6	21.4	9.5
さけ定置網	2013	61	80.3	1.6	6.6	4.9	24.6	37.7	62.3	9.8	6.6	16.4	14.8	9.8	3.3	1.6
	2018	49		6.1	-	8.2	8.2	22.5	77.6	10.2	12.2	8.2	20.4	20.4	6.1	-
小型定置網	2013	1,201	78.8	0.2	15.5	27.6	17.1	60.3	39.7	17.5	5.2	7.5	3.9	5.3	0.4	-
	2018	946		0.6	11.6	25.9	18.2	56.3	43.7	14.9	8.4	8.4	4.9	5.7	1.4	0.1

注：1）表示単位未満を四捨五入しているため 500 万円未満の計及び 500 万円以上の計とその内訳の計は一致しない。

82%）である。専業経営体においては、漁獲物・収獲物の販売金額が500万円未満である割合は個人経営体全体よりは低くなるものの、大きな違いは示されていない。

漁業種類によって経費率が異なるものの、専業の個人経営体の場合、漁獲物・収獲物販売金額が500万円以上であることは、年金等に頼らず漁業だけで生計を成り立たせていけるかどうかのひとつの目安となると考えられる。販売金額1位の漁業種類別の漁獲物・収獲物販売金額が500万円以上である割合が高い漁業種類は、沿岸まぐろはえ縄約84%（個人経営体全体では約75%、）大型定置網約95%（個人経営体全体では約83%）、さけ定置網約78%（個人経営体全体では約66%）、中小型まき網約45%（個人経営体全体では約44%）である。

2）沿岸採捕漁業層の個人経営体における販売金額1位の漁獲魚種

表1-10は2018年の沿岸採捕漁業層の個人経営体における販売金額1位の漁業種類別の販売金額1位の漁獲・収獲魚別経営体数を示したものである。経営体数が多い販売金額1位の漁獲・収獲魚を順に示すと、その他の魚類の9,859経営体、その他の海藻類の6,835経営体、あわび類・さざえの5,100経営体、その他の貝類の4,410経営体、たい類の4,009経営体、いか類の3,645経営体である。

販売金額別の漁業種類別に販売金額1位の漁獲物・収獲物をみると、船びき網、その他のはえ縄、その他の釣、ひき縄釣では、魚類といか類を漁獲対象としている。これらの漁業種類のなかでも、たい類とあじ類はその他の釣の経営体数が最も多いが、ひらめ・かれい類はその他の刺網で経営体数が多いというように、漁業種類と漁獲物・収獲物との関係を把握することができる。一方で採貝・採藻は、あわび類・さざえとこんぶ類、その他の海藻類を販売金額1位の漁獲物としている経営体を中心に構成されている。魚類やいか類、磯ものなどこの表で示している漁獲物・収穫物を幅広く漁獲しているのは、その他の刺網や小型定置網、その他の網漁業、その他の漁業である。

表 1-10 沿岸採捕漁業層の販売金額 1 位の漁業種類別販売金額 1 位の漁獲魚種別経営体数（2018 年）

（単位：経営体）

沿岸採捕漁業層の個人経営体の販売金額 1 位の漁業種類	計	たい類	ひらめ・かれい類	あじ類	ぶり類	さわら類	かつお・まぐろ類（くろまぐろを除く）	その他の魚類	いせえび	その他のえび類	あわび類・さざえ
計	71,117	4,009	2,869	2,125	1,516	1,458	1,188	9,859	2,632	1,377	5,100
小型底びき網	5,363	419	542	19	4	23	1	1,082	3	978	3
船びき網	1,063	275	13	9	39	3	-	165	-	56	-
中・小型まき網	70	1	-	8	3	1	2	28	1	-	-
その他の刺網	9,736	449	1,530	128	67	311	4	2,575	2,354	180	346
大型定置網	82	2	-	17	13	4	1	2	-	-	1
さけ定置網	148	-	-	-	-	-	-	1	-	-	-
小型定置網	1,969	122	143	239	77	28	4	466	14	13	5
その他の網漁業	1,205	55	47	25	13	8	3	405	119	37	18
沿岸まぐろはえ縄	133	1	-	1	-	-	62	-	-	-	-
その他のはえ縄	1,691	343	29	5	43	42	19	577	2	7	4
沿岸かつお一本釣	114	-	-	-	2	-	104	4	-	-	-
沿岸いか釣	2,387	2	-	1	10	4	6	8	-	-	1
ひき縄釣	1,973	20	36	21	195	542	680	72	8	-	4
その他の釣	11,736	1,927	430	1,553	715	441	275	3,517	16	9	28
潜水器漁業	818	12	1	2	-	3	1	196	14	3	126
採貝・採藻	12,302	4	15	5	4	23	1	35	25	8	4,388
その他の漁業	7,806	78	47	59	54	24	24	680	69	71	126

沿岸採捕漁業層の個人経営体の販売金額 1 位の漁業種類	ほたてがい	あさり類	その他の貝類	いか類	たこ類	うに類	なまこ類	こんぶ類	その他の海藻類	その他
計	2,418	1,635	4,410	3,645	3,683	2,611	1,607	4,009	6,835	2,160
小型底びき網	16	44	593	145	219	8	804	2	4	125
船びき網	-	-	7	25	8	-	8	-	2	44
中・小型まき網	-	-	-	1	-	-	-	-	-	1
その他の刺網	1	6	42	152	160	17	121	9	31	281
大型定置網	-	-	-	7	1	-	-	-	-	3
さけ定置網	-	-	-	-	-	-	-	2	-	3
小型定置網	5	2	6	344	16	6	12	9	4	58
その他の網漁業	1	1	8	54	58	6	15	1	2	102
沿岸まぐろはえ縄	-	-	-	-	-	-	-	-	-	-
その他のはえ縄	-	-	2	21	155	3	5	4	-	76
沿岸かつお一本釣	-	-	-	-	-	-	-	-	-	1
沿岸いか釣	-	-	2	2,337	1	-	1	-	2	-
ひき縄釣	-	-	-	13	11	1	-	-	3	9
その他の釣	1	3	8	345	322	5	8	2	32	279
潜水器漁業	-	31	170	2	18	76	87	1	49	18
採貝・採藻	3	1,473	1,088	7	41	456	159	2,982	1,445	34
その他の漁業	1	11	114	186	2,660	1,987	376	58	77	571

（４）沿岸採捕漁業層における個人経営体の漁業従事の状況

さて、ここからは沿岸採捕漁業層における個人経営体の漁業従事の状況についてみていく。

１）沿岸採捕漁業層における販売金額１位の漁業種類別の個人経営体の労働力構成と自家漁業の世代構成別経営体数

表 1-11 は、沿岸採捕漁業層の個人経営体の漁船と労働力構成について示したものである。まず、個人経営体１経営体あたりの漁船の所有隻数についてみると、動力漁船を複数隻所有しているのは、大型定置網と中小型まき網である。さけ定置網の場合は船外機付漁船を複数隻所有しているケースが多いと考えられる。一方で、船びき網や沿岸まぐろはえ縄、その他のはえ縄、沿岸かつお一本釣、沿岸いか釣、ひき縄釣等の釣・はえ縄漁業では、動力漁船をほぼ１隻所有して操業していることがわかる。

次に、海上作業従事者数については、１年のなかでは組み合わせる漁業種類や対象魚種、漁模様等によって当然変動があるものの、漁業センサスではその調査日である 11 月１日時点の状況が示されている。海上作業従事者数において複数人の家族人数が示されているのは、大型定置網とさけ定置網、小型定置網、船びき網や中・小型まき網、沿岸まぐろはえ縄等である。ある程度以上の数の雇用者が家族に追加される漁業種類も、上記と同様である。その一方で、その他の釣や沿岸いか釣、ひき縄釣等の釣漁業の場合、家族の男性が約１人で、家族の女性や雇用者はほとんどおらず、家族の男性約１人、すなわち経営主のみで海上作業に従事していると判断される。

陸上作業従事者については、海上作業従事者数が多かった上記の大型定置網とさけ定置網、小型定置網、船びき網や中・小型まき網、沿岸まぐろはえ縄等以外にも、その人数が多い漁業種類がある。その他の刺網やその他の網漁業や沿岸まぐろはえ縄、その他のはえ縄、採貝・採藻である。すなわち、網漁業では陸上で行う漁獲物およびゴミの網外しの作業に人手が必要であり、同様にはえ縄漁業では餌付けと鉢づくりが時間と労力が必要な陸上作業として存在している。採貝・採藻の場合は漁獲対象種によって作業が異なるが、

表 1-11　沿岸採捕漁業層の個人経営体の販売金額１位の漁業種類別の漁船使用と労働力構成

沿岸採捕漁業層の個人経営体の販売金額１位の漁業種類	年	経営体数（経営体）	漁船		11月１日現在の海上作業従事者数					陸上作業最盛期の陸上作業従事者数				
			船外機付漁船隻数（隻／経営体）	動力漁船隻数（隻／経営体）	計（人／経営体）	家族			雇用者（人／経営体）	計（人／経営体）	家族			雇用者（人／経営体）
						小計（人／経営体）	男（人／経営体）	女（人／経営体）			小計（人／経営体）	男（人／経営体）	女（人／経営体）	
計	2013	85,693	0.7	0.7	1.3	1.1	0.9	0.2	0.3	2.3	1.6	1.1	0.5	0.7
	2018	71,117	0.8	0.7	1.4	1.1	0.9	0.2	0.3	2.4	1.5	1.1	0.5	0.9
小型底びき網	2013	6,502	0.3	1.0	1.4	1.1	1.0	0.1	0.2	2.0	1.7	1.1	0.5	0.4
	2018	5,363	0.3	1.0	1.3	1.1	1.0	0.1	0.3	2.0	1.5	1.1	0.4	0.5
船びき網	2013	1,086	0.3	1.1	2.3	1.3	1.1	0.2	0.9	2.6	1.9	1.3	0.6	0.7
	2018	1,063	0.3	1.1	2.3	1.3	1.1	0.2	1.0	2.6	1.7	1.2	0.6	0.8
中・小型まき網	2013	107	0.6	1.3	2.2	1.3	1.1	0.2	1.0	2.5	1.8	1.2	0.6	0.7
	2018	70	0.7	1.4	2.4	1.3	1.1	0.2	1.1	2.5	1.7	1.2	0.5	0.8
その他の刺網	2013	12,180	0.6	0.8	1.3	1.1	0.9	0.2	0.2	2.0	1.6	1.1	0.5	0.4
	2018	9,736	0.7	0.8	1.3	1.1	1.0	0.2	0.2	2.0	1.5	1.1	0.4	0.5
大型定置網	2013	81	1.1	1.7	6.0	1.2	1.1	0.1	4.8	5.0	1.7	1.2	0.4	3.3
	2018	82	0.9	1.7	5.5	1.2	1.1	0.1	4.2	4.8	1.6	1.2	0.4	3.2
さけ定置網	2013	391	1.6	0.8	1.9	0.7	0.7	0.1	1.2	2.0	1.2	0.8	0.4	0.8
	2018	148	1.4	0.8	3.0	1.3	1.1	0.2	1.7	4.0	2.0	1.3	0.8	2.0
小型定置網	2013	2,444	1.0	1.0	2.1	1.3	1.0	0.2	0.8	2.7	1.8	1.2	0.6	1.0
	2018	1,969	1.0	1.0	2.2	1.3	1.1	0.2	0.9	2.8	1.8	1.2	0.6	1.0
その他の網漁業	2013	1,341	0.7	0.7	1.4	0.9	0.8	0.1	0.5	2.1	1.4	1.0	0.4	0.7
	2018	1,205	0.7	0.7	1.5	0.9	0.8	0.1	0.5	1.9	1.3	1.0	0.3	0.6
沿岸まぐろはえ縄	2013	216	0.3	1.0	1.7	1.2	1.1	0.0	0.5	2.6	1.7	1.2	0.5	0.9
	2018	133	0.3	1.0	1.7	1.1	1.1	—	0.6	2.3	1.5	1.2	0.3	0.8
その他のはえ縄	2013	2,112	0.4	1.0	1.2	1.1	1.0	0.1	0.1	2.1	1.6	1.1	0.5	0.5
	2018	1,691	0.4	1.0	1.3	1.1	1.0	0.1	0.2	2.1	1.5	1.1	0.4	0.6
沿岸かつお一本釣	2013	188	0.2	1.0	1.2	0.9	0.9	0.0	0.4	1.3	1.1	0.9	0.2	0.2
	2018	114	0.2	1.1	1.4	0.9	0.9	0.0	0.5	1.6	1.2	1.0	0.2	0.4
沿岸いか釣	2013	2,996	0.4	1.0	1.1	1.0	0.9	0.1	0.1	1.6	1.4	1.1	0.4	0.2
	2018	2,387	0.4	1.0	1.1	1.0	1.0	0.1	0.1	1.5	1.3	1.1	0.3	0.2
ひき縄釣	2013	2,710	0.2	1.0	0.9	0.9	0.8	0.0	0.0	1.3	1.3	1.0	0.3	0.0
	2018	1,973	0.3	1.0	1.0	1.0	0.9	0.0	0.1	1.2	1.2	1.0	0.2	0.1
その他の釣	2013	14,792	0.3	0.8	0.9	0.9	0.9	0.0	0.0	1.2	1.1	1.0	0.2	0.0
	2018	11,736	0.4	0.8	1.0	0.9	0.9	0.0	0.0	1.1	1.1	0.9	0.1	0.1
潜水器漁業	2013	874	0.4	0.8	1.4	1.0	0.9	0.1	0.3	1.6	1.3	1.0	0.3	0.3
	2018	818	0.6	0.7	1.4	1.1	1.0	0.1	0.3	1.6	1.3	1.0	0.2	0.3
採貝・採藻	2013	16,397	0.9	0.2	0.9	0.8	0.6	0.1	0.1	2.1	1.6	1.0	0.6	0.5
	2018	12,302	0.9	0.3	0.9	0.8	0.7	0.1	0.1	2.2	1.5	1.0	0.5	0.6
その他の漁業	2013	7,823	0.8	0.6	1.0	0.9	0.8	0.1	0.1	1.9	1.5	1.0	0.4	0.4
	2018	7,806	0.8	0.5	1.1	0.9	0.8	0.1	0.1	1.9	1.4	1.0	0.4	0.5

例えばコンブでは乾燥とコンブの端をカットするなどの調整等級分けの作業、ウニでは身だし作業などが人手のいる陸上作業となっている。これらは機械化が難しく、また、部分的に省力化できる機械があったとしても個人経営体ではなかなか投資に踏み切れないため、労働集約的な手作業が継続されていることが多い。

個人経営体の世帯員数が少なくなってきているなかで、これらの陸上作業を家族で行うことが難しくなってきていることはもちろん、小規模漁村では地域住民数が減少し高齢化しているため、地域内で人手を確保することも次第に困難になりつつある。その他の刺網や採貝・採藻の経営体数の減少が激しくなってきている背景には、このような陸上作業従事者の確保の難しさも関係していると考えられる。

表1-12は、沿岸採捕漁業層における販売金額1位の漁業種類別の自家漁業の世代構成別経営体数と構成比を示したものである。三世代等個人経営の割合が比較的高い漁業種類は、大型定置網とさけ定置網、小型定置網、船び

表1-12　沿岸採捕漁業層の個人経営体の販売金額1位の漁業種類別自家漁業の世代構成別経営体数と構成比

（単位：経営体、％）

沿岸採捕漁業層の個人経営体の販売金額1位の漁業種類	年	合計		一世代個人経営				二世代個人経営			三世代等個人経営
				計	一人個人経営	夫婦個人経営	その他	計	親子個人経営	その他	
計	2013	85,693	100.0	78.7	50.5	27.5	0.7	19.2	19.1	0.1	2.1
	2018	71,117	100.0	80.6	55.4	24.5	0.7	17.6	17.4	0.2	1.9
小型底びき網	2013	6,502	100.0	79.6	42.3	36.3	0.9	19.1	19.0	0.1	1.4
	2018	5,363	100.0	83.8	52.6	30.6	0.6	15.6	15.5	0.1	0.6
船びき網	2013	1,086	100.0	68.0	37.2	29.2	1.6	29.1	28.9	0.2	2.9
	2018	1,063	100.0	69.1	42.0	25.3	1.9	27.7	27.3	0.4	3.2
中・小型まき網	2013	107	100.0	71.0	42.1	28.0	0.9	27.1	27.1	−	1.9
	2018	70	100.0	74.3	50.0	24.3	−	22.9	22.9	−	2.9
その他の刺網	2013	12,180	100.0	82.9	48.3	33.8	0.7	15.8	15.7	0.1	1.3
	2018	9,736	100.0	86.1	56.6	28.6	0.9	12.9	12.7	0.1	1.1
大型定置網	2013	81	100.0	65.4	50.6	14.8	−	32.1	30.9	1.2	2.5
	2018	82	100.0	63.4	53.7	9.8	−	30.5	30.5	−	6.1
さけ定置網	2013	391	100.0	60.4	41.7	17.4	1.3	34.8	34.8	−	4.9
	2018	148	100.0	62.2	31.1	29.1	2.0	35.1	34.5	0.7	2.7
小型定置網	2013	2,444	100.0	70.0	37.9	31.2	1.0	27.0	26.8	0.1	3.0
	2018	1,969	100.0	71.5	42.6	27.8	1.1	26.0	25.9	0.2	2.5
その他の網漁業	2013	1,341	100.0	81.1	58.2	22.1	0.8	17.2	17.2	0.1	1.6
	2018	1,205	100.0	85.0	67.6	16.8	0.7	14.3	13.9	0.4	0.7
沿岸まぐろはえ縄	2013	216	100.0	63.0	42.6	19.9	0.5	33.3	32.9	0.5	3.7
	2018	133	100.0	77.4	63.2	12.8	1.5	21.1	21.1	−	1.5

その他のはえ縄	2013	2,112	100.0	81.4	50.1	30.5	0.8	17.1	17.0	0.1	1.5
	2018	1,691	100.0	82.1	56.6	24.8	0.8	16.7	16.4	0.3	1.2
沿岸かつお一本釣	2013	188	100.0	89.9	74.5	13.8	1.6	9.6	9.6	−	0.5
	2018	114	100.0	89.5	75.4	14.0	−	8.8	8.8	−	1.8
沿岸いか釣	2013	2,996	100.0	84.2	61.2	22.4	0.6	14.7	14.6	0.1	1.1
	2018	2,387	100.0	85.7	67.4	17.8	0.5	13.3	13.2	0.1	1.0
ひき縄釣	2013	2,710	100.0	92.3	69.3	22.5	0.4	7.2	7.2	0.0	0.5
	2018	1,973	100.0	93.6	76.8	16.5	0.3	6.1	6.1	0.1	0.3
その他の釣	2013	14,792	100.0	93.2	79.4	13.3	0.4	6.6	6.5	0.0	0.3
	2018	11,736	100.0	94.7	83.2	11.2	0.3	5.1	5.0	0.1	0.2
潜水器漁業	2013	874	100.0	78.8	64.1	13.7	1.0	19.9	19.8	0.1	1.3
	2018	818	100.0	82.4	68.1	13.4	0.9	16.6	16.6	−	1.0
採貝・採藻	2013	16,397	100.0	79.1	48.5	29.9	0.7	18.8	18.6	0.2	2.1
	2018	12,302	100.0	81.6	54.5	26.6	0.6	16.7	16.5	0.2	1.7
その他の漁業	2013	7,823	100.0	84.9	55.3	28.9	0.6	14.1	14.0	0.1	1.0
	2018	7,806	100.0	86.5	59.1	26.8	0.5	12.5	12.3	0.1	1.1

き網や中・小型まき網、沿岸まぐろはえ縄である。これらの漁業種類では、二世代個人経営の割合も2～3割と比較的高く、将来的にある程度は世帯の中で漁業が継承され、個人経営体が再生産されると考えらえる。一方で二世代個人経営の割合が1割未満と極めて低い、すなわち経営体数の9割以上が一世代個人経営である漁業種類は、ひき縄釣とその他の釣である。この2つの漁業種類は、一世代個人経営のなかでもひとりで操業している一人個人経営である割合が高く将来的に漁業経営体の継承が極めて難しい漁業種類であるといえる。そのことは、先に示した漁業種類別の経営体数の変化でも減少度合いの高さとして示されている。

2）沿岸採捕漁業層（個人経営体）の販売金額1位の漁業種類別にみた経営主年齢階層別の経営体数

表 1-13 は、沿岸採捕漁業層の個人経営体の販売金額 1 位の漁業種類別・経営主年齢階層別の経営体数構成比の 2013 年から 2018 年までの変化を示したものである。その間、沿岸採捕漁業層全体としては約 71％が 60 歳以上であり、44 歳以下までの 5 歳刻みの各階層の構成比は 5 ％未満と低いことに変化はないものの、2018 年は 29 歳以下、30 ～ 34 歳、35 ～ 39 歳の年齢階層において、2013 年より若干、構成比が高くなった。

漁業経営体が世帯内で漁業を継承する場合、ほとんどが父から息子への継

表 1-13　沿岸採捕漁業層（個人経営体）の販売金額 1 位の漁業種類別にみた経営主年齢階層別経営体数及び構成比

（単位：経営体、%）

販売金額 1 位の漁業種類	年	計	29 歳以下	30 ～ 34	35 ～ 39	40 ～ 44	45 ～ 49	50 ～ 54	55 ～ 59	60 ～ 64	65 ～ 69	70 ～ 74	75 歳以上	60 歳以上計
沿岸採捕漁業層計（個人経営体）	2013	72,278	0.8	1.2	2.1	3.5	5.2	7.3	10.1	15.7	15.3	15.8	22.9	69.7
	2018	58,611	1.0	1.5	2.4	3.4	5.1	6.7	9.2	12.1	17.8	15.7	25.1	70.7
小型底びき網	2013	6,502	1.2	1.3	2.7	5.4	8.6	10.3	10.9	15.3	14.4	14.4	15.6	59.6
	2018	5,363	1.4	2.4	3.0	4.3	7.3	10.3	11.8	11.8	15.3	14.3	18.3	59.6
船びき網	2013	1,086	0.9	1.0	2.7	4.9	6.7	12.7	15.3	17.1	12.6	10.8	15.3	55.8
	2018	1,063	0.7	1.5	3.8	4.1	6.9	10.3	16.8	14.7	16.9	10.4	13.9	56.0
その他の刺網	2013	12,180	0.6	1.0	1.6	3.0	4.2	6.1	8.6	14.0	15.3	17.2	28.3	74.8
	2018	9,736	0.9	1.0	1.9	2.4	4.0	6.0	8.0	10.3	16.2	17.0	32.3	75.8
沿岸まぐろはえ縄	2013	216	1.4	0.9	3.7	9.7	12.5	6.9	22.2	20.8	6.9	8.3	6.5	42.6
	2018	133	0.8	2.3	3.8	4.5	12.0	12.8	10.5	18.0	18.0	11.3	6.0	53.4
その他のはえ縄	2013	2,112	0.8	1.3	1.5	3.6	5.3	9.2	12.5	16.6	14.4	14.3	20.5	65.8
	2018	1,691	0.8	1.5	2.3	4.1	5.2	8.3	10.8	14.8	17.7	12.9	21.6	67.0
沿岸かつお一本釣	2013	188	1.1	0.5	3.2	4.8	3.7	6.4	8.0	18.1	18.1	17.0	19.1	72.3
	2018	114	-	0.9	2.6	5.3	7.9	9.6	10.5	10.5	21.9	14.0	16.7	63.2
沿岸いか釣	2013	2,996	0.3	1.0	1.6	4.5	5.5	8.1	12.2	17.6	14.8	15.2	19.2	66.7
	2018	2,387	0.8	1.0	1.9	3.3	6.3	7.9	10.6	14.9	19.6	13.7	19.9	68.0
ひき縄釣	2013	2,710	0.7	0.8	2.0	3.4	4.4	6.7	11.3	16.8	16.2	16.1	21.6	70.7
	2018	1,973	0.6	1.1	1.7	2.5	3.8	5.7	7.9	13.7	20.3	17.7	25.0	76.7
その他の釣	2013	14,792	0.4	0.9	1.7	2.5	3.5	5.2	8.7	15.8	17.9	18.0	25.4	77.1
	2018	11,736	0.5	0.9	1.8	2.8	4.4	5.0	6.9	12.4	19.6	18.2	27.4	77.6
採貝・採藻	2013	16,397	1.0	1.5	2.1	3.4	5.0	7.5	10.2	16.1	15.1	15.4	22.7	69.3
	2018	12,302	1.1	1.7	2.7	3.4	5.0	6.4	9.2	11.7	18.4	15.8	24.6	70.5
その他の漁業	2013	7,823	1.6	1.6	2.7	3.2	5.4	7.2	10.3	15.5	14.1	14.8	23.7	68.0
	2018	7,806	1.3	2.1	3.0	3.8	4.7	6.3	9.2	11.8	17.3	15.0	25.7	69.7
大型定置網	2013	81	-	2.5	4.9	9.9	8.6	8.6	11.1	17.3	14.8	9.9	12.3	54.3
	2018	82	1.2	2.4	2.4	4.9	13.4	12.2	9.8	13.4	15.9	8.5	15.9	53.7
さけ定置網	2013	391	0.3	1.8	4.1	10.0	11.8	13.0	12.8	17.9	10.5	9.0	9.0	46.3
	2018	148	2.7	2.0	2.0	4.7	5.4	13.5	13.5	17.6	14.2	8.8	15.5	56.1
小型定置網	2013	2,444	0.4	1.1	2.1	4.0	6.3	9.5	12.7	17.6	13.5	13.6	19.4	64.0
	2018	1,969	0.6	0.8	2.7	4.1	7.0	8.0	12.5	14.1	17.3	12.7	20.4	64.4

注：）まき網、さけ・ます流し網、かじき等流し網、さんま棒受網、その他の網漁業、潜水器漁業を除いているため計と内訳は一致しない。

承である。一般的に父から息子に経営が移譲されるのは、父親が体力の低下を自覚する 60 歳代であることが多い。父と息子の年齢差を概ね 30 歳とみると息子は 30 歳代である。そのとき、相対的に体力がある息子が経営についても一通り掌握するようになっていれば、経営移譲されやすい。

このような形で父から息子に経営が移譲されていれば、30 歳代以上の経営主の割合が高まっていくはずであるが、構成比が高いのは全体では 50 歳代後半の階層である。特に経営体数が 1 万前後と多いその他の刺網とその他の釣、採貝・採藻では、経営主年齢が 60 歳以上の構成比が 75％以上を占めている。単純に考えると、これらの年齢階層がほとんど漁業から引退してしまう約 15 年後までには、上記の漁業種類では現在の 4 分の 1 程度の経営体数が残るだけとなってしまうことが想像される。そのようななかで、経営主年齢が比較的若い 40 歳代の経営体数の構成比が高いのは、沿岸まぐろはえ縄と大型定置網である。これらの漁業種類においては、ある程度の世代交代が進んでいると考えられる。

表 1-14 は沿岸採捕漁業層の個人経営体における経営体階層別の自家漁業の後継者ありの経営体数の割合を示したものである。この後継者ありの解釈は、若年の後継者が既に漁業に従事している場合は共通して含まれると思わ

表 1-14　沿岸採捕漁業層の個人経営体における自家漁業の後継者ありの経営体数の割合

（単位：％）

	2008 年	2018 年
沿岸採捕漁業層計	14.1	12.7
漁船非使用	7.3	8.8
無動力漁船のみ	9.6	10.6
動力漁船 1 トン未満	12.3	10.5
1 ～ 3 トン	8.4	7.5
3 ～ 5 トン	14.2	12.8
5 ～ 10 トン	28.0	23.1
大型・さけ定置網	36.5	40.9
小型定置網	29.0	25.9

注：1）動力漁船 1 トン未満には船外機付漁船を含む。

れるが､後継者になることが見込まれているものの､まだ着業していないケースでは経営体ごとにありとなしの回答が異なりばらつきが出る可能性があるなど統一性はないにしても、そのデータは参考になるものである。

沿岸採捕漁業層全体で後継者ありの割合は 2008 年の 14.1％から 2018 年の 12.7％に低下している。2018 年の後継者有りの割合が比較的高いのは、順に大型・さけ定置網の 40.9％、小型定置網の 25.9％、 5 -10 トン層の 23.1％である。このなかで大型・さけ定置網は、2008 年の 36.5％から 2018 年の 40.9％に上昇し、比較的後継者の確保が進んだ漁業経営体階層であるといえる。小型定置網や 5 -10 トン層は後継者ありの割合は比較的高いものの、その割合は低下している。

一方で、後継者ありの割合は高くないものの、2008 年から 2018 年の間に割合が上昇したのが漁船非使用層と無動力漁船のみ層である。これらの多くは第２種兼業として漁業に従事していることが推察される。このような階層で後継者ありの割合が上昇していることは、注目される。

３）沿岸採捕漁業層（個人経営体）の販売金額１位の漁業種類別・基幹的漁業従事者年齢別の平均海上作業従事日数

表 1-15 は、沿岸採捕漁業層（個人経営体）の販売金額１位の漁業種類別・基幹的漁業従事者年齢階層別の平均海上作業従事日数である。漁業の場合、海上作業従事日数は、天候や資源変動による好不漁、地域で異なる操業ルール、兼業や組み合わせる漁業との関係などに影響される。そのため、海上作業従事日数の多寡がそのまま、漁業者の労働強度を示すわけではないが、漁業種類ごとの労働特性をある程度示すものとして、分析の対象として考えることができる。

2018 年の全年齢平均の海上作業従事日数が多い漁業種類は、順に大型定置網の 215 日、さけ定置網の 174 日、小型定置網の 168 日、船びき網の 146 日､その他のはえ縄の 142 日である。反対にその日数が少ないのは順に､採貝・採藻の 100 日、その他の釣の 110 日、その他の漁業の 112 日である。

この表に示したすべての漁業種類において、2013 年から 2018 年にかけ

表 1-15　沿岸採捕漁業層（個人経営体）の販売金額 1 位の漁業種類別・基幹的漁業従事者の年齢階層別の平均海上作業従事日数

（単位：日）

販売金額 1 位の漁業種類	年	全年齢平均	15～20	20～25	25～29	30～34	35～39	40～44	45～49	50～54	55～59	60～64	65～69	70～74	75 歳以上
小型底びき網	2013	135.4	72.5	139.4	137.8	147.5	138.9	132.2	143.5	142.0	138.8	140.8	139.3	129.4	119.5
	2018	123.2	-	115.1	118.5	124.8	126.9	135.0	131.8	132.0	129.9	125.5	123.6	119.6	108.0
船びき網	2013	155.6	-	165.0	139.8	133.2	181.0	163.4	173.6	159.2	155.0	162.8	152.5	155.9	132.6
	2018	145.9	-	96.7	144.2	176.6	144.2	161.4	158.7	147.8	145.8	150.6	153.4	132.9	124.3
その他の刺網	2013	142.5	137.3	149.7	153.4	161.9	149.3	162.3	162.8	163.0	153.9	151.2	147.6	138.1	123.3
	2018	128.4	85.0	117.9	124.5	139.1	152.5	146.2	148.6	142.6	146.2	137.7	129.7	128.1	111.9
沿岸まぐろはえ縄	2013	167.1	-	-	178.0	139.0	132.5	182.3	172.1	218.7	178.4	163.4	137.9	157.3	108.5
	2018	158.7	-	270.0	290.0	216.7	136.7	151.7	170.0	153.3	188.3	153.7	158.7	146.3	126.6
その他のはえ縄	2013	150.7	90.0	84.0	128.1	151.7	175.6	156.2	166.4	164.4	161.3	160.3	155.4	143.5	125.9
	2018	142.1	-	100.0	132.4	123.2	167.6	142.3	163.1	153.6	155.6	150.1	146.0	134.3	120.1
沿岸かつお一本釣	2013	146.2	-	-	121.5	50.0	148.8	179.0	154.1	172.2	158.9	162.6	142.5	122.8	133.4
	2018	118.8	-	-	-	220.0	130.0	147.5	138.1	116.8	120.3	94.2	120.5	111.7	111.3
沿岸いか釣	2013	142.4	80.0	203.3	130.5	139.5	169.5	172.7	171.4	154.8	154.0	147.9	142.5	129.1	114.9
	2018	127.9	-	133.0	128.6	139.4	143.0	141.5	145.9	139.5	140.0	132.9	130.4	119.3	105.2
ひき縄釣	2013	128.1	-	198.5	108.5	139.0	125.3	151.6	159.4	145.9	148.1	130.2	124.8	115.7	111.0
	2018	121.3	-	100.0	181.6	124.8	141.8	139.2	147.1	141.9	137.1	126.4	119.2	116.2	105.3
その他の釣	2013	119.6	150.0	89.4	107.3	124.7	121.2	127.7	129.2	125.9	121.9	121.1	120.1	121.6	112.4
	2018	109.9	-	114.1	124.9	111.6	105.5	114.0	115.9	116.8	108.4	111.6	111.9	109.7	105.5
潜水器漁業	2013	128.0	-	123.8	131.4	118.6	132.2	119.8	133.9	139.4	131.0	127.3	125.7	113.9	117.1
	2018	120.2	-	146.5	111.5	126.0	117.4	133.4	117.3	118.8	124.4	119.1	120.0	123.4	91.4
採貝・採藻	2013	107.9	123.8	110.3	118.8	128.8	127.0	122.9	116.6	116.3	115.1	109.9	108.6	102.3	95.1
	2018	99.9	125.0	96.7	102.4	109.4	111.6	111.7	116.9	111.8	110.4	103.0	100.7	96.5	85.3
その他の漁業	2013	122.9	85.0	119.5	122.2	119.6	133.4	127.8	129.9	135.0	136.2	127.9	126.6	119.4	106.6
	2018	112.3	114.3	111.4	111.0	109.8	109.1	115.2	112.4	125.3	121.3	119.5	119.6	111.6	98.1
大型定置網	2013	220.6	-	-	-	270.0	218.0	212.6	247.8	244.3	255.0	222.6	220.7	201.9	198.7
	2018	214.5	-	253.0	-	225.0	220.0	209.2	216.6	250.3	255.9	215.0	204.5	170.1	172.8
さけ定置網	2013	185.2	150.0	205.0	225.6	159.4	217.9	202.9	169.5	180.0	202.7	190.0	176.0	154.0	163.2
	2018	174.4	-	110.0	220.0	153.3	146.0	175.8	191.3	181.7	160.0	173.8	184.2	180.5	164.7
小型定置網	2013	184.1	300.0	170.0	184.6	175.0	199.0	192.4	191.1	190.5	193.5	186.9	187.1	184.4	163.5
	2018	168.2	-	196.0	166.7	153.3	193.2	171.4	176.5	180.3	169.8	172.5	167.4	164.8	155.5

ての全年齢平均の海上作業従事日数が 10 日程度ずつ減少している。これには漁業者の高齢化による海上作業従事日数の減少が強く関わっていると推察される。しかしながら、基幹的漁業従事者の年齢階層別にみると、多くの漁業種類の各年齢階層で海上作業従事日数を減少させていることから、高齢化だけにその理由を求めるのは適当ではないようである。資源管理の強化や漁模様によりその日に期待できる漁獲金額の違い等も関係していると考えられる。

沿岸採捕漁業層の個人経営体の販売金額 1 位の漁業種類別・基幹的漁業従事者の年齢階層別の平均海上作業従事日数が多い下記の漁業種類（大型定置網（215 日）、さけ定置網（174 日）、小型定置網（168 日）、船びき網（146 日）、その他のはえ縄（142 日））ごとに、2018 年の基幹的漁業従事者の年齢階層別の日数をみた。大型定置網（215 日）では、海上作業日数が多いのは 50 歳代である（20 歳代前半も同様の日数の多さであるがサンプル数が少ないと思われる）。さけ定置網（174 日）では 2013 年と 2018 年の変化が大きいが、2018 年の場合、40 歳代後半から 50 歳代前半の海上作業日数が多い傾向にある。

それ以外では沿岸まぐろはえ縄漁業において、基幹的従事者が 20 歳代から 30 歳代半ばまでの年齢階層では、2018 年の海上作業従事日数が増加しているが、その他の漁業においては、2013 年から 2018 年の間の基幹的漁業従事者年齢階層間の平均海上作業従事日数の変動が大きく、変化の特徴を抽出するのが難しい。

4）沿岸採捕漁業層における個人経営体の自営漁業における経営体階層別の専業・兼業構成比と兼業種類

表 1-16 は、2018 年の沿岸採捕漁業層における個人経営体の自営漁業における経営体階層別の専業・兼業構成比と兼業種類を示したものである。表 1-8 で既に示したように、2018 年の沿岸採捕漁業層の個人経営体全体では、専業が 49.4％、第 1 種兼業が 25.1％、第 2 種兼業が 25.4％である。経営体階層別には、第 1 種兼業の割合が比較的高いのが 5 ～ 10 トン層、大型定置網、さけ定置網、小型定置網である。一方で第 2 種兼業の割合が比較的高いのは、

表 1-16　沿岸採捕漁業層の個人経営体の経営体階層別の専業・兼業種類別の構成比（2018 年）

（単位：経営体、%）

区分			合計		漁船非使用階層	無動力漁船のみ	船外機付漁船	1 トン未満	1 ～ 3 トン	3 ～ 5 トン	5 ～ 10 トン	大型定置網	さけ定置網	小型定置網
沿岸採捕漁業層計			58,611	100.0	2,590	47	17,287	2,000	10,618	16,615	7,255	82	148	1,969
					100.0	100.0	100.0	100.0	100.0	100.0	100.0	100.0	100.0	100.0
専業			28,977	49.4	35.5	42.6	41.2	51.4	52.1	56.2	54.8	51.2	33.1	48.0
第 1 種兼業	自営業	計	14,723	25.1	16.4	19.1	24.3	13.9	19.4	27.7	32.8	36.6	56.1	33.1
		水産物の加工	351	0.6	0.4	-	0.5	0.3	0.3	0.6	1.3	1.2	6.1	1.0
		漁家民宿	240	0.4	0.1	2.1	0.2	0.5	0.3	0.5	0.8	3.7	-	0.9
		漁家レストラン	77	0.1	0.0	-	0.1	0.1	0.1	0.1	0.2	-	0.7	0.5
		遊漁船業	1,682	2.9	0.2	4.3	0.8	0.6	2.0	4.8	6.3	2.4	0.7	3.2
		農業	1,504	2.6	3.6	2.1	2.8	2.4	2.5	2.2	2.3	2.4	-	4.0
		小売業	504	0.9	0.5	-	0.6	0.9	0.9	1.0	1.1	3.7	0.7	1.8
		その他	1,620	2.8	2.5	2.1	2.9	1.6	2.2	2.7	3.7	3.7	3.4	2.6
	共同経営に出資従事		1,741	3.0	0.8	2.1	3.7	0.5	1.0	3.0	3.8	8.5	39.2	6.6
	漁業雇われ		3,814	6.5	4.9	6.4	8.3	3.0	4.0	6.3	7.6	14.6	11.5	7.7
	漁業以外の仕事に雇われ		4,426	7.6	5.1	4.3	7.8	3.9	6.0	8.3	8.9	4.9	7.4	9.2
第 2 種兼業	自営業	計	14,911	25.4	48.1	38.3	34.5	34.7	28.5	16.1	12.3	12.2	10.8	18.8
		水産物の加工	242	0.4	0.6	-	0.5	0.6	0.3	0.3	0.3	1.2	0.7	0.7
		漁家民宿	455	0.8	0.6	-	0.8	1.2	1.3	0.4	0.6	1.2	0.7	1.6
		漁家レストラン	142	0.2	0.5	-	0.3	0.3	0.3	0.1	0.2	-	0.7	0.3
		遊漁船業	1,229	2.1	0.4	2.1	0.9	1.2	2.2	2.9	4.0	1.2	-	1.4
		農業	2,440	4.2	12.3	6.4	6.5	7.1	4.6	1.5	0.9	1.2	-	2.0
		小売業	894	1.5	1.9	-	1.6	4.6	2.5	0.9	0.6	1.2	-	0.5
		その他	3,376	5.8	9.6	12.8	7.6	8.2	7.4	3.7	2.6	1.2	0.7	2.4
	共同経営に出資従事		1,192	2.0	0.8	-	2.3	1.0	1.1	2.0	2.1	1.2	6.8	6.9
	漁業雇われ		3,017	5.1	9.2	-	8.4	4.5	4.0	3.2	2.4	7.3	4.7	4.5
	漁業以外の仕事に雇われ		5,363	9.2	21.5	21.3	13.3	12.3	10.7	4.9	2.8	2.4	1.4	5.2

漁船非使用層、無動力漁船のみ層、船外機付漁船層、１トン未満層である。兼業経営体数が比較的多い兼業種類は、第１種兼業、第２種兼業ともに漁業以外の仕事に雇われ、漁業雇われ、その他の自営業、農業、共同経営に出資従事、遊漁船業である。第１種兼業と第２種兼業では兼業種類の傾向が大きく異なってはいないものの、それぞれ特徴のある兼業種類は第１種兼業では遊漁船業であり、第２種兼業では漁家民宿、漁家レストラン、農業、その他の自営業である。また、共同経営に出資従事や漁業雇われという漁業関係の兼業の割合が高いのは、大型定置網とさけ定置網の第１種兼業と第２種兼業の両方である。

それらを経営体階層別にみると、第１種兼業で遊漁船業を兼業している割合が比較的高いのは 5-10 トン層、3- 5 トン層である。遊漁船業は両階層の第１種兼業経営体のなかではそれぞれ１割以上を占める兼業種類であり、兼業種類として重要な位置づけとなっている。第２種兼業の船外機付漁船層、１トン未満層、1- 3 トン層で割合が高い漁家民宿は、農業も兼業している兼業経営体では自家での食材調達が比較的容易であることがその背景にあることが推察される。

とはいえ、水産物の加工や漁家民宿、漁家レストラン、小売業などの兼業経営体の割合として示されると考えられる六次産業化については、それほど進んでいるとはいいがたい。ただ、数としては、例えば漁家民宿の 695 経営体（第１種が 240 経営体、第２種が 455 経営体）や、漁家レストランの 219 経営体（第１種が 77 経営体、第２種が 142 経営体）が新規性を有した形で全国に点在して展開しているとすれば、それなりのインパクトを社会に与え、個人経営体にも兼業所得をもたらしているものとして考えることができる。

（5）沿岸採捕漁業層の経営組織の変化

ここからは、表 1-4 で概況を示した沿岸採捕漁業層の経営組織別の経営体数と構成比の変化についてさらにみていく。表 1-4 では、次の２つの特徴が示されていた。第１に沿岸採捕漁業層でも会社経営体が構成比だけでなく経営体数としても増加していること、第２に共同経営体は経営体数の減少が明らかであるものの、団体経営体のなかでは会社経営体よりも経営体数が多いことである。会社経営については、政策的にも法人化への期待が強まっている。また、共同経営体については、全国的に漁業者及び漁家世帯員数が減少し漁業労働力の不足傾向が示されているなかで、一部では共同経営や経営体間での協業化の重要性が高まっていると考えられる。上記を踏まえ、ここでは主に会社経営体と共同経営体に注目しその動きを確認する。

1）沿岸採捕漁業層の経営組織別の経営体数と割合の変化

沿岸採捕漁業層は個人経営体の構成比が極めて高いことが特徴であるが、沿岸採捕漁業層のうち、団体経営体の割合が比較的高い定置網と 5-10 トン階層を対象に経営体階層別に 2018 年の経営組織別の経営体数の構成比を示したのが、表 1-17 である。個人経営体、会社経営体、漁業協同組合、漁業生産組合、共同経営、その他の経営組織に区分して示した。

大型定置網においては、会社経営体、漁業協同組合、漁業生産組合、その他のいずれにおいても構成比が高く、団体経営体合計の構成比が 80.0％を

表 1-17　定置網・5-10 トン階層の経営組織別の経営体数と構成比

経営体階層別	経営体数	構成比（%）	
		計	個人経営体
大型定置網	409	100.0	20.0
さけ定置網	534	100.0	27.7
小型定置網	2,293	100.0	85.9
5-10 トン	7,495	100.0	96.8

経営体階層別	構成比（%）					
	団体経営体					
	計	会社	漁業協同組合	漁業生産組合	共同経営	その他
大型定置網	80.0	41.6	13.2	6.8	17.6	0.7
さけ定置網	72.3	27.7	3.2	1.9	39.1	0.4
小型定置網	14.1	3.1	0.7	0.2	10.0	-
5-10 トン	3.2	1.2	0.0	0.0	1.9	-

も占めている。さけ定置網の場合、団体経営体の構成比が72.3％と高いのは大型定置と同様であるが、特に共同経営の構成比が約4割と高いことが特徴である。それに会社経営体が約3割と続いている。

2）沿岸採捕漁業層における会社経営と共同経営の特徴

表1-18は沿岸採捕漁業層における会社経営と共同経営の特徴について、販売金額1位の漁業種類別、販売金額規模別、大海区別の点から示したものである。

①会社と共同経営の漁獲物・収獲物の販売金額1位の漁業種類別の経営体数と構成比

まず、沿岸採捕漁業層における会社の経営体数556経営体を販売金額1位の漁業種類別にみると、大型定置網の170経営体、さけ定置網の148経営体、小型定置網の72経営体が多く、これら3つの漁業種類の合計390経営体で全体の70.1％を占めている。それ以外で会社の経営体数が多い漁業種類と経営体数は、その他の刺網の28経営体、船びき網の21経営体、小型底びき網の20経営体、潜水器漁業の20経営体などをあげることができる。

一方、沿岸採捕漁業層における共同経営のなかで構成比が高い漁業種類も定置網であるが、その順位が会社と異なる。小型定置網が229経営体、さけ定置網が209経営体、大型定置網が72経営体と小型定置網の位置づけが高まる。さらに、大型定置網より共同経営の経営体数が多いのは、小型底びき網の143経営体である。それ以外では、船びき網の44経営体、その他の漁業の55経営体、その他の網漁業の30経営体、その他の刺網の30経営体、採貝・採藻の26経営体が続く。その他の漁業やその他の刺網、採貝・採藻など比較的小規模とみられる漁業においても、共同経営が行われていることが分かる。

②会社と共同経営の漁獲物・収獲物の販売金額規模別の経営数と構成比

次に、会社経営と共同経営の漁獲物・収獲物の販売金額規模別の経営体数とその構成比をみてみる。会社経営と共同経営の両方において、2,000～

表 1-18　沿岸採捕漁業層の会社経営と共同経営の経営体数と構成比

区分		経営体数		構成比（%）	
		会社経営	共同経営	会社経営	共同経営
販売金額 1 位の漁業種類	計	556	865	100.0	100.0
	大型定置網	170	72	30.6	8.3
	さけ定置網	148	209	26.6	24.2
	小型定置網	72	229	12.9	26.5
	小型底びき網	20	143	3.6	16.5
	船びき網	21	44	3.8	5.1
	その他の刺網	28	30	5.0	3.5
	その他の網漁業	7	30	1.3	3.5
	その他のはえ縄	8	4	1.4	0.5
	その他の釣	14	4	2.5	0.5
	潜水器漁業	20	12	3.6	1.4
	採貝・採藻	17	26	3.1	3.0
	その他の漁業	17	55	3.1	6.4
	その他	14	7	2.5	0.8
販売金額規模	計	556	865	100.0	100.0
	販売金額なし	5	30	0.9	3.5
	100 万円未満	15	57	2.7	6.6
	100 ～ 300	23	118	4.1	13.6
	300 ～ 500	26	84	4.7	9.7
	500 ～ 800	11	82	2.0	9.5
	800 ～ 1,000	15	51	2.7	5.9
	1,000 ～ 1,500	24	69	4.3	8.0
	1,500 ～ 2,000	30	49	5.4	5.7
	2,000 ～ 5,000	136	151	24.5	17.5
	5,000 万円～ 1 億円	129	101	23.2	11.7
	1 ～ 2	83	46	14.9	5.3
	2 ～ 5	55	21	9.9	2.4
	5 ～ 10	3	3	0.5	0.3
	10 億円以上	1	3	0.2	0.3
大海区	全国	556	865	100.0	100.0
	北海道太平洋北区	167	280	30.0	32.4
	太平洋北区	38	84	6.8	9.7
	太平洋中区	85	45	15.3	5.2
	太平洋南区	38	22	6.8	2.5
	北海道日本海北区	48	246	8.6	28.4
	日本海北区	35	63	6.3	7.3
	日本海西区	61	42	11.0	4.9
	東シナ海区	70	31	12.6	3.6
	瀬戸内海区	14	52	2.5	6.0

注：「販売金額規模」の「販売金額なし」には、漁獲物・収獲物の販売金額の調査項目に回答が得られなかった経営体を含む。

5,000 万円、5,000 万円～１億円の群と 100 ～ 300 万円、300 万円～ 500 万円の群の２つが形成されている。しかしながら、会社では金額の高い群の経営体数が低い群の経営体数よりも５倍程度多いのに対して、共同経営ではそこまで大きく変わらない。すなわち会社と比べて共同経営では、漁獲物・収獲物の販売金額規模が小さい経営体が比較的多いことが示されている。

③会社と共同経営の大海区別の経営体数と構成比

ここでは、会社経営と共同経営について大海区別に経営体数と構成比をみた。構成比が高い大海区は、会社では順に北海道太平洋北区の約 30％、太平洋中区の約 15％、東シナ海区の約 13％、日本海西区の約 11％であり、比較的全国に分散しているといえる。一方で共同経営では、北海道太平洋北区の約 32％、北海道日本海北区の約 28％であり、すなわち北海道区で約半分を占めている。さらに構成比の高さ順で続く太平洋北区の約 10％、日本海北区の約７％を加えると、全体の約３分の１は北方の海区に存在しているという特徴が示される。

（6）おわりに

１）沿岸採捕漁業層における個人経営体数の減少について

沿岸採捕漁業層においては、全体として経営体数の大幅な減少が続くなかで会社の経営体数の増加というこれまでと異なる傾向が示されているとはいえ、これまでと同様に個人経営体が圧倒的な構成比を示していることに変わりはない。

個人経営体においては、期待できる漁獲物・収獲物の販売金額がある程度見込める漁業種類であれば、次の世代の担い手が自家漁業に参入する。その結果、二世代個人経営や三世代個人経営が形成され、漁業が継承されて個人経営体の再生産の希望が出てくる。このような漁業種類は、大型定置網、さけ定置網、小型定置網の定置網と、船びき網や中・小型まき網、沿岸まぐろはえ縄等である。その一方で一世代個人経営、そのうち特に一人個人経営である割合が高いその他の釣やその他のはえ縄においては、今後も経営体の世帯人数が少人数化して漁業継承が期待できず、今後さらに一人操業化が進み、その後さらに大幅に経営体数が減少する可能性が高い。そのような動きのなかで、採貝・採藻等はその他釣やひき縄釣に続いて経営主年齢が高いものの、第２種兼業経営体においては季節的に従事する漁業としてある程度、継承され得る漁業種類であると考えられる。第２種兼業の世帯員数が専業や第１種兼業よりも多いという傾向もそれを支える要因となっている。

とはいえ、比較的継承されているとみられる漁業種類でも、二世代および三世代個人経営の割合は２～３割である。2018年現在、経営主の約７割を60歳代以上の年齢階層が占めている。これらの年齢階層の漁業者の体力が低下すると考えられる例えば15年後、そして、さらに世代が一巡して交代する20～30年後の沿岸採捕漁業層は経営体数の大幅減少が示されると考えられる。

今後の沿岸採捕漁業をめぐっては、雇用者を含めて複数人の労働力を投入し、次代に継承され沿岸漁業の軸となりえる漁業を支援していく一方で、沿岸漁業の軸にはなり得ないもののこれまで日本漁業の特徴としてきた多様性－多様な日本沿岸の水産資源を上手に活用していく小規模な兼業漁業－として残し、かつ漁業に少しでも携わり世帯員が他の漁業へ関与していく可能性をある程度残せるよう漁業経営体数の母数を維持していくことも重要であるかもしれない。

２）沿岸採捕漁業層における個人経営体の漁業従事状況について

沿岸採捕漁業層の個人経営体の基幹的漁業従事者の海上作業従事日数は、2013年から2018年の間にほぼどの漁業種類においても減少が示されていた。これは、一見、高齢化の影響と解釈されるが、ほぼどの漁業種類のどの年齢階層においても示されていたことから、資源管理強化の影響や天候や資源量の変動により期待できる漁獲が見込めないことによる漁の手控えなどが、その要因となっているかもしれない。今後、更なる資源管理の強化や全産業的な働き方改革による労働時間の短縮が進められそうな現在、陸上作業従事のみの日数も勘案した漁業労働日数と、漁業センサスにおいて販売金額で代表されている漁業収入との関係が他産業と比較して気になるところである。

3）沿岸採捕漁業層における経営組織について

沿岸採捕漁業層の経営体数の全体的な減少は今後もまだ続くとしても、経営組織別にみた場合、会社の構成比は今後も一定程度、維持あるいは上昇していくものと考えられる。共同経営については経営体数の減少傾向が示されているが、住人数の減少と高齢化が進む小規模漁村において、小規模漁業経営体を束ねて地域漁業を継続させるための方策のひとつとして、共同経営やそれよりも緩い結びつきの協業化等が、ある程度の数が存在していくのではないだろうか。

トピックス①　水産政策の改革

我が国の漁業生産量は30年間で約3分の1に減少し、漁業就業者も高齢化が進むとともに減少傾向が続いている。地球規模の海洋環境の変化が水産資源の分布・回遊にも影響を与えはじめてきた一方、国内人口の減少・高齢化やライフスタイルの変化等、水産物需要の質的・量的変化も顕著である。このような我が国漁業を巡る内外の環境変化に対応し、将来にわたって発展できる仕組みへの改革が必要との観点に立ち、水産政策の改革が推進されている。平成30（2018）年6月には「水産政策の改革について」が「農林水産業・地域の活力創造プラン」（農林水産業・地域の活力創造本部決定）に盛り込まれた。その中では、水産資源の適切な管理と水産業の成長産業化を両立させ、漁業者の所得向上と年齢のバランスのとれた漁業就業構造を確立することが掲げられた。改革の主軸は下記1）～6）のとおりであり、実現に向けて漁業法を始めとした関係法令の改正も行われることとなった。

1）新たな資源管理システムの構築

2）漁業者の所得向上に資する流通構造の改革

3）生産性の向上に資する漁業許可制度の見直し

4）養殖・沿岸漁業の発展に資する海面利用制度の見直し

5）水産政策の改革の方向性に合わせた漁業協同組合（漁協）制度の見直し

6）漁村の活性化と国境監視機能を始めとする多面的機能の発揮

とりわけ、「養殖・沿岸漁業の発展に資する海面利用制度の見直し」は、漁業権制度を根幹から変えるものである。見直しの狙いは、利用されなくなったり、利用度が低下した漁場について、協業化や新規参入も含めて総合的に有効利用していくことにあるが、定置漁業権並びに区画漁業権免許の優先順位の廃止、新たに漁業権を設ける場合の免許者の選定等、新たな制度運用を求められる局面が増えることから、我が国漁業への影響を注視する必要がある。

1－2．海面養殖業の現状と動向

佐野　雅昭

（1）海面養殖業の全国的概要

1）主要な養殖種目における地域別経営体数の分布と推移

図 1-1 は近年における日本の主要な養殖種目における生産量推移である。全体にやや減少傾向にあるが、今回はこの中でぶり類養殖、まだい養殖、くろまぐろ養殖、ほたてがい養殖、かき類養殖そしてのり類養殖の６種目を取り上げ、その動向を分析した。表 1-19 はこれら６種目における経営体数の海区別分布とその近年における動向である。また表 1-20 は漁業・養殖業生産統計年報より作成した、2003 年度以降のセンサス年次における各養殖種目における生産量推移である。

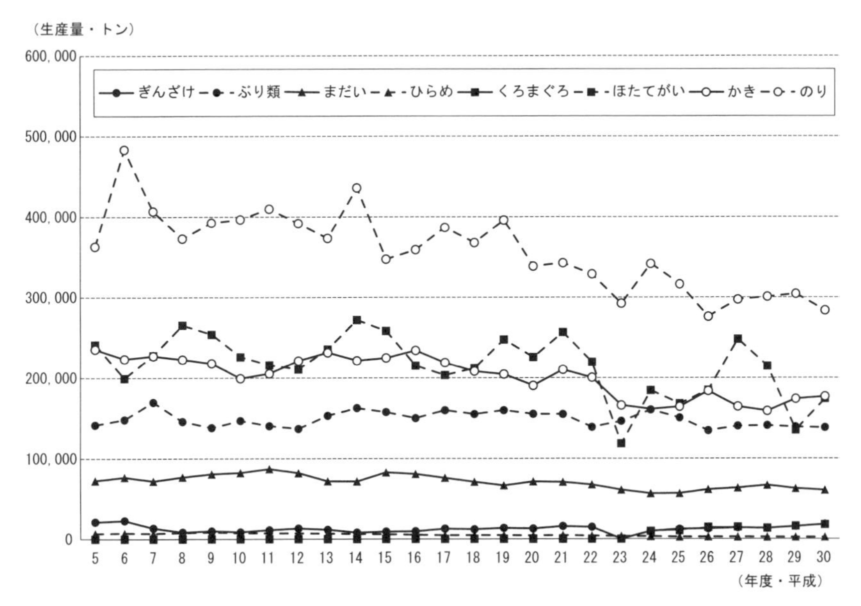

図 1-1　主要な養殖種類の生産量推移（トン）

表 1-19　主要な養殖種目における経営体数の海区別分布とその近年における動向

（単位：経営体）

大海区別	ぶり類養殖				まだい養殖				くろまぐろ養殖			
	2003	2008	2013	2018	2003	2008	2013	2018	2003	2008	2013	2018
全国	1,023	839	632	520	1,009	753	535	445	…	39	63	69
北海道区	-	-	-	-	-	-	-	-	…	-	-	-
太平洋北区	-	-	-	-	-	-	-	-	…	-	-	-
太平洋中区	34	15	11	7	317	208	124	100	…	2	2	4
太平洋南区	365	311	250	193	430	378	282	229	…	7	15	16
日本海北区	-	-	-	-	-	0	-	-	…	-	-	-
日本海西区	13	9	3	4	14	7	6	6	…	1	1	1
東シナ海区	510	419	307	264	205	123	95	77	…	29	45	48
瀬戸内海区	101	85	61	52	43	37	28	33	…	-	-	-

大海区別	ほたてがい養殖				かき類養殖				のり類養殖			
	2003	2008	2013	2018	2003	2008	2013	2018	2003	2008	2013	2018
全国	3,859	3,411	2,466	2,496	3,308	2,879	2,018	2,067	6,065	4,868	3,819	3,214
北海道区	1,440	1,383	1,262	1,176	166	142	159	148	-	1	-	-
太平洋北区	1,182	946	220	372	1,590	1,238	421	583	350	292	38	125
太平洋中区	-	-	-	-	278	263	236	196	1,593	1,286	962	776
太平洋南区	-	-	-	-	24	27	33	38	10	2	1	3
日本海北区	1,236	1,082	984	948	106	85	71	55	-	-	-	-
日本海西区	1	-	-	-	256	216	217	178	1	1	-	-
東シナ海区	-	-	-	-	104	151	183	214	2,820	2,381	2,128	1,755
瀬戸内海区	-	-	-	-	784	757	698	655	1,291	905	690	555

注：1）2008 年及び 2013 年の「くろまぐろ養殖」の数値は「まぐろ類養殖」として調査した結果である。

表 1-20　主要な養殖種目における生産量

（単位：100 t）

ぶり類				まだい				くろまぐろ			
2003	2008	2013	2018	2003	2008	2013	2018	2003	2008	2013	2018
1,575	1,551	1,504	1,382	831	716	569	607	28	72	104	176

ほたてがい				かき類				のり類			
2003	2008	2013	2018	2003	2008	2013	2018	2003	2008	2013	2018
2,583	2,256	1,678	1,740	2,249	1,903	1,641	1,770	3,474	3,385	3,162	2,837

注：1）漁業養殖業生産統計年報より作成。
　　2）ただしくろまぐろ養殖の 2003 年度、2008 年度に関してはマリノフォーラムの推定値を利用。
　　3）2008 年及び 2013 年の「くろまぐろ養殖」の数値は「まぐろ類養殖」として調査した結果である。

ぶり類養殖業の2018年度における経営体数は520経営体となり、2013年度と比較して約2割弱減少している。他方、生産量は2013年度までは約15～16万トンと安定的であったが、2018年度には14万トンを切り、1割程度の減少となった。これは2014年度より開始された生産量ガイドラインの設定による需給バランスの安定化と生産抑制が進んだ結果はないかと考えられる。安定した販売環境が整えられる中で、経営体の整理と淘汰が進み、生産性の改善が進んでいることが推測される。

まだい養殖でも経営体数はこの5年間で2割近く減少し、445経営体となった。他方、生産量は約6万トン水準を維持しており、横ばいである。まだい養殖も生産量ガイドラインが設定されていることから、需給状況は安定化しつつある。しかし経営体数の減少が止まらず、経営体の整理と淘汰、残存経営体の規模拡大が進行していると推測される。

くろまぐろ養殖では2013年度までに見られたような急激な経営体数の増加が止まり、この5年間で1割弱の増加による69経営体となった。しかし生産量は1万7千トンを越え7割もの増大を見せており、規模拡大が急速に進んでいることが明確である。依然として成長段階にあると考えて良いだろう。しかし最近では輸入品拡大による供給過剰と価格下落、天然種苗採捕獲に対する規制強化と供給不安定性拡大、人工種苗の育成不良、赤潮被害の頻発などによる経営不調が伝えられており、この産業から脱退する企業も増えてきた。採算性に陰りが出ており、今後の成長は鈍化すると見た方が良いだろう。

ほたてがい養殖は東日本大震災の影響もあり、2008年から2013年にかけて経営体数が3411経営体から2,466経営体にまで3割程度も減少した。主産地である北海道ではそこまで大きな変化は見られなかったが、最も強く影響を受けた太平洋北区では946経営体から220経営体へと1／4程度にまで経営体数が落ち込んだ。しかし当海区の経営体数はこの5年で372経営体にまで回復し、一時的に休止していた経営体の再着業が進んでいることが推測される。震災からの復興が徐々に進んでいるのだろう。またその結果、全体としてもこの5年では経営体数、生産量ともに微増となっている。ただし依然として震災以前の水準には到底届いていない。さらに復興を強化することが必要だろう。

かき類養殖でも太平洋北区における経営体数が2013年に大きく減少したが、次の5年間では421経営体から583経営体にまで3割以上増加した。ほたてがい養殖と同様の復興と再着業のプロセスがここでも見られる。また全国的には他の養殖種目と比較して、経営体数、生産量ともに安定的な推移を示している。

のり類養殖は全体として経営体数（3,819経営体→3,214経営体）、生産量（約32万トン→約28万トン）と、ともに緩やかな減少傾向が続いている。整理と淘汰のプロセスが一貫して進んでいるが、底に近づきつつあるのではないか。

2）主要な養殖種目における経営組織別経営体数の推移

表1-21は、養殖種目別の、経営組織別経営体数の推移である。

ぶり類養殖では、どの経営組織も減少傾向にある。個人経営体が2013年の353経営体から2018年には279経営体と約2割減少し、会社経営も同265経営体から232経営へと1割強減少した。また2018年には会社経営体数が個人経営体数の83％となり、会社経営体が全体に占める割合は2013年の約42％から2018年には約45％へと増大している。全般的な経営規模の拡大が進んでおり、1経営体あたりの生産量はこの5年間で238トンから266トンへと1割程度増加した。会社経営体が数の上でも個人に迫りつつあり、経営上の優位性が明確となってきているように思える。他方、漁協自営や生産組合、共同経営のような漁民集団による養殖経営は、もはや淘汰されてしまったと言えよう。

まだい養殖でも同様に、個人経営体が2013年の398経営体から2018年には297経営体にまで、約25％程度減少している。他方、会社経営は129経営体から139経営体に増加しており、減少から増加に転じた。個人から会社組織へという動きは継続しており、並行して1経営体あたりの生産量も106トンから136トンへと増大、規模拡大も進行している。

表 1-21　主要な養殖種目別・経営組織別経営体数の推移

（単位：経営体）

経営組織別	ぶり類養殖				まだい養殖				くろまぐろ養殖			
	2003	2008	2013	2018	2003	2008	2013	2018	2003	2008	2013	2018
個人経営体	642	503	353	279	813	582	398	297	…	11	13	3
会社	350	318	265	232	167	154	129	139	…	27	46	61
漁業協同組合	8	6	4	2	2	4	1	2	…	-	-	-
漁業生産組合	10	2	1	1	1	-	-	-	…	1	1	1
共同経営	12	10	8	6	11	9	6	4	…	-	-	4
その他	1	-	1	-	15	4	1	3	…	-	3	-

経営組織別	ほたてがい養殖				かき類養殖				のり類養殖			
	2003	2008	2013	2018	2003	2008	2013	2018	2003	2008	2013	2018
個人経営体	3,756	3,313	2,385	2,390	3,196	2,734	1,839	1,880	5,558	4,411	3,415	2,864
会社	35	36	28	51	78	115	138	150	80	67	72	74
漁業協同組合	1	1	2	-	8	1	11	6	18	12	12	4
漁業生産組合	-	-	1	-	3	1	1	1	2	1	1	1
共同経営	67	61	50	55	22	28	20	20	404	377	319	270
その他	-	-	-	-	1	-	-	1	3	-	-	1

注：1）2008 年及び 2013 年の「くろまぐろ養殖」の数値は「まぐろ類養殖」として調査した結果である。

くろまぐろ養殖は、2013 年には 13 経営体存在した個人経営体が 2018 年にはわずか 3 経営体にまで顕著に減少し、逆に会社経営は同 46 経営体が 61 経営体に増加した。この結果、会社経営が圧倒的となった。また平均生産量は 165 トンから 255 トンにまで 5 割以上も増加しており、会社組織化と並行した経営規模の拡大が急速に進んでいる。主産地である鹿児島や長崎ではぶり類養殖やまだい養殖からくろまぐろ養殖に転換する経営体があり、その場合に会社組織となることが多い。また漁業外資本の参入に伴い、既存個人経営体が会社組織に糾合されるケースも見られる。こうしたプロセスがこの 5 年間でさらに進み、会社化と大規模化がさらに進行している。現在では資源管理上の要請から安価な天然種苗の利用が厳しく制限されている。こうした状況が継続するようであれば、高価で供給量も品質も不安定な人工種苗を利用しにくい個人経営体は近い将来完全に淘汰されるかもしれない。また、近年では海外産地からの安価な養殖マグロの輸入が拡大しており、国内市況を攪乱しつつある。先述したとおり、その他の条件も重なってくろまぐろ養殖経営の不安定性は拡大しており、財務状況が比較的健全な会社組織経営といえども、この先の存続はかなり厳しいのではないか。

ほたてがい養殖では個人経営が圧倒的多数を占め、その構造にはこの15年間一貫して変化はない。2013年から2018年にかけて経営体数は個人が2,385経営体から2,390経営体へ、会社が28経営体から51経営体へと変化した。会社経営は少ないながらも急増しつつあり、どのような内容なのかが注目される。また、全体の平均生産量は68トンから70トンとほぼ横ばいであり、規模拡大はほとんど進んでいない。

かき類養殖も個人経営が圧倒的多数を占めている。2013年から2018年にかけて経営体数は個人が1,839経営体から1,880経営体へ、会社が138経営体から150経営体へと変化したが、大きな違いは見られない。震災時に経営体数の大幅な減少が起こった一方、生産力を維持するために漁協自営経営体が数多く作られた。2008年には1経営体だったものが2013年には11経営体（11漁協）にまで増加したのである。しかしこうした経営組織は震災復興のための一時的なものであり、2018年にはこれが6経営体にまで減少している。養殖の実態が個人経営に戻って行きつつあるのではないか。また、全体の平均生産量は81トンから86トンとほぼ横ばいであり、規模拡大はほとんど進んでいない。震災後は安定的な状況が継続しているといえる。

のり類養殖業でも個人経営が圧倒的多数を占めている。2013年から2018年にかけて経営体数は個人が3,415経営体から2,864経営体へ、会社が72経営体から74経営体へと変化し、個人経営体が2割近くも減少している。のり類養殖に特徴的な共同経営体数は、319経営体から270経営体へと約15％減少した。会社組織の経営体数が堅調に推移していることを鑑みれば、共同経営の存在意義を再検討する必要があるのではないだろうか。なお、全体の平均生産量は83トンから88トンとほぼ横ばいである。

以上のように、魚類養殖では会社化と規模拡大の進行が進み、生産構造が大きく変容しつつある。その一方、藻類や二枚貝などの無給餌養殖では依然として個人経営体を主力とする生産構造に変化はなく、規模拡大のペースも遅いといえるだろう。また、太平洋北区のほたてがい養殖やかき類養殖では震災からの復興が依然として進んでおらず、一旦縮小した全体的な生産規模が回復していないことも明らかとなった。

3）主要な養殖種目別・販売金額別の経営体数推移（専業および主とする経営体）

表1-22は主要な養殖種目別・販売金額別の経営体数推移（専業および主とする経営体）である。

ぶり類養殖業においては、2003年度から2013年度にかけて、1億円以下の階層に属する経営体数合計の比率は一貫してほぼ60％であり、全体的な販売金額階層別経営体数構成比には大きな変化がなかった。しかし2018年にはこの比率が一気に51％まで下落し、明らかに販売金額規模上位階層への経営体分布の移動が見られる。また5,000万円以下の階層に含まれる経営体数は2013年には36％であったが、2018年には22％にまで減少した。またこの5年間で販売金額2億円以下の階層全てで経営体数が減少しているのに対し、2億円以上の全ての階層で経営体数が増加している。特に5億円以上の合計経営体数は33経営体から53経営体に増加し、その比率は5.2％から10％と倍増した。先述したとおり、1経営体あたりの平均的な生産量は約1割程度上昇しているが、この要因がこれら大規模経営体の増加やその規模拡大によりもたらされていることは明らかであろう。零細経営体の淘汰と上層経営体における規模拡大が典型的に見られる。

一方、まだい養殖においては販売金額1億円を境に、それ以下の全ての階層で経営体が減少し、それ以上の全ての階層で経営体数が増加している。また2013年には販売金額1億円以下階層に含まれる経営体数は全体の71％に達していたのに対し、2018年では同60％と10ポイントも低下している。ぶり類養殖と同様に、全体として経営体数が大きく減少していく中で、大規模階層が確実に存在感を増し、全体としての規模拡大が図られている。

くろまぐろ養殖は2008年にセンサスの対象となった新しい養殖種目である（2008年及び2013年はまぐろ類養殖として調査）。2008年度に見られた販売金額のない5経営体は、着業しているが未だ育成段階であり成魚販

表 1-22　主要養殖種目別・販売金額別の専業及び主とする経営体数推移

（単位：経営体）

養殖販売金額別	ぶり類養殖				まだい養殖				くろまぐろ養殖			
	2003	2008	2013	2018	2003	2008	2013	2018	2003	2008	2013	2018
専業及び主とする経営体数	1,023	839	632	520	1,009	753	535	445	…	39	63	69
販売金額なし	3	6	6	2	18	13	4	1	…	5	1	6
500 万未満	28	26	19	10	88	55	40	31	…	-	4	2
500 ～ 1,000	27	32	26	9	79	42	24	18	…	-	2	-
1,000 ～ 2,000	72	50	43	31	153	102	72	46	…	2	-	-
2,000 ～ 5,000	178	124	132	63	323	234	141	96	…	1	2	2
5,000 万円～ 1 億	327	270	167	152	181	155	119	77	…	9	9	7
1 ～ 2	221	181	123	114	88	80	78	88	…	5	17	8
2 ～ 5	125	106	83	86	52	57	39	59	…	5	17	19
5 ～ 10	25	25	22	40	18	10	10	14	…	9	5	16
10 億円以上	17	19	11	13	9	5	8	15	…	3	6	9

養殖販売金額別	ほたてがい養殖				かき類養殖				のり類養殖			
	2003	2008	2013	2018	2003	2008	2013	2018	2003	2008	2013	2018
専業及び主とする経営体数	3,859	3,411	2,466	2,496	3,308	2,879	2,018	2,067	6,065	4,868	3,819	3,214
販売金額なし	19	4	6	4	46	22	53	2	44	20	9	7
500 万未満	1,338	889	671	381	1,465	1,354	1,020	909	1,085	668	532	416
500 ～ 1,000	1,168	1,004	734	456	800	734	301	425	1,197	916	541	333
1,000 ～ 2,000	904	991	503	709	558	408	227	281	2,284	1,699	1,216	535
2,000 ～ 5,000	367	403	403	700	301	244	287	288	1,243	1,367	1,343	1,427
5,000 万円～ 1 億	63	111	137	198	113	96	104	122	190	175	155	394
1 ～ 2	-	8	12	45	19	19	22	32	20	22	19	91
2 ～ 5	-	1	-	3	5	1	4	7	2	1	1	9
5 ～ 10	-	-	-	-	1	-	-	1	-	-	3	2
10 億円以上	-	-	-	-	-	1	-	-	-	-	-	-

注：1）海面養殖の販売金額規模別に集計した結果である。
　　2）2008 年及び 2013 年の「くろまぐろ養殖」の数値は「まぐろ類養殖」として調査した結果である。また、2003 年の「くろまぐろ養殖」の「…」は 調査を欠くことを意味する。
　　3）「販売金額なし」には、海面養殖を営んでいない経営体及び漁獲物・収獲物の販売金額の調査項目に回答を得られなかった経営体を含む。

売の段階を迎えていない若い経営体であろうと考えられた。2018 年にも 6 経営体において販売金額がなく、やはり参入したばかりの経営体ではないかと考えられる。この時点では新規参入のプロセスが継続していたのであろう。販売金額５億円以上の上位階層において経営体数の拡大が顕著であり、2013 年の 11 経営体が 2018 年には 25 経営体と倍以上に膨張している。魚類養殖における１億円以下の階層に属する経営体数の割合はまだい養殖で約 60％、ぶり類養殖で約 51％、しかしくろまぐろ養殖では 25％を割り込んでおり、魚類養殖の中でも突出した大規模性を有している。

ほたてがい養殖では 2013 年にも販売金額 1,000 万円～ 2,000 万円を境に経営体数の動向が真逆となっていた。2018 年においてもやはり販売金額 1,000 万円を境にそれ以下の全ての経営階層で経営体数が大きく減少（1,411 経営体→ 841 経営体）し、逆に販売金額が 1,000 万円を超える階層全てで経営体数が大きく増加（1,055 経営体→ 1,655 経営体）している。総数ではほぼ変化がないことから、この５年間における上層への移動がかなり多いのではないかと考えられる。この時期は輸出環境が好転し価格が高騰した時期でもあり、経営内容が全体的に向上していたのであろう。しかしコロナ禍において輸出環境は大きく変化した。現在では 2018 年度時点とは大きく異なる状況となっていることが予想される。

かき類養殖では 2018 年においても 1,000 万円以下の経営体数が 65％（2013 年は約７割）と大半を占めており、依然として魚類養殖と比較して全体に非常に零細であることが明らかである。また 2018 年には、販売金額 500 万円以上の階層で軒並み経営体数が増加する一方、500 万円未満の経営体が大きく減少した。専業化が進んでいるのであろう。また同じ二枚貝養殖であるほたてがい養殖では３経営体しか存在しなかった２億円以上の経営階層に、かき類養殖では８経営体が存在しており、この階層の経営体数がこの５年間で急増している。一部の上層経営体では規模拡大が急速に進んでいるのではないか。このように一部上位階層で変化が見られるものの、全体的には 2013 年と比較しても大きな変化は見られず、他の養殖種目と比較して安定的に推しているものと思われる。

のり類養殖でも大規模化が徐々に進行している。2018 年には販売金額 2,000 万円以下の全ての階層で経営体数が減少（これら階層の合計では半減)、2,000 万円以上の全ての階層で増加（これら階層の合計では約３割増)

という状況が見られる。また2013年には2,000万円以下の零細階層に含まれる経営体数が約6割であったのに対し2018年には同約4割と大きく減少した。逆に2,000万円超の中・上位階層に含まれる経営体数は、2013年に全体の4割であったものが2018年度には6割を占めるに至っている。2,000万円を境に、経営体数分布の逆転現象が見られるのだ。特に販売金額5,000万円以上の上位階層に含まれる経営体数は、この5年で178経営体数から496経営体へと約3倍に増加した。全体から見れば少数だが、確実に大規模経営体の存在感は拡大している。

4）主要な養殖種類における上層経営体への集中

表1-23および図1-2、図1-3は2018年における営んだ養殖種類別・経営規模別（養殖施設面積規模で9階層に分解した）の経営体数および販売金額1位の経営体の養殖面積規模階層別総販売金額分布を示したものである。

表1-23　営んだ経営体の養殖面積規模階層別経営体数および販売金額1位の経営体の養殖面積規模階層別総販売金額の分布割合

（単位：%）

	経営体数								
	Ⅰ	Ⅱ	Ⅲ	Ⅳ	Ⅴ	Ⅵ	Ⅶ	Ⅷ	Ⅸ
ぶり類	2.0	6.8	10.9	29.4	21.2	8.4	9.2	5.3	6.8
まだい	4.1	15.2	11.4	21.0	20.3	8.7	9.0	6.0	4.1
くろまぐろ	6.3	16.7	13.5	17.7	11.5	7.3	11.5	9.4	6.3
ほたてがい	0.7	5.3	4.1	6.1	15.7	14.1	31.7	19.5	2.8
かき類	7.5	15.3	11.8	18.7	19.3	9.4	8.2	5.9	3.8
のり類	1.4	2.3	3.2	6.4	9.4	12.2	13.8	30.5	20.8

（単位：%）

	販売金額								
	Ⅰ	Ⅱ	Ⅲ	Ⅳ	Ⅴ	Ⅵ	Ⅶ	Ⅷ	Ⅸ
ぶり類	0.9	0.8	2.4	10.6	13.2	9.3	13.8	12.5	36.4
まだい	2.5	1.5	2.1	4.8	15.0	10.5	18.4	21.1	24.2
くろまぐろ	0.2	2.3	4.4	6.7	4.1	4.1	17.5	4.7	56.1
ほたてがい	0.0	0.8	0.3	1.0	6.0	12.4	33.9	37.8	7.7
かき類	0.3	1.9	1.8	6.2	14.7	14.0	18.9	20.6	21.6

のり類	0.1	0.5	1.1	1.0	2.8	6.8	11.1	34.2	42.5

注：1）規模階層は以下のように分類した。
ぶり類、まだい、ほたてがい、かき類
Ⅰ：$100m^2$ 未満　Ⅱ：100 ～ $300m^2$ 未満　Ⅲ：300 ～ $500m^2$ 未満
Ⅳ：500 ～ $1000m^2$ 未満　Ⅴ：1000 ～ $2000m^2$ 未満　Ⅵ：2000 ～ $3000m^2$ 未満
Ⅶ：3000 ～ $5000m^2$ 未満　Ⅷ：5000 ～ $10000m^2$ 未満　Ⅸ：$10000m^2$ ～
くろまぐろ
Ⅰ：$1,000m^2$ 未満　Ⅱ：1,000 ～ $3,000m^2$ 未満　Ⅲ：3,000 ～ $5,000m^2$ 未満
Ⅳ：5,000 ～ $10,000m^2$ 未満　Ⅴ：10,000 ～ $20,000m^2$ 未満　Ⅵ：20,000 ～ $30,000m^2$ 未満
Ⅶ：30,000 ～ $50,000m^2$ 未満　Ⅷ：50,000 ～ $100,000m^2$ 未満　Ⅸ：$100,000m^2$ ～
のり類
Ⅰ：$100m^2$ 未満　Ⅱ：100 ～ $300m^2$ 未満　Ⅲ：300 ～ $1000m^2$ 未満
Ⅳ：1000 ～ $3000m^2$ 未満　Ⅴ：3000 ～ $5000m^2$ 未満　Ⅵ：5000 ～ $8000m^2$ 未満
Ⅶ：8000 ～ $10000m^2$ 未満　Ⅷ：10000 ～ $20000m^2$ 未満　Ⅸ：$20000m^2$ ～

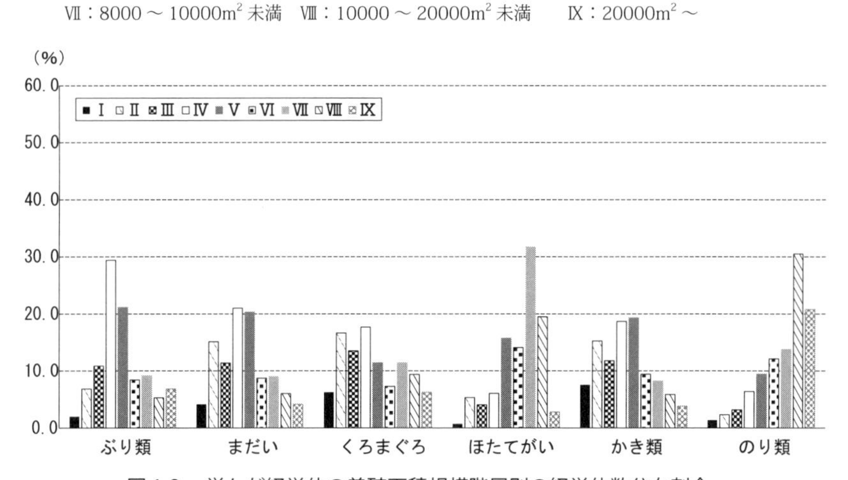

図 1-2　営んだ経営体の養殖面積規模階層別の経営体数分布割合

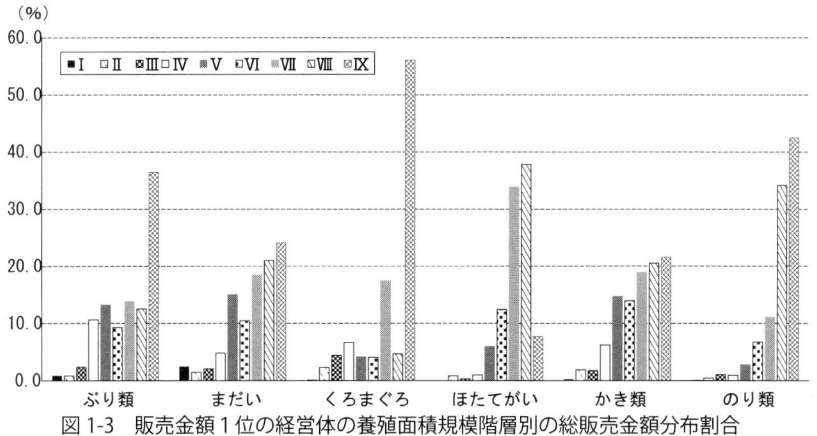

図 1-3　販売金額１位の経営体の養殖面積規模階層別の総販売金額分布割合

ぶり類養殖では左にスキューなグラフの形からもわかるとおり、依然として零細規模の経営体が多く存在しており、約 29％の経営体が 500 ～ 1,000㎡の第Ⅳ階層に属している。この階層の平均養殖施設面積は約 700㎡であり、10 m角の立方体生け簀を 7 台程度管理している経営規模である。また平均従事者数は 3.5 名であり、1 人あたり平均販売金額は約 2,500 万円と家族経営として平均的な経営規模だと考えられる。こうした経営体が最大勢力となっている一方で、最上位階層である養殖施設面積 100,000㎡以上の第Ⅸ階層に含まれる全体のわずか 6.8％の経営体が全体の約 77％の養殖施設面積を利用して販売金額の約 36％を産み出し、1 人あたりの平均販売金額は優に 1 億円を超える。最上位階層だけに突出した集中度が見られるのがぶり類養殖の特徴だろう。ぶり類養殖で見られる経営体間経営格差は非常に大きく、これらはもはや全く異なるコンセプトの養殖形態だと考えるべきだろう。

まだい養殖の経営規模別の経営体数はぶり類ほどの歪度は見せていないが、それでもやや左にスキューな分布を見せており、特にごく零細な第Ⅱ階層に約 15％もの経営体が属していることがかなり目立っている。養殖施設面積 500 ～ 1,000㎡、1,000 ～ 2,000㎡の第Ⅳ、第Ⅴ階層に約 2 割ずつの経営体が分布しており、この階層がまだい養殖の中核となっている。養殖施設面積では最上位階層に約 38％とかなりの集中が見られるものの、販売金額では約 24％とそこまでの集中は見られない。むしろ第Ⅴ～第Ⅸ階層が順当に販売金額を分け合っており、比較的おだやかな階層構造が見られる。これはかき類養殖とよく似た傾向である。最上位階層の平均販売金額は約 9 億円、平均して 14.7 名の従事者で営まれていることから、1 人あたりの販売金額は約 6 千万円程度である。

くろまぐろ養殖での経営規模別経営体数は比較的全階層に分散しており、尖度は低い。最も多くの経営体が属する第Ⅳ階層でも約 18％に留まる。また養殖施設面積も最上位階層にそこまで集中している状況にはなく、まだい養殖よりもなだらか分布となっている。しかし販売金額では最上位階層への集中度が著しく高く、約 56％に達している。この階層の平均販売金額は 60 億円を超えており、平均して 42.5 名の従事者で営まれていることから、１人あたりの販売金額は１億４千万円を超える水準である。この階層の生産性は非常に高く、くろまぐろ養殖における規模拡大の意義は明白だろう。

ほたてがい養殖では養殖施設面積 3,000 ～ 5,000㎡という比較的大規模な第Ⅶ階層への経営体の集中が顕著であり、約 32％の経営体がここに属している。次いで第Ⅷ階層に約 20％の経営体が属しており、右にスキューな分布となっている。この点はのり類養殖と類似性があり、規模上位階層への移動やあるいは経営体の淘汰が確実に進行していることをうかがわせる。また、他の養殖種目では養殖施設面積や販売金額において、最上位階層が最も高いシェアを有しているが、ほたてがい養殖ではそうした少数の大規模経営体への集中は見られず、経営体数の多い第Ⅶ、第Ⅷ階層への養殖施設面積や販売金額の自然な集中が見られる。養殖施設面積や販売金額で最も高いシェアを持つ第Ⅷ階層では、平均販売金額は 45 百万円、平均して 4.3 名の従事者で営まれていることから、１人あたりの販売金額は約 10 百万円となっている。最上位階層でも１人あたりの平均販売金額は 13 百万円程度であり、規模拡大と生産性向上には魚類養殖ほどの相関性が見られない。またその絶対額も魚類養殖と比較して小さく、こうした点は無給餌養殖の特徴であろう。かき類養殖では、経営規模別経営体数の分布はまだい養殖に似た穏やかな形を取っている。養殖施設面積や販売金額のシェア構造も比較的穏当なものであり、養殖施設面積の約 37％、販売金額の約 22％が最上位階層に与えられている。この階層の平均販売金額は約 75 百万円、平均して 6.8 名の従事者で営まれていることから、１人あたりの販売金額は約 11 百万円となる。第Ⅵ階層以上では経営規模が倍増しても、１人あたり販売金額の差はそこまで変わらないことから、規模拡大の意味はやはり魚類養殖者ほど大きくはないことが窺える。

のり類養殖では、経営規模別経営体数は最も右にスキューな分布が見られる。規模が大きな経営体ほど経営体数も多いという他に見られない構造となっており、経営体数の減少に伴う残存経営体の規模拡大プロセスがかなり進行しているのではないかと考えられる。その結果、経営体数の約 21％を占める最上位階層への集中が進んでおり、販売金額では約 43％、養殖施設面積では約56％と高い集中度を見せている。また第Ⅷ、第Ⅸの上位２階層を合わせると、経営体数の約51％、販売金額の約77％、施設面積の約83％を占めており、今やこの階層がスタンダードだと考えられ、規模階層基準を再考すべきかもしれない。最上位階層での１経営体あたり平均販売金額は68百万円、平均従事者が45名であることから、１人あたり平均販売金額は約15百万円である。やはり魚類養殖の上位階層と比較すれば、かなり低い水準に留まっている。ほたてがい養殖やかき類養殖と同様に、経営規模が倍増しても、１人あたり販売金額の差はそこまで変わらず、無給餌養殖ではある程度（ここでは第Ⅵ階層程度）の規模を得れば、それ以上の規模拡大のインセンティブは働かないのかもしれない。

こうして日本の養殖業を概観してみると、魚類養殖と無給餌養殖とでそれぞれ以下のような状況や特徴が指摘できるだろう。

まず魚類養殖においては、ぶり類養殖とまだい養殖という伝統的養殖種目における産業的成熟と安定化そしてそうした経営環境下での経営体数減少と残存経営体の規模拡大プロセスの進展が見られる。上位階層に含まれる会社化された大規模経営体の市場シェアは大きく拡大しており、支配的となりつつあるのではないか。この点については後ほど種目別の項目で再検討したい。他方、新規養殖種目であるくろまぐろ養殖は未だ発展段階にあり成熟には至っていないことが明らかである。

次いで無給餌養殖であるほたてがい養殖、かき類養殖、のり類養殖の、魚類養殖と比較した際の零細さが歴然となった。しかし整理と淘汰のプロセスが徐々に進みつつあり、上位階層への経営体の移動が見られる。縮小再編と並行した規模拡大の速度が上昇しており、2013年までとは異なるステージに進行しつつあるのではないだろうか。ただし規模拡大に伴う生産性向上が魚類養殖ほどには見られず、規模の経済が働きにくい養殖体系であることが推測される。無給餌養殖は零細規模ではあっても比較的安定的な経営状況を続けてきたため、定住漁民の生業的経営を支える重要な存在であった。しかし今後は徐々に生産が集約され、会社型の養殖に置き換えられていくのかもしれない。なお、太平洋北区におけるこれら養殖種目の震災復興は2018年においてもまだ途上であり、今後も支援が必要であるように思える。

（2）養殖種目ごとの変化と特徴

1）ぶり類養殖

表1-24は主要な生産県別のぶり類養殖生産量とその経営体数および1経営体当たり平均生産量の2003年度から2018年度にかけての推移である。どの県でも2018年度の経営体数は2003年度と比較すれば大きく減少して

表1-24　ぶり類養殖における主要県別生産量・経営体数・平均生産量とその推移

（単位：100 t 、経営体、 t 、%）

		鹿児島県				愛媛県			
		2003	2008	2013	2018	2003	2008	2013	2018
生産量（100t）		512	555	507	463	305	272	235	187
経営体数		371	316	246	210	227	194	167	133
平均生産量（ t ）		138	176	206	220	134	140	141	141
2003年度を100とした変化割合	生産量			99	90	…	…	77	61
	経営体数			66	57	…	…	74	59
	経営規模			149	160	…	…	105	105

		大分県				宮崎県			
		2003	2008	2013	2018	2003	2008	2013	2018
生産量（100t）		138	157	229	202	130	105	122	123
経営体数		61	56	43	46	51	37	30	23
平均生産量（ t ）		226	280	533	439	255	284	407	535
2003年度を100とした変化割合	生産量			166	146	…	…	94	95
	経営体数			70	75	…	…	59	45
	経営規模			235	194	…	…	160	210

		高知県				長崎県			
		2003	2008	2013	2018	2003	2008	2013	2018
生産量（100t）		102	105	117	114	120	116	94	90
経営体数		119	94	67	42	171	125	95	72
平均生産量（ t ）		86	112	175	271	70	93	99	125
2003年度を100とした変化割合	生産量			115	112	…	…	78	75
	経営体数			56	35	…	…	56	42
	経営規模			204	317	…	…	141	178

	香川県				熊本県			
	2003	2008	2013	2018	2003	2008	2013	2018
生産量（100t）	103	95	71	75	68	66	57	54
経営体数	85	68	49	39	47	30	27	27
平均生産量（t）	121	140	145	192	145	220	211	200
2003 年度を 100 とした変化割合	生産量		69	73	…	…	84	79
	経営体数		58	46	…	…	57	57
	経営規模		120	159	…	…	146	138

おり、中でも高知県では 35％、宮崎県では約 45％、長崎県では約 42％といずれも半分以下に激減している。厳しい経営状況を背景とする経営構造の変化が全国的に進んでいる。しかしこの 5 年だけで 10 ポイント以上減少した地域も多くある一方、熊本県など経営体数の減少がピタリと止まった地域もあり、各地域で経営構造変化の進み方にかなり差があることが窺える。

生産量はこの 5 年間では有力産地を中心に全体的にやや減少している。生産量ガイドラインの設定により、こうした状況が出現しているのではないかと考えられる。他方、経営体数の減少傾向には地域ごとに大きな差があり、その結果として 1 経営体あたりの生産量すなわち生産規模には大きな差が発生している。中でも宮崎県と高知県では、この 5 年間で生産規模の拡大が急速に進んでいる。宮崎県（経営体あたり平均生産量 535 トン）、大分県（同 439 トン）、2003 年度以来一貫して大規模企業型養殖を中心として発展を続けており、零細な個人経営体を中心としてきた鹿児島県（経営体あたり平均生産量 220 トン）熊本県（同 200 トン）や愛媛県（同 141 トン）、長崎県（同 125 トン）香川県（同 192 トン）などとの平均的な経営規模格差はさらに拡大した。また、愛媛県では経営体数の減少（167 から 133 経営体に 2 割減少）が残存経営体の規模拡大（平均生産量 141 トンと変化なし）に全く帰結していない。くろまぐろやハタ類などの新魚種への転換が進んでいるのかもしれない。

表 1-25 は 2018 年度における主な生産県別・養殖面積規模階層および販売金額規模階層別のぶり類養殖を営んだ経営体数を示したものである。大分

県、宮崎県では上位階層に含まれる経営体数自体は少ないが、先に見たように平均的な経営規模は圧倒的に大きい。それぞれ販売金額規模の最上位階層には２経営体が存在しているが、この２経営体は大企業系列の大規模経営体であり、こうした少数の大規模経営体に生産が集約されている状況が推測される。

表 1-25　2018 年度における主な生産県別・養殖面積規模階層および販売金額階層別のぶり類養殖を営んだ経営体数

（単位：経営体）

養殖面積規模階層	鹿児島県	愛媛県	大分県	宮崎県	高知県	長崎県	香川県	熊本県
100m² 未満	1	2	2	1	-	3	-	-
100 ～ 300	10	10	1	2	2	9	3	1
300 ～ 500	19	4	4	3	16	10	8	-
500 ～ 1,000	84	58	8	3	7	7	9	3
1,000 ～ 2,000	53	30	12	5	5	10	8	6
2,000 ～ 3,000	15	10	6	4	1	8	3	6
3,000 ～ 5,000	12	10	2	1	2	15	6	6
5,000 ～ 10,000	9	4	6	-	3	3	2	1
10,000m² 以上	7	5	5	4	6	7	-	4

養殖販売金額階層	鹿児島県	愛媛県	大分県	宮崎県	高知県	長崎県	香川県	熊本県
販売金額なし	1	-	-	1	-	-	-	-
500 万未満	2	2	1	3	3	10	-	-
500 ～ 1,000	5	-	-	-	2	3	-	1
1,000 ～ 2,000	5	1	9	-	13	8	-	1
2,000 ～ 5,000	23	13	4	-	6	14	5	-
5,000 万円～１億	79	50	5	1	1	9	10	5
1 ～ 2	39	32	12	12	4	17	10	7
2 ～ 5	37	19	10	3	4	7	12	7
5 ～ 10	13	9	3	-	4	4	2	4
10 億円以上	6	7	2	2	5	-	-	2

注：1）本数値はぶり類養殖を営んだ漁業経営体の過去１年間の海面養殖による漁獲物・収獲物の販売金額（複数の養殖種類を営んだ場合はそれらの合計）である。

2）「販売金額なし」には海面養殖を営んでいない経営体及び漁獲物・収獲物の販売金額の調査項目に回答が得られなかった経営体を含む。

表 1-26 は日本全体で見た養殖面積規模と販売金額規模との相関である。当然ながらこの 2 つの指標は強い正の相関を持っており、養殖面積規模が大きいほど販売金額規模も大きくなっている。養殖面積 1,000㎡を境として、経営体数はその上下の規模階層にほぼ 2 等分される。この表中の養殖面積 500 ～ 2,000㎡、販売金額が 5,000 万円～ 2 億円に含まれる 4 つのセグメントを中心に経営体が分布している。面積規模階層最上位の 10,000㎡以上階層には 36 経営体が含まれているが、経営体数比では 6.9％にすぎないこの階層が販売金額では全体の 36.4％を産み出しており、1 経営体あたりの平均販売金額は 14 億 3 千万にもなっている。これは最も経営体数が集中している 500 ～ 1,000㎡階層のそれと比較して約 16 倍となっており、経営規模格差がかなり大きいことがわかる。また 2 番目に面積規模が大きな 5,000 ～ 10,000㎡階層の平均販売金額は 5 億 7 千万円、同じく 3 番目の 3,000 ～ 5,000㎡階層のそれが約 4 億円であり、最上位面積規模階層だけが突出した販売金額を実現している。少数の大規模企業型経営と多数の零細経営が併存する産業構造であることが窺える。従事者 1 人あたり販売金額は面積規模階層が上がるにつれて向上しており、最上位階層では最も経営体数が集中している 500 ～ 1,000㎡階層のそれと比較して約 4.3 倍となっている。労働生産性が規模拡大と供に上昇することが明らかであろう。しかし養殖面積 1 ㎡あたり販売金額を見ると、面積規模階層が上がるにつれて逆に低下している。最上位階層は計算できないが、第二位階層のそれは、最も経営体数が集中している 500 ～ 1,000㎡階層のそれと比較して約 64％である。面積規模の上位階層ほど、放養密度の低い余裕のある漁場利用を行っていることが明らかであろう。大規模養殖経営体が広大な沖合漁場を多く保有していることもその理由ではないか。現状の規制が緩和されれば、まだまだ生産余力はあるのだろう。

表 1-26　2018 年における養殖販売金額規模階層別ぶり類養殖の養殖面積規模階層別経営体数（海面養殖が販売金額 1 位で、ぶり類養殖のみおよびぶり類養殖を主とする経営体）

（単位：経営体）

	計	100m² 未満	100 ～ 300	300 ～ 500	500 ～ 1,000	1,000 ～ 2,000	2,000 ～ 3,000	3,000 ～ 5,000	5,000 ～ 10,000	10,000m² 以上
計	520	4	21	56	169	110	44	49	31	36
販売金額なし	2	-	-	-	-	-	-	-	1	1
100 万円未満	2	-	-	1	-	-	-	-	-	1
100 ～ 300	2	1	1	-	-	-	-	-	-	-
300 ～ 500	5	-	2	2	-	-	1	-	-	-
500 ～ 800	2	-	-	1	1	-	-	-	-	-
800 ～ 1,000	5	-	1	2	2	-	-	-	-	-
1,000 ～ 1,500	12	-	1	5	5	-	-	-	1	-
1,500 ～ 2,000	16	1	1	9	2	2	-	-	1	-
2,000 ～ 5,000	65	-	8	12	32	10	-	1	-	2
5,000 万円～ 1 億	154	-	5	20	91	29	2	2	2	3
1 ～ 2	113	1	1	3	30	42	15	13	1	7
2 ～ 5	85	-	1	-	5	26	22	19	8	4
5 ～ 10	41	-	-	1	1	1	4	13	14	7
10 億円以上	16	1	-	-	-	-	-	1	3	11
平均販売金額（百万円）		317	57	60	89	170	298	398	572	1,431
総販売金額（百万円）		1,268	1,197	3,360	15,041	18,700	13,112	19,502	17,732	51,516
経営体数割合（%）		0.8	4.0	10.8	32.5	21.2	8.5	9.4	6.0	6.9
販売金額割合（%）		0.9	0.8	2.4	10.6	13.2	9.3	13.8	12.5	36.4
従事者 1 人あたり販売金額（百万円）		45	21	18	25	33	57	60	78	107
養殖面積 1 m² あたり販売金額（円）		6,340,000	285,000	150,000	118,667	113,333	119,200	99,500	76,267	-

注：1）養殖面積 1 m² あたり販売金額は、各面積規模階層の平均販売金額を、各面積規模階層の単純中間値（100 ～ 300m² であれば 200m²）で除した数値を用いた。

表 1-27 はぶり類養殖専業または主とする経営体の養殖面積規模階層別の平均海上作業従事者数（2003 年度は最盛期の、2008 年度以降は 11 月 1 日現在の従事者数）を示したものである。養殖面積規模は販売規模と強い相関を有していることは先述した通りである。2013 年度まではほぼすべての規模階層で従事者数は大きく減少してきたが、2018 年度には逆に 2013 年

表 1-27　ぶり類養殖専業または主とする経営体の、養殖面積規模階層別平均海上作業従事者数

（単位：人、％）

養殖面積規模別	2003	2008	2013	2018	変化率（2018/2003）	変化率（2018/2013）
100m² 未満	3.6	3.3	1.9	7.0	194	364
100 ～ 300	3.4	1.9	2.2	2.8	81	126
300 ～ 500	3.5	2.7	2.6	3.4	97	131
500 ～ 1,000	3.8	2.8	2.8	3.5	94	126
1,000 ～ 2,000	5.9	4.0	4.1	5.1	86	124
2,000 ～ 3,000	7.2	5.7	5.5	5.2	72	95
3,000 ～ 5,000	7.8	5.2	6.2	6.6	85	106
5,000 ～ 10,000	12.6	9.1	9.4	7.3	58	77
10,000m² 以上	13.3	12.3	17.3	13.4	101	78

注：1）2003 年度は最盛期の、2008 年度、2013 年度、2018 年度は 11 月 1 日現在の従事者数。

度から増加に転じた階層もあり、省人化による経営改善も限界に行き当たっていることが推測される。しかし上位 2 階層では引き続き大幅な平均従事者数の減少がみられ、省人化と生産性の向上が継続していることがわかる。大規模経営体の競争力がこの 5 年でさらに高まったことが推測される。

2）まだい養殖

表 1-28 は主要な生産県別のまだい養殖生産量とその経営体数および 1 経営体当たり平均生産量の 2003 年度から 2018 年度にかけての推移である。ぶり類同様に生産量ガイドラインが設定されているが、それを大きく下回る水準で生産が維持されている。現実的には機能しておらず、近年の構造変改に影響はないものと考えられる。

どの県でも2018年度の経営体数は2003年度と比較すれば大きく減少している。一番減少が緩やかな愛媛県では205経営体、2003年度の62％で持ちこたえているが、熊本県51経営体、同43％、高知県61経営体、同38％、長崎県85経営体、同51％そして三重県では96経営体、同30％にまで減少している。ただし、生産量は愛媛県（31,300トン→34,000トン）、熊本県（7,800トン→8,700トン）、高知県（5,300トン→6,200トン）で

表1-28　まだい養殖における主要県別生産量・経営体数・平均生産量とその推移

（単位：100 t 、経営体、 t 、％）

		愛媛県				熊本県			
		2003	2008	2013	2018	2003	2008	2013	2018
生産量（100t）		395	389	313	340	87	84	78	87
経営体数		333	295	234	205	118	79	61	51
平均生産量（ t ）		119	132	134	166	74	106	128	171
2003年度を100とした変化割合	生産量			79	86	-	-	90	100
	経営体数			70	62	-	-	52	43
	経営規模			113	140	-	-	173	231

		高知県				三重県			
		2003	2008	2013	2018	2003	2008	2013	2018
生産量（100t）		65	56	53	62	95	66	45	38
経営体数		161	136	102	61	318	194	121	96
平均生産量（ t ）		40	41	52	102	30	34	37	40
2003年度を100とした変化割合	生産量			82	95	-	-	47	40
	経営体数			63	38	-	-	38	30
	経営規模			129	252	-	-	124	133

		長崎県			
		2003	2008	2013	2018
生産量（100t）		60	33	25	22
経営体数		167	103	88	85
平均生産量（ t ）		36	32	28	26
2003年度を100とした変化割合	生産量			42	37
	経営体数			53	51
	経営規模			79	72

いずれも１割程度拡大したのに比べ、三重県（4,500トン→3,800トン）と長崎県（2,500トン→2,200トン）は逆に１割以上減少しており、生産量も経営体数も愛媛県への一極集中がさらに高まっていると同時に、熊本県と高知県における規模拡大が著しく進んでいる。この上位３県では経営体の減少と並行した残存経営体の規模拡大が順調に進んでいるが、三重県と長崎県ではそうしたプロセスがあまり進まず、養殖まだい産地としての存在感がますます希薄化している。両県ではまだい養殖からくろまぐろやハタ類など新魚種養殖への転換が進みつつあるのかもしれない。

表1-29は2018年度における主な生産県別・養殖面積規模階層および販売金額規模階層別のまだい養殖を営んだ経営体数を示したものである。規模拡大が進む上位３県では販売金額上位階層の経営体が厚く存在しているが、その多くが愛媛県に集中している。

表1-29　2018年度における主な生産県別・養殖面積規模階層および販売金額規模階層別のまだい養殖を営んだ経営体数

（単位：経営体）

養殖面積規模階層	愛媛県	熊本県	高知県	三重県	長崎県
100m^2 未満	5	-	3	5	1
100 ～ 300	5	5	4	24	15
300 ～ 500	9	2	12	22	9
500 ～ 1,000	27	5	13	34	17
1,000 ～ 2,000	64	13	13	5	22
2,000 ～ 3,000	31	3	6	2	7
3,000 ～ 5,000	36	7	4	3	9
5,000 ～ 10,000	16	9	5	-	4
10,000m^2 以上	12	7	1	1	1

養殖販売金額階層	愛媛県	熊本県	高知県	三重県	長崎県
販売金額なし	-	-	-	-	2
500万未満	4	5	-	9	10
500 ～ 1,000	1	1	2	4	6
1,000 ～ 2,000	4	3	16	12	11
2,000 ～ 5,000	20	4	13	46	16

5,000万円～1億	41	10	7	16	13
1～2	74	10	7	6	17
2～5	38	11	7	3	6
5～10	13	5	3	-	1
10億円以上	10	2	6	-	3

注：1）本数値はまだい養殖を営んだ漁業経営体の過去1年間の海面養殖による漁獲物・収獲物の販売金額（複数の養殖種類を営んだ場合はそれらの合計）である。
2）「販売金額なし」には海面養殖を営んでいない経営体及び漁獲物・収獲物の販売金額の調査項目に回答が得られなかった経営体を含む。

表1-30は日本全体で見た養殖面積規模と販売金額規模との相関である。当然ながらこの2つの指標は強い正の相関を持っており、養殖面積規模が大きいほど販売金額規模も大きくなっている。この表中の養殖面積1,000～2,000㎡、販売金額が5,000万円～2億円に含まれる2つのセグメントを中心に経営体が分布している点はぶり類養殖とよく似た状況となっている。面積規模階層最上位の10,000㎡以上階層には21経営体が含まれているが、経営体数比では4.7％にすぎないこの階層が販売金額では全体の24.2％を産み出している。ぶり類養殖ほどの集中度はなく、またこの階層の1経営体あたり平均販売金額は約9億円であり、ぶり類の14億3千万と比較すれば、その規模はやや小さい。またこれは最も経営体数が集中している1,000～2,000㎡階層のそれと比較して約7.6倍であり、経営規模に大きな格差が生じている。ただしぶり類養殖では約16倍の格差があったことを考えれば、まだい養殖の方が経営規模の格差は小さいといえるだろう。また2番目に面積規模が大きな5,000～10,000㎡階層の平均販売金額は約4億8千万円、同じく3番目の3,000～5,000㎡階層のそれが約2億7千万円であり、養殖面積規模と比例的に販売金額規模が拡大していることがわかる。従事者1人あたり販売金額は面積規模階層が上がるにつれて向上しているが、最上位階層の1人あたり販売金額（5千9百万円）は最も経営体数が集中している1,000～2,000㎡階層のそれ（3千3百万円）と比較し約1.8倍となっている。ぶり類のそれは4.3倍となっており、規模による労働生産性格差はまだい養殖ではぶり類養殖ほど大きくならいことがわかる。またぶり類養殖

表 1-30　2018 年における養殖販売金額規模階層別まだい養殖の養殖面積規模階層別経営体数（海面養殖が販売金額 1 位で、まだい養殖のみおよびまだい養殖を主とする経営体）

（単位：経営体）

	計	$100m^2$ 未満	100 ～ 300	300 ～ 500	500 ～ 1,000	1,000 ～ 2,000	2,000 ～ 3,000	3,000 ～ 5,000	5,000 ～ 10,000	$10,000m^2$ 以上
計	446	14	37	48	85	99	52	54	36	21
販売金額なし	2	-	-	-	-	-	-	-	1	1
100 万円未満	6	-	3	1	2	-	-	-	-	-
100 ～ 300	16	3	3	2	4	3	-	-	1	-
300 ～ 500	6	-	1	-	3	1	-	1	-	-
500 ～ 800	13	1	1	3	6	1	-	1	-	-
800 ～ 1,000	7	-	3	2	1	-	1	-	-	-
1,000 ～ 1,500	19	2	4	2	6	3	2	-	-	-
1,500 ～ 2,000	26	2	5	10	5	3	1	-	-	-
2,000 ～ 5,000	98	2	12	23	31	15	9	3	2	1
5,000 万円～ 1 億	73	2	2	2	20	30	10	2	3	2
1 ～ 2	87	1	3	3	7	34	15	19	5	-
2 ～ 5	62	-	-	-	-	8	14	24	12	4
5 ～ 10	16	-	-	-	-	-	-	4	6	6
10 億円以上	15	1	-	-	-	1	-	-	6	7
平均販売金額（百万円）		139	32	34	45	120	159	269	475	909
総販売金額（百万円）		1,946	1,184	1,632	3,825	11,880	8,268	14,526	16,625	19,089
経営体数割合（%）		3.1	8.3	10.8	19.1	22.2	11.7	12.1	8.1	4.7
販売金額割合（%）		2.5	1.5	2.1	4.8	15.0	10.5	18.4	21.1	24.2
従事者 1 人あたり販売金額（百万円）		39	5	13	19	33	45	52	62	59
養殖面積 $1 m^2$ あたり販売金額（円）		2,780,000	160,000	85,000	60,000	80,000	63,600	67,250	63,333	-

注：1）養殖面積 $1m^2$ あたり販売金額は、各面積規模階層の平均販売金額を、各面積規模階層の単純中間値（100 ～ $300m^2$ であれば $200m^2$）で除した数値を用いた。

では面積規模最上位階層の 1 人あたり販売金額は 1 億 7 百万円、第二位階層は 7 千 8 百万円に達していたが、まだい養殖ではそれぞれ 5 千 9 百万円、6 千 2 百万円である。他の規模階層でも同様に、同等の面積規模ではぶり類養殖の方が量的生産性に優れていることが明らかである。養殖面積 1 ㎡あたり販売金額を見ると、面積規模階層に関わらず、大きな差はないことがわかる。ぶり類養殖では面積規模上位階層ほど、余裕のある漁場利用を行っていたが、まだい養殖では面積規模階層に関わらす、ほぼ同様の単位面積あたり密度で養殖が行われていることがわかる。新規漁場を増やさないのであれば、生産余力は大きくはないだろう。

表 1-31 はまだい養殖専業または主とする経営体の、養殖面積規模階層別の平均海上作業従事者数（2003 年度は最盛期、2008 年度、2013 年度、2018 年度は 11 月 1 日現在の従事者数）を示したものである。2013 年度まではすべての規模階層で従事者数は大きく減少してきたが、2018 年度には 2013 年度から増加に転じた階層もあり、ぶり類養殖と同様に、機械化や EP 餌料への転換など省人化による経営改善も限界に行き当たっていること

表 1-31　まだい養殖専業または主とする経営体の、養殖面積規模階層別平均海上作業従事者数

（単位：人、%）

養殖面積規模別	2003	2008	2013	2018	変化率（2018 ／ 2003）	変化率（2018 ／ 2013）
100m^2 未満	2.7	2.9	1.9	3.6	135	193
100 ～ 300	2.7	1.8	1.5	6.4	234	427
300 ～ 500	2.1	1.7	2.0	2.6	126	132
500 ～ 1,000	2.7	2.2	2.5	2.4	90	97
1,000 ～ 2,000	3.8	3.0	2.8	3.6	96	127
2,000 ～ 3,000	5.6	4.0	3.6	3.5	63	98
3,000 ～ 5,000	5.7	5.5	4.8	5.4	95	113
5,000 ～ 10,000	10.1	7.0	8.9	8.1	81	91
10,000m^2 以上	13.1	21.8	11.1	14.7	112	133

注：1）2003 年度は最盛期、2008 年度、2013 年度、2018 年度は 11 月 1 日現在の従事者数。

が推測される。最上位階層ではこの５年で33％も増加しているが、これはこの階層における規模拡大が現在も進んでおり、労働力需要が拡大していることの反映であろう。

３）くろまぐろ養殖

表1-32はくろまぐろ養殖における主要県別生産量・経営体数・平均生産量とその推移である。（漁業センサスでは2008年からまぐろ類養殖として経営体数が調査されているが、）漁業・養殖業生産統計で生産量を調査し始めたのは2012年からであるため、ここでは2013年以降、２年間の推移を示している。2013年には鹿児島県、長崎県が２大産地であったが、2018年には長崎が突出した生産シェアを持つに至っている。また和歌山県や愛媛県、高知県などの周辺産地が生産量を大幅に増加させている一方、生産量第

表1-32　くろまぐろ養殖における主要県別生産量・経営体数・平均生産量とその推移

（単位：100 ｔ、経営体、ｔ、％）

		鹿児島県		長崎県		和歌山県	
		2013	2018	2013	2018	2013	2018
生産量（100t）		32	31	31	65	2	9
経営体数		10	11	49	48	5	6
平均生産量（ｔ）		320	282	63	135	40	150
2013年度を100とした変化割合	生産量	97		-	210	-	450
	経営体数	110		-	98	-	120
	経営規模	88		-	214	-	375

		愛媛県		高知県	
		2013	2018	2013	2018
生産量（100t）		7	13	12	22
経営体数		9	13	4	3
平均生産量（ｔ）		78	100	300	733
2013年度を100とした変化割合	生産量	186		-	183
	経営体数	144		-	75
	経営規模	129		-	244

注：1）2013年の「くろまぐろ養殖」の数値は「まぐろ類養殖」として調査した結果である。

二位の鹿児島県だけが総生産量および平均生産量を縮小させている。くろまぐろ養殖では、水温が大きく低下する地域で当歳魚は越冬できない。そこで現在では多くの場合、温暖な鹿児島県奄美地区で小型魚の育成を行い、越冬後に中間種苗として他地区に移動させる分業方式がとられるようになっている。そのような分業化の進展も、鹿児島県だけが異なるトレンドにあることの背景に存在するだろう。また、長崎県の1経営体あたり平均生産量は135トン、同じく愛媛県では100トンであるのに対し、鹿児島県282トン、和歌山県150トン、高知県733トンと経営規模にはかなりの格差が存在している。経営体数が少ないことから、少数の大規模経営体の有無がこれら平均の数値を大きく左右してしまうのだろう。また、長崎県に多数の経営体が集中して存在しており、産地間競争の結果、収斂が進んでいるように思える。この背景には、長崎県や五島市などによる既存養殖経営体のくろまぐろ養殖への転換政策がある。そうした施策によって、大企業の誘致と並行して零細なくろまぐろ経営体が産み出されている。

表1-33は2018年度における主な生産県別・養殖面積規模階層および販売金額規模階層別のくろまぐろ養殖を営んだ経営体数を示したものである。くろまぐろ養殖は一般的に大規模経営を主軸とする。2013年度においては既に経営が軌道に乗った先発経営体と、新しく新規参入したばかりで依然として種苗育成段階に留まる経営体が混在しており、経営規模階層としてはかなり分散的であった。5年経ち、分散的な状況はそう変わらないものの、全体としては販売金額規模の上位階層に経営体が集まりつつあるように思える。この5県では81経営体がくろまぐろ養殖を経営しているが、そのうち47経営体が販売金額2億円以上の階層に含まれており、ぶり類養殖やまだい養殖など他の魚類養殖と比較してその経営規模が大きいことは歴然としている。

表1-34は日本全体で見た養殖面積規模と販売金額規模との相関である。経営体は養殖面積1,000㎡以上、販売金額が2億円以上の各セグメントに分布している。前出の魚類養殖と比較して、養殖面積規模階層が下位の経営体でも大きな販売金額を実現していることが特徴的であり、そもそも零細と呼べる経営体がほぼ存在しないことが特徴的である。ただし単位面積あたり販

表 1-33　2018 年度における主な生産県別・養殖面積規模階層および販売金額規模階層別のくろまぐろ養殖を営んだ経営体数

（単位：経営体）

養殖面積規模階層	鹿児島県	長崎県	和歌山県	愛媛県	高知県
1,000m^2 未満	1	1	-	4	-
1,000 ～ 3,000	-	10	2	3	1
3,000 ～ 5,000	2	11	-	-	-
5,000 ～ 10,000	-	7	2	3	-
10,000 ～ 20,000	2	5	-	2	-
20,000 ～ 30,000	1	2	-	1	-
30,000 ～ 50,000	3	4	-	-	2
50,000 ～ 100,000	2	6	1	-	-
100,000m^2 以上	-	2	1	-	-

養殖販売金額階層	鹿児島県	長崎県	和歌山県	愛媛県	高知県
販売金額なし	-	3	-	-	1
500 万未満	2	1	-	-	-
500 ～ 1,000	-	-	-	-	-
1,000 ～ 2,000	-	2	1	-	-
2,000 ～ 5,000	-	2	-	2	-
5,000 万円～ 1 億	1	4	-	3	1
1 ～ 2	-	8	-	3	-
2 ～ 5	2	16	4	3	-
5 ～ 10	5	8	-	2	1
10 億円以上	1	4	1	-	-

注：1）本数値はくろまぐろ養殖を営んだ漁業経営体の過去 1 年間の海面養殖による漁獲物・収獲物の販売金額（複数の養殖種類を営んだ場合はそれらの合計）である。
2）「販売金額なし」には海面養殖を営んでいない経営体及び漁獲物・収獲物の販売金額の調査項目に回答が得られなかった経営体を含む。

売金額はぶり類やまだい養殖と比較するとどの階層でもごく小さく留まっており、漁場の利用効率はさほど高くないことが明らかである。くろまぐろ養殖は大型の生け簀を用いて低密度で養殖することが必要であり、そうした飼育上の制約がこうした効率の低さに現れている。

表 1-34　2018 年における養殖販売金額規模階層別くろまぐろ養殖の養殖面積規模階層別経営体数（海面養殖が販売金額 1 位で、くろまぐろ養殖のみおよびくろまぐろ養殖を主とする経営体）

（単位：経営体）

	計	1,000m² 未満	1,000 ～ 3,000	3,000 ～ 5,000	5,000 ～ 10,000	10,000 ～ 20,000	20,000 ～ 30,000	30,000 ～ 50,000	50,000 ～ 100,000	100,000m² 以上
計	69	2	8	10	10	8	5	11	9	6
販売金額なし	6	-	-	-	1	2	-	2	1	-
100 万円未満	2	-	-	1	-	-	1	-	-	-
100 ～ 300	-	-	-	-	-	-	-	-	-	-
300 ～ 500	-	-	-	-	-	-	-	-	-	-
500 ～ 800	-	-	-	-	-	-	-	-	-	-
800 ～ 1,000	-	-	-	-	-	-	-	-	-	-
1,000 ～ 1,500	-	-	-	-	-	-	-	-	-	-
1,500 ～ 2,000	-	-	-	-	-	-	-	-	-	-
2,000 ～ 5,000	1	1	-	-	-	-	-	-	-	-
5,000 万円～ 1 億	8	1	4	1	-	-	-	-	2	-
1 ～ 2	8	-	1	4	2	1	-	-	-	-
2 ～ 5	19	-	3	2	3	3	2	1	4	1
5 ～ 10	15	-	-	2	4	2	1	3	2	1
10 億円以上	10	-	-	-	-	-	1	5	-	4
平均販売金額（百万円）		55	188	288	435	338	530	1,037	339	6,100
総販売金額（百万円）		110	1,504	2,876	4,350	2,702	2,652	11,403	3,051	36,600
経営体数割合（%）		2.9	11.6	14.5	14.5	11.6	7.2	15.9	13.0	8.7
販売金額割合（%）		0.2	2.3	4.4	6.7	4.1	4.1	17.5	4.7	56.1
従事者 1 人あたり販売金額（百万円）		27.5	45.9	58.8	61.3	27.7	38.7	41.0	38.1	150.6
養殖面積 1 m² あたり販売金額（円）		110,000	94,000	72,000	58,000	22,533	21,200	25,925	4,520	-

注：1）養殖面積 1m² あたり販売金額は、各面積規模階層の平均販売金額を、各面積規模階層の単純中間値（100 ～ 300m² であれば 200m²）で除した数値を用いた。

面積規模階層最上位の 100,000㎡以上階層には 6 経営体が含まれているが、経営体数比では 8.7％にすぎないこの階層が販売金額では全体の 56.1％を産み出しており、他の魚類養殖と比較すれば圧倒的に上位への集中度が高い。またこの最上位階層の 1 経営体あたり平均販売金額は約 61 億円であり、ぶり類養殖における最上位階層の 4 倍以上となる。ごく少数の企業型大規模経営体がリードする養殖種目であることが明らかであろう。従事者 1 人あたり販売金額には養殖面積規模と関連した一貫した傾向は見られないが、最上位階層では 1 億 5 千万円を超える。全体を平均しても 5 千万円を超えており、他の魚類養殖とは大きく異なる経営規模となっている。養殖面積 1 ㎡あたり販売金額を見ると、規模が小さい階層ほど大きな数字となり、1,000 ～ 3,000 ㎡階層では、1 ㎡あたり 9 万円を超えている。これは小さな養殖場で営まれる種苗生産や中間種苗育成を専門に行う経営体が多く含まれているのがその理由であろう。成魚育成を専門に行う面積規模階層であれば、おおよそ 1㎡あたり 2 万円程度の水準にある。また養殖面積規模二位階層（最上位階層は計算できない）では 1㎡あたり 0.5 万円程度と減少するが、これは大規模経営体ほど広大な漁場で密度を下げながら飼育しているからではないか。

表 1-35 はくろまぐろ養殖専業または主とする経営体の、養殖面積規模階層別の平均海上作業従事者数（11 月 1 日現在）を示したものである。まさに成長期にあり、どの規模階層においても従事者数は大きく拡大している。くろまぐろ養殖では多くの場合餌料（解凍されたサバ類など）を人力で投与している。機械化できる部分は少なく、生産量の増加はすなわち従事者数の増加を必要とするのだろう。

くろまぐろ養殖の経営は 2021 年現在、かなり厳しくなっている。その大きな要因は安価な海外産養殖くろまぐろの輸入拡大と市況の大幅な軟化、天然種苗利用の制限と価格高騰、餌料価格の高騰などであり、採算性を失いつつある。2018 年センサスで見られた成長・発展の状況は、実は現在では大きく変容している可能性がある。

表 1-35　くろまぐろ養殖専業または主とする経営体の、養殖面積規模階層別平均海上作業従事者数

（単位：人、％）

養殖面積規模別	2013	2018	変化率（2018 ／ 2013）
1,000m² 未満	-	2.0	-
1,000 ～ 3,000	-	4.0	-
3,000 ～ 5,000	-	5.0	-
5,000 ～ 10,000	1.0	6.3	630
10,000 ～ 20,000	5.0	10.0	200
20,000 ～ 30,000	10.0	12.2	122
30,000 ～ 50,000	5.0	23.4	468
50,000 ～ 100,000	6.2	10.4	169
100,000m² 以上	16.2	42.5	262

注：1）2013 年の「くろまぐろ養殖」の数値は「まぐろ類養殖」として調査した果である。
　　2）2008 年度、2013 年度、2018 年度は 11 月 1 日現在の従事者数。

4）ほたてがい養殖

表 1-36 は主要な生産県別のほたてがい養殖生産量とその経営体数および１経営体当たり平均生産量の 2003 年度から 2018 年度にかけての推移である。2008 年度から 2013 年度にかけては、すべての産地が東日本大震災の影響を受け、生産量等が大きく減少している。最大産地である北海道では 2018 年度の生産量が大きく落ち込んでいる。これは主産地の噴火湾で大量斃死が発生したことがその原因である。経営体数はそこまで減少していないが、経営状況は悪化していることが推測される。次いで大きな生産県である青森県では、2018 年度の生産量は震災前の水準を超え、順調に回復した。この間経営体数がかなり減少しており、残存経営体の経営規模は 34％も拡大している。岩手県のデータは秘匿となっており状況の把握が難しいが、経営体数が激減しておりおそらく生産も回復していないものと推測できる。漁場が隣接する宮城県では、2018 年度は 2003 年度に対し生産量で約 18％、経営体数で約 36％に留まり、震災の影響が甚大かつ復興が進んでいない状況が明らかである。岩手県もほぼ同様の状況ではないだろうか。

表 1-36　ほたてがい養殖における
主要県別生産量・経営体数・平均生産量とその推移

（単位：100 t 、経営体、 t 、%）

		北海道				青森県			
		2003	2008	2013	2018	2003	2008	2013	2018
生産量（100t）		1,512	1,180	1,089	849	825	860	509	843
経営体数		1,676	1,567	1,414	1,301	1,274	1,190	1,070	974
平均生産量（ t ）		90	75	77	65	65	72	48	87
2003 年度を 100 とした変化割合	生産量			72	56	-	-	62	102
	経営体数			84	78	-	-	84	76
	経営規模			85	72	-	-	73	134

		岩手県				宮城県			
		2003	2008	2013	2018	2003	2008	2013	2018
生産量（100t）		x	71	15	x	155	145	64	28
経営体数		1,305	1,049	206	437	844	654	260	304
平均生産量（ t ）		-	7	7	-	18	22	25	9
2003 年度を 100 とした変化割合	生産量			-	-	-	-	41	18
	経営体数			16	33	-	-	31	36
	経営規模			-	-	-	-	134	50

注：1）表中の「x」は、個人又は法人その他の団体に関する秘密を保護するため、統計数値を公表しないものである。

表 1-37 は 2018 年度における主な生産県別・養殖面積規模階層および販売金額規模階層別のほたてがい養殖を営んだ経営体数を示したものである。養殖面積規模階層別経営体数の分布が 3,000㎡以上階層に偏った北海道、青森県の主産地と、2,000㎡以下階層に偏った岩手県、宮城県の三陸産地では、養殖の規模がかなり異なることがわかる。これは漁場条件によるものだろう。販売金額は震災の影響もあり、単純には比較できないが、北海道では 2,000 万円を超える経営体で約半数を占めるが、岩手県や宮城県では 1,000 万円以下の経営体が過半であるなど、やはり大きな格差が存在する。なお、岩手県や宮城県で最も多数の経営体が含まれる販売金額 500 万円以下の規模階層は、震災の影響で本格的操業が行えていない経営体あるいは廃業間近の経営体ではないかと考えられる。

表 1-37　2018 年度における主な生産県別・養殖面積規模階層および販売金額規模階層別のほたてがい養殖を営んだ経営体数

（単位：経営体）

養殖面積規模階層	北海道	青森県	岩手県	宮城県
100m^2 未満	4	-	10	6
100 ～ 300	3	10	93	55
300 ～ 500	6	4	66	47
500 ～ 1,000	21	13	87	61
1,000 ～ 2,000	232	65	108	70
2,000 ～ 3,000	213	156	25	32
3,000 ～ 5,000	430	486	20	19
5,000 ～ 10,000	345	222	15	7
10,000m^2 以上	47	18	13	7

養殖販売金額階層	北海道	青森県	岩手県	宮城県
販売金額なし	4	-	2	-
500 万未満	167	127	239	101
500 ～ 1,000	170	233	116	78
1,000 ～ 2,000	335	306	69	83
2,000 ～ 5,000	413	274	7	30
5,000 万円～ 1 億	165	33	3	3
1 ～ 2	44	1	-	8
2 ～ 5	3	-	1	1
5 ～ 10	-	-	-	-
10 億円以上	-	-	-	-

注：1）本数値はほたてがい養殖を営んだ漁業経営体の過去 1 年間の海面養殖による漁獲物・収獲物の販売金額（複数の養殖種類を営んだ場合はそれらの合計）である。

2）「販売金額なし」には海面養殖を営んでいない経営体及び漁獲物・収獲物の販売金額の調査項目に回答が得られなかった経営体を含む。

表 1-38 は日本全体で見た養殖面積規模と販売金額規模との相関である。この２つの指標は強い正の相関を持つことが論理的であり、実際にもおおよそ養殖面積規模が大きいほど販売金額規模も大きくなっている。この表中の養殖面積 2,000 〜 10,000㎡、販売金額が 2,000 万円〜 5,000 万円に含まれる３つのセグメントを中心に経営体が分布している。面積規模階層最上位の 10,000㎡以上階層には約３％の経営体が含まれ、販売金額の約 7.7％のシェアを有している。魚類養殖と比較して集中度は低い。また最上位階層の１経営体あたり平均販売金額は約７千万円であり、これも魚類養殖のそれと比較して極端に小さい。経営体間格差があまりなく、養殖面積が広大な割に、経営規模が零細であることも明らかであろう。面積あたりの販売金額には大きな違いはなく、無給餌養殖における販売金額は面積比例的であることがわかる。三陸地域での経営体および生産の回復が待たれるところである。

表 1-38　2018 年における養殖販売金額規模階層別ほたてがい養殖の養殖面積規模階層別経営体数（海面養殖が販売金額 1 位で、ほたてがい養殖のみおよびほたてがい養殖を主とする経営体）

（単位：経営体）

	計	100m² 未満	100 ～ 300	300 ～ 500	500 ～ 1,000	1,000 ～ 2,000	2,000 ～ 3,000	3,000 ～ 5,000	5,000 ～ 10,000	10,000m² 以上
計	2,496	2	44	52	83	367	383	919	570	76
販売金額なし	4	-	-	-	-	-	-	3	1	-
100 万円未満	36	1	5	7	6	8	2	5	2	-
100 ～ 300	119	-	9	25	18	30	14	16	4	3
300 ～ 500	151	-	4	9	21	68	22	23	3	1
500 ～ 800	230	-	2	5	18	91	38	57	17	2
800 ～ 1,000	200	-	4	1	6	43	42	75	27	2
1,000 ～ 1,500	372	1	3	3	8	64	76	148	61	8
1,500 ～ 2,000	330	-	9	2	2	30	59	151	68	9
2,000 ～ 5,000	786	-	7	-	3	31	110	404	216	15
5,000 万円～ 1 億	213	-	1	-	1	2	18	34	139	18
1 ～ 2	52	-	-	-	-	-	2	3	31	16
2 ～ 5	3	-	-	-	-	-	-	-	1	2
5 ～ 10	-	-	-	-	-	-	-	-	-	-
10 億円以上	-	-	-	-	-	-	-	-	-	-
平均販売金額（百万円）		7	13	4	8	11	22	25	45	69
総販売金額（百万円）		14	572	208	664	4,037	8,426	22,975	25,650	5,244
経営体数割合（%）		0.1	1.8	2.1	3.3	14.7	15.3	36.8	22.8	3.0
販売金額割合（%）		0.0	0.8	0.3	1.0	6.0	12.4	33.9	37.8	7.7
従事者 1 人あたり販売金額（百万円）		7.0	5.2	1.8	3.3	3.1	7.1	6.9	10.5	13.3
養殖面積 1m² あたり販売金額（円）		140,000	65,000	10,000	10,667	7,333	8,800	6,250	6,000	-

注：1）養殖面積 1m² あたり販売金額は、各面積規模階層の平均販売金額を、各面積規模階層の単純中間値（100～300m² であれば 200m²）で除した数値を用いた。

表 1-39 はほたてがい養殖専業または主とする経営体の、養殖面積階層別の平均海上作業従事者数（11 月 1 日現在）を示したものである。ほたてがい養殖では面積規模の拡大が従事者数の増加に大きくは影響しないことがわかる。例えば 2018 年度の 1,000 ～ 2,000㎡の規模階層経営体では平均従事者数が 3.6 人であるが、5 倍以上の養殖面積規模である 10,000㎡以上の経営体では 5.1 人と、わずか 1.5 人の増加しか見られない。海上作業の機械が進み、生産規模の拡大が従事者の増加を必要としないように思える。しかしここで示された従事者数は海上作業者に限られる。ほたてがい養殖では、稚貝の耳釣り作業など陸上作業に多くの労働力が必要であり、生産規模拡大はそちらの従事者数増加をもたらしている可能性がある。

表 1-39　ほたてがい養殖専業または主とする経営体の、養殖面積規模階層別平均海上作業従事者数

（単位：人、%）

面積階層	2008	2013	2018	変化率（2018／2008）	変化率（2018／2013）
100m² 未満	2.5	2.2	1.0	40	45
100 ～ 300	4.7	3.0	2.5	53	83
300 ～ 500	1.9	2.5	2.3	122	88
500 ～ 1,000	1.9	2.8	2.4	124	86
1,000 ～ 2,000	2.7	3.4	3.6	135	106
2,000 ～ 3,000	2.8	3.0	3.1	110	103
3,000 ～ 5,000	3.1	3.8	3.6	115	95
5,000 ～ 10,000	3.7	4.0	4.3	115	108
10,000m² 以上	4.3	5.0	5.1	118	104

注：1）2008 年度、2013 年度、2018 年度は 11 月 1 日現在の従事者数。

5）かき類養殖

表 1-40 は主要な生産県別のかき類養殖生産量とそれを営んだ経営体数および 1 経営体当たり平均生産量の 2003 年度から 2018 年度にかけての推移である。震災の影響により、2008 年度から 2013 年度にかけて宮城県では生産量で約 23%、経営体数で約 38%にまで、ともに大きく縮小した。2018 年度には生産量がやや回復したが経営体数はこの 5 年間で微増した。

表 1-40　かき養殖における主要県別生産量・経営体数・平均生産量とその推移

（単位：100 t 、経営体、 t 、%）

		広島県			宮城県			
	2003	2008	2013	2018	2003	2008	2013	2018
生産量（100t）	1,098	968	1,061	1,040	567	450	130	260
経営体数	378	359	314	301	1,328	1,114	510	529
平均生産量（ t ）	290	270	338	346	43	40	25	49
2003 年度を 100 とした変化割合	生産量		97	95	-	-	23	46
	経営体数		83	80	-	-	38	40
	経営規模		116	119	-	-	60	115

		北海道			三重県			
	2003	2008	2013	2018	2003	2008	2013	2018
生産量（100t）	41	40	40	41	60	57	41	35
経営体数	458	454	424	454	341	326	288	224
平均生産量（ t ）	9	9	9	9	18	17	14	16
2003 年度を 100 とした変化割合	生産量		98	100	-	-	68	58
	経営体数		93	99	-	-	84	66
	経営規模		105	101	-	-	81	89

	岡山県			
	2003	2008	2013	2018
生産量（100t）	171	113	194	155
経営体数	203	180	159	144
平均生産量（ t ）	84	63	122	108
2003 年度を 100 とした変化割合	生産量		113	91
	経営体数		78	71
	経営規模		145	128

かなりの経営体が廃業した可能性もあろう。全国シェアの 5 割以上を有する圧倒的な主産地である広島県では、2003 年度以降経営体数が徐々に減少しつつあるが、生産量は約 10 万トンで安定しており、残存経営体の規模が順調に拡大している。隣接する岡山県でもほぼ同様の変化が確認できる。三重県は生産量、経営体数ともに大きく減少しつつあり、産地としての存在感が大きく低下している。北海道では大きな変化が見られず、安定した推移が

見られる。

表 1-41 は 2018 年度における主な生産県別・養殖面積規模階層および販売金額規模階層別のかき類養殖を営んだ経営体数を示したものである。広島県では大多数の経営体が養殖面積規模 3,000㎡以上階層に分布しているのに対し、宮城県、北海道、三重県では逆に大多数の経営体が 2,000㎡以下階層に分布している。販売金額規模では広島県では大半の経営体が

表 1-41　2018 年度における主な生産県別・養殖面積規模階層および販売金額規模階層別のかき類養殖を営んだ経営体数

（単位：経営体）

養殖面積規模階層	広島県	宮城県	北海道	三重県	岡山県
100m² 未満	1	12	11	34	-
100 ～ 300	1	94	37	58	-
300 ～ 500	5	59	91	43	-
500 ～ 1,000	7	89	128	42	2
1,000 ～ 2,000	12	170	101	25	23
2,000 ～ 3,000	24	55	52	7	51
3,000 ～ 5,000	64	25	34	7	68
5,000 ～ 10,000	118	18	-	2	-
10,000m² 以上	69	7	-	6	-

養殖販売金額階層	広島県	宮城県	北海道	三重県	岡山県
販売金額なし	-	-	1	-	-
500 万未満	34	167	132	120	13
500 ～ 1,000	19	167	105	55	14
1,000 ～ 2,000	23	130	119	21	49
2,000 ～ 5,000	101	46	90	23	67
5,000 万円～ 1 億	94	15	7	4	1
1 ～ 2	23	3	-	1	-
2 ～ 5	6	1	-	-	-
5 ～ 10	1	-	-	-	-
10 億円以上	-	-	-	-	-

注：1）本数値はかき類養殖を営んだ漁業経営体の過去 1 年間の海面養殖による漁獲物・収獲物の販売金額（複数の養殖種類を営んだ場合はそれらの合計）である。
2）「販売金額なし」には海面養殖を営んでいない経営体及び漁獲物・収獲物の販売金額の調査項目に回答が得られなかった経営体を含む。

2,000 万円以上の階層に含まれるのに対し、宮城県では 1,000 万円以下階層、三重県では 500 万円以下という最下層に含まれる経営体が過半を占めており、経営の零細性が顕著である。これはわかめ養殖など他の養殖種目と兼業で行われるケースが多く見られることもその原因であろう。また、かき類養殖は全国各所で行われているが、どこでも零細な経営がほとんどである。広島県を除けば全般的に販売金額の低い階層に経営体が集中しており、ほたてがい養殖と同様に、魚類養殖との経営規模の全般的格差は明らかであろう。

表 1-42 は日本全体で見た養殖面積規模と販売金額規模との相関である。この 2 つの指標は強い正の相関を持っており、養殖面積規模が大きいほど販売金額規模も大きくなっている。ただしかき類養殖では養殖面積 300㎡未満階層に 349 経営体、販売金額 300 万円未満階層に 580 経営体がそれぞれ分布しており、日本全体で見ればごく零細な規模階層にもかなりの経営体が存在している。他の養殖業では、経営体は特定の規模階層グループへの集中が見られ、そこを中心に分布していた。しかしかき類養殖ではそのような中心となる規模階層が見られず、幅広い面積規模階層、販売金額規模階層にまばらに分布している。小規模零細経営が厚く存在している一方で、販売金額が 1 億円を超えるような大規模経営体もかなり存在しており、一定の規模階層への収斂が見られないことが大きな特徴である。面積規模最上位階層に含まれる約 5.3%の経営体が販売金額の約 21.6%を生み出しており、上層経営体への生産集中は進んではいるが、魚類養殖で見られたような 10 億円を超えるような販売規模を持つ巨大経営体は存在せず、ほたてがい養殖と似た多数の零細経営体を主軸とした経営構造となっている。

表 1-42　2018 年における養殖販売金額規模階層別かき類養殖の養殖面積規模階層別経営体数
（海面養殖が販売金額 1 位で、かき類養殖のみおよびかき類養殖を主とする経営体）

（単位：経営体）

	計	$100m^2$ 未満	100 ～ 300	300 ～ 500	500 ～ 1,000	1,000 ～ 2,000	2,000 ～ 3,000	3,000 ～ 5,000	5,000 ～ 10,000	$10,000m^2$ 以上
計	2,067	102	247	173	345	438	257	236	159	110
販売金額なし	2	1	-	-	-	-	1	-	-	-
100 万円未満	245	80	105	20	16	14	3	4	2	1
100 ～ 300	333	14	84	75	85	43	17	6	5	4
300 ～ 500	265	4	30	46	86	56	22	10	7	4
500 ～ 800	267	1	14	21	75	85	33	22	10	6
800 ～ 1,000	170	1	5	9	33	53	28	20	10	11
1,000 ～ 1,500	184	1	4	-	27	75	35	35	5	2
1,500 ～ 2,000	130	-	3	-	10	48	29	32	6	2
2,000 ～ 5,000	304	-	1	2	12	61	69	76	64	19
5,000 万円～ 1 億	122	-	1	-	1	3	19	19	38	41
1 ～ 2	36	-	-	-	-	-	1	12	8	15
2 ～ 5	8	-	-	-	-	-	-	-	4	4
5 ～ 10	1	-	-	-	-	-	-	-	-	1
10 億円以上	-	-	-	-	-	-	-	-	-	-
平均販売金額（百万円）		1	3	4	7	13	21	31	50	76
総販売金額（百万円）		102	741	692	2,415	5,694	5,397	7,316	7,950	8,360
経営体数割合（%）		4.9	11.9	8.4	16.7	21.2	12.4	11.4	7.7	5.3
販売金額割合（%）		0.3	1.9	1.8	6.2	14.7	14.0	18.9	20.6	21.6
従事者 1 人あたり販売金額（百万円）		0.7	1.9	2.1	3.2	5.4	7.8	8.4	9.4	13.6
養殖面積 1 m^2 あたり販売金額（円）		20,000	15,000	10,000	9,333	8,667	8,400	7,750	6,667	-

注：1）養殖面積 $1m^2$ あたり販売金額は、各面積規模階層の平均販売金額を、各面積規模階層の単純中間値（100 ～ $300m^2$ であれば $200m^2$）で除した数値を用いた。

表 1-43 はかき類養殖専業または主とする経営体の、養殖面積規模階層別の平均海上作業従事者数（2003 年度は最盛期の、2008 年度、2013 年度、2018 年度は 11 月 1 日現在の従事者数）を示したものである。かき類養殖ではほたてがい養殖と同様に、養殖面積規模と海上作業従事者数にゆるやかな相関はあるものの、単純比例的に増加する傾向は見られない。例えば、2018 年度における養殖面積規模 300 ～ 500㎡階層の平均海上作業従事者数は約 1.9 名、同じく 3,000 ～ 5,000㎡階層では 3.7 名である。養殖面積に 10 倍の開きがあるにもかかわらず、海上作業従事者数は約 2 倍でしかない。ほたてがい養殖と同様に、海上作業は機械化が進み、生産規模が拡大してもある程度までは労働時間の延長で対応できてしまうのではないだろうか。ただし、かき類養殖特に剥き身出荷が主体の広島県などでは、ほたてがい養殖よりもさらに多数の陸上作業従事者が必要だと考えられる。そこでは養殖規模に比例的に従事者が必要となるだろう。

表 1-43　かき類養殖専業または主とする経営体の、養殖面積規模階層別平均海上作業従事者数

（単位：人、％）

面積規模別	2003	2008	2013	2018	変化率（2018 ／ 2003）	変化率（2018 ／ 2013）
100m² 未満	1.7	1.7	1.9	1.4	85	74
100 ～ 300	2.1	1.7	1.5	1.6	76	106
300 ～ 500	1.8	1.7	1.6	1.9	104	115
500 ～ 1,000	2.2	2.0	2.3	2.2	98	97
1,000 ～ 2,000	2.7	2.4	2.5	2.4	90	95
2,000 ～ 3,000	2.8	2.5	2.5	2.7	97	110
3,000 ～ 5,000	3.8	3.1	4.2	3.7	98	88
5,000 ～ 10,000	6.3	3.8	4.8	5.3	84	110
10,000m² 以上	7.8	3.5	8.1	6.8	87	84

注：1）2003 年度は最盛期、2008 年度、2013 年度、2018 年度は 11 月 1 日現在の従事者数。

5）のり類養殖

表 1-44 は主要な生産県別ののり類養殖生産量とそれを営んだ経営体数および 1 経営体当たり平均生産量の 2003 年度から 2018 年度にかけての推移である。佐賀県、福岡県、熊本県はいずれも有明海に面した連続する地区であり、この海域が巨大産地を形成している。佐賀県は 2018 年度において、2013 年度より経営体数を約 1 割（808 経営体→ 722 経営体）、平均生産量をやや減少（97 t → 94 t）させ、生産量も 1 割強減少（78,500 t

表 1-44　のり類養殖における主要県別生産量・経営体数・平均生産量とその推移

（単位：100 t 、経営体、 t 、%）

		佐賀県				福岡県		
	2003	2008	2013	2018	2003	2008	2013	2018
生産量（100t）	466	835	785	682	316	556	464	378
経営体数	952	819	808	722	962	809	665	531
平均生産量（ t ）	49	102	97	94	33	69	70	71
2003 年度を100 とした変化割合	生産量		168	146	-	-	147	120
	経営体数		85	76	-	-	69	55
	経営規模		198	193	-	-	212	217

		熊本県				兵庫県		
	2003	2008	2013	2018	2003	2008	2013	2018
生産量（100t）	420	465	400	331	662	329	481	682
経営体数	681	554	449	354	424	345	270	257
平均生産量（ t ）	62	84	89	94	156	95	178	265
2003 年度を100 とした変化割合	生産量		95	79	-	-	73	103
	経営体数		66	52	-	-	64	61
	経営規模		144	152	-	-	114	170

		香川県		
	2003	2008	2013	2018
生産量（100t）	245	145	204	147
経営体数	261	192	123	91
平均生産量（ t ）	94	76	166	162
2003 年度を100 とした変化割合	生産量		83	60
	経営体数		47	35
	経営規模		177	172

→ 68,200 t）させた。福岡県や熊本県でも経営体数がおよそ 2 割程度減少し、生産量もやはり 2 割程度減少している。これらの有明海地区では 2003 年度から 2008 年度において平均生産量が大きく拡大し、その後はほぼ横ばいとなっている。残存している経営体においては、比較的安定した状態にあるといえよう。他方、兵庫県と香川県も同じ播磨灘という海を利用したのり養殖地帯である。兵庫県ではこの 5 年間で生産量が大きく拡大（48,100 t → 68,200 t）した。経営体数はやや減少（270 経営体→ 257 経営体）したため、平均生産量は 178 t から 265 t へと大きく伸長し、有明海地区の約 3 倍の規模となっている。香川県では生産量が減少しているが、経営体数はそれ以上に減少しており、平均生産量は 162 t とやはり有明海区の 2 倍近くにもなっている。有明海区は経営規模が相対的に零細であり、播磨灘地区は大規模である。またこれまでその存在感を低下させてきた播磨灘地区であるが、2018 年度にはやや挽回したといえよう。

表 1-45 は 2018 年度における主な生産県別・養殖面積規模階層および販売金額規模階層別の、のり類養殖を営んだ経営体数を示したものである。養

表 1-45　2018 年度における主な生産県別・養殖面積規模階層および販売金額規模階層別ののり類養殖を営んだ経営体数

（単位：経営体）

養殖面積規模階層	佐賀県	福岡県	熊本県	兵庫県	香川県
100m^2 未満	-	3	-	1	-
100 ～ 300	-	-	-	-	-
300 ～ 500	-	-	-	-	1
500 ～ 1,000	1	-	1	-	1
1,000 ～ 2,000	2	-	2	-	1
2,000 ～ 3,000	-	-	2	12	-
3,000 ～ 5,000	2	5	18	1	2
5,000 ～ 8,000	60	69	8	12	3
8,000 ～ 10,000	203	99	14	16	12
10,000 ～ 20,000	402	340	48	57	10
20,000m^2 以上	52	15	261	158	61

養殖販売金額階層	佐賀県	福岡県	熊本県	兵庫県	香川県

販売金額なし	-	-	-	-	-
500 万未満	1	5	32	14	1
500 ～ 1,000	19	5	19	4	4
1,000 ～ 2,000	101	67	41	8	12
2,000 ～ 5,000	525	400	164	63	33
5,000 ～ 1 億	58	53	96	101	35
1 億～ 2 億	17	1	2	59	6
2 億～ 5 億	-	-	-	7	-
5 億～ 10 億	1	-	-	1	-
10 億以上	-	-	-	-	-

注：1）本数値はのり類養殖を営んだ漁業経営体の過去 1 年間の海面養殖による漁獲物・収獲物の販売金額（複数の養殖種類を営んだ場合はそれらの合計）である。
2）「販売金額なし」には海面養殖を営んでいない経営体及び漁獲物・収獲物の販売金額の調査項目に回答が得られなかった経営体を含む。

殖面積規模においてはどの地域においても特定の上位階層に経営体が集中しており、全体的な規模拡大の進展が明らかである。熊本県や兵庫県、香川県では最上層階層に経営体の過半数が集中しており、そこより大きな規模における経営体の動向はつかめない。旧来の統計から引き継がれている養殖面積規模階層の区切りが、のり類養殖業では意味を失いつつあるのではないか。また、金額規模階層でもかなり集中した分布が見られ、有明海地区では 2,000 ～ 5,000 万円階層が、播磨灘地区では 5,000 万円～ 1 億円階層への集中が見られる。２億円以上の販売金額を実現している経営体割合はかなり小さく、魚類養殖のような大規模経営は一般的ではない。他養殖種目と比較して、比較的均質な生産構造となっていることが推測される。また、のり類養殖では漁場を平面的にしか使えないため、広大な養殖面積を利用している割に販売金額は小さい。

表 1-46 は、日本全体で見た養殖面積規模と販売金額規模との相関である。この２つの指標は強い正の相関を持っており、養殖面積規模が大きいほど販売金額規模も大きくなっている。のり類養殖業は生産者一貫加工であり、販売金額は主に加工製品を販売して得られたものである。養殖面積規模が極端に小さいにもかかわらず、かなり大きな販売金額規模階層に位置づけられている経営体は、原藻を購入して加工販売する経営形態をとっていることが推

表 1-46　2018 年における養殖販売金額規模階層別のり類養殖の養殖面積規模階層別経営体数
（海面養殖が販売金額 1 位で、のり類養殖のみおよびのり類養殖を主とする経営体）

（単位：経営体）

	計	$100m^2$ 未満	100 〜 300	300 〜 1,000	1,000 〜 3,000	3,000 〜 5,000	5,000 〜 8,000	8,000 〜 10,000	10,000 〜 20,000	$20,000m^2$ 以上
計	3,214	18	65	94	178	280	397	458	1,028	696
販売金額なし	6	1	-	-	1	1	1	-	-	2
100 万円未満	135	10	32	52	26	3	6	3	3	-
100 〜 300	106	2	7	9	50	19	12	5	2	-
300 〜 500	149	-	8	10	39	43	32	9	7	1
500 〜 800	195	1	5	6	30	59	51	21	12	10
800 〜 1,000	132	-	4	1	15	34	24	23	21	10
1,000 〜 1,500	295	-	3	6	8	75	88	37	48	30
1,500 〜 2,000	240	-	2	3	1	28	73	67	35	31
2,000 〜 5,000	1,445	4	2	5	8	14	103	290	783	236
5,000 〜 1 億	406	-	1	1	-	4	3	3	117	277
1 億〜 2 億	93	-	1	-	-	-	4	-	-	88
2 億〜 5 億	10	-	-	-	-	-	-	-	-	10
5 億〜 10 億	2	-	-	1	-	-	-	-	-	1
10 億以上	-	-	-	-	-	-	-	-	-	-
平均販売金額（百万円）		8	8	13	6	11	19	27	37	68
総販売金額（百万円）		144	520	1,222	1,068	3,080	7,543	12,366	38,036	47,328
経営体数割合（%）		0.6	2.0	2.9	5.5	8.7	12.4	14.3	32.0	21.7
販売金額割合（%）		0.1	0.5	1.1	1.0	2.8	6.8	11.1	34.2	42.5
従事者 1 人あたり販売金額（百万円）		1.8	3.3	5.9	2.6	4.6	7.9	9.6	10.9	15.1
養殖面積 1 m^2 あたり販売金額（円）		160,000	40,000	32,500	8,000	7,333	7,600	6,750	4,933	-

注：1）養殖面積 $1m^2$ あたり販売金額は、各面積規模階層の平均販売金額を、各面積規模階層の単純中間値（100 〜 $300m^2$ であれば $200m^2$）で除した数値を用いた。

測される。のり類養殖業の中心的規模階層は養殖面積が5,000㎡以上、販売金額が2,000万円以上の階層である。養殖面積10,000～20,000㎡階層には1,028経営体が含まれ、これは全体の約32％に当たる。また販売金額が2,000～5,000万円階層には1,445経営体が含まれ、これは全体の約45％に当たる。このグループの中でも養殖面積10,000～20,000㎡、販売金額2,000～5,000万円の単一セグメントには783経営体が含まれており、全経営体の約24％が集中している。経営体のスタイルや規模はかなり収斂してきているのではないだろうか。しかし販売金額が1億円を超える階層には105経営体、わずか3％程度しか存在せず、魚類養殖のような大規模化、企業化は全く進んでいない。

面積規模最上位階層に含まれる約21.7％の経営体が販売金額の約42.6％を生み出しているが、先に述べたように、統計上の規模カテゴリーが養殖の実態と整合していないため、評価は難しい。この表で見る限り、少なくとも上層経営体への生産集中はかなり進んでいると言えよう。従事者一人あたりの販売金額は規模とともに上昇しており、規模拡大の効果は他養殖種目と同程度には存在する。逆に面積規模の拡大は必ずしも生産性向上には結びついていない。例えば、養殖面積10,000～20,000㎡階層の平均販売金額（3,700万円）は、同5,000～8,000㎡階層のそれ（1,900万円）の約2倍であり、およそ面積比例的であるが、前者の従事者1人あたり販売金額は後者の1.4倍、養殖面積1㎡あたりの販売金額はむしろ約0.65倍と低下している。のり類養殖では、他の養殖種目特に魚類養殖と比べ、販売金額の割に養殖面積が広大である。無給餌養殖であり、なおかつ光合成を利用するために漁場を平面的にしか利用できない粗放的な養殖スタイルなのだ。従って漁場単位面積当たりの生産性は変えようがない。また海上作業におけるこれ以上の機械化の余地はなく、規模拡大の生産性向上に対する効果は限定的であろう。

表1-47はのり類養殖専業または主とする経営体の、養殖面積規模階層別平均海上作業従事者数（2003年度は最盛期の、2008年度、2013年度、2018年度は11月1日現在の従事者数）を示したものである。のり類養殖では面積規模の拡大が海上作業従事者数拡大にもたらす影響が極めて弱い。

表 1-47 のり類養殖専業または主とする経営体の、養殖面積規模階層別
平均海上作業従事者数

（単位：人、％）

面積階層	2003	2008	2013	2018	変化率（2018／2003）	変化率（2018／2013）
100m^2 未満	2.2	1.7	1.8	4.5	203	254
100 ～ 300	3.3	2.1	1.9	2.4	72	128
300 ～ 500	2.1	2.7	3.0	1.8	85	60
500 ～ 1,000	1.9	2.7	2.4	2.5	134	104
1,000 ～ 2,000	2.2	2.2	2.6	2.2	100	84
2,000 ～ 3,000	2.5	2.3	2.3	2.4	96	106
3,000 ～ 5,000	2.3	2.3	2.3	2.4	103	104
5,000 ～ 8,000	2.6	2.7	2.5	2.4	91	98
8,000 ～ 10,000		3.0	2.9	2.8	107	98
10,000 ～ 20,000	3.7	3.5	3.4	3.4	91	101
20,000m^2 以上		4.4	4.5	4.5	120	99

注：1）2003 年度は最盛期、2008 年度、2013 年度、2018 年度は 11 月 1 日現在の従事者数。

例えば 2018 年度の養殖面積 1,000 ～ 2,000㎡階層における海上作業従事者数は 2.2 人であるが、同 10,000 ～ 20,000㎡階層でも 3.4 人に過ぎない。養殖面積が 10 倍となっているが、従事者数は約 1.6 倍にしか増えていないのだ。のり類養殖業でも海上作業における機械化が進み、広大な養殖場を少人数で管理できる状況ができつつあるのだろう。しかしのり類養殖業もほぼすべてが生産者一貫加工であり、加工品として販売される。加工度が高く技術を要するため、むしろ陸上での作業が経営上重要である。陸上作業従事者の把握が、より重要なのかもしれない。

（3）まとめ

これまで日本の養殖業における全体的な動向と主要な養殖種目における近年の変化や特徴について、2018 年度センサスデータを中心に分析を行ってきた。養殖業全体を俯瞰した分析のまとめと展望を述べ、本章を終わりたい。

まず、全体的には経営体減少に歯止めがかからず、特に魚類養殖業でその変化が顕著である。魚類養殖では大規模化と企業化の動きが依然として活発であり、さらに進行している。給餌養殖では規模拡大が生産性向上に大きな意味を持ち、競争力確保のためには規模拡大が必須となりつつある。他方、これまで主たる魚類養殖業の担い手であった零細な個人経営体が淘汰され、この産業からの退出を余儀なくされている。この傾向は今後も止まることはないだろう。二枚貝や藻類などの無給餌養殖は、一部地域で震災の影響が依然として残存しているものの、魚類養殖と比較すれば経営体数の減少速度は緩やかである。無給餌養殖でも生産規模拡大が徐々に進みつつあるが、その意義は今のところ魚類養殖ほど強く一般的ではない。無給餌養殖では生産者一貫加工を行うケースが多く、そうした場合陸上作業の重要性が高い。今後はそちらも含めて総合的に分析することが必要だろう。

くろまぐろ養殖などのように大規模な企業経営が基本となるような養殖が出現し、ぶり類養殖やまだい養殖なども徐々にそうした傾向が見え始めた。そうした少数の大規模企業経営体が大きなシェアを持つようになり、その行動が養殖業全体の動向に大きな影響を及ぼしつつある。漁業法の改正もあり、今後は多くの養殖種目で企業の参入、企業間の合併や統合が陸上産業と同様に当たり前のように行われるようになるだろう。個人経営体とその行動原理を基本として考えてきた現行のセンサス統計では、今後養殖業の構造変化を捉え切れなくなる恐れがある。また現在では養殖関連テクノロジーの進歩に伴い、サーモンやエビなどで大規模な閉鎖循環型陸上養殖がベンチャー的に行われようとしている。これまでにはないスタイルの養殖業が開発されつつあるのだ。さらに既存の養殖業も現在では加工業や流通業など陸上産業との結合や一体化を深めながら、市場に向き合った発展を遂げつつある。センサス統計もそうした新しい状況を把握できるように、調査項目を進化させるべきだろう。

トピックス② 浜と企業の連携事例について

水産業の成長産業化を目指した水産政策の改革では、異業種や他の地域、ノウハウを持つ企業等の広い新規参入を促す施策が推進されている。各地で展開されている「浜の活力再生プラン」及び「浜の活力再生広域プラン」においても、流通・販売面や商品開発等での漁協・漁業者と企業との連携による取組が見られ、連携の促進を図る施策も展開されている。

また、近年では、地元漁業者と企業が協調して養殖業を展開する等、漁場利用の高度化を図る取組も増えつつある。例えば、青森県・深浦町では、県内の水産加工業者と地元企業が出資してサーモン養殖会社を立上げ、行政の支援と地元漁協や漁業者との協調の下で海面でのトラウトサーモン養殖事業を起業した。

一般に沿岸海域は、共同漁業権漁業、定置網漁業、養殖業、許可漁業等、多種多様な漁業が同時に輻輳して営まれており、円滑かつ高度な利用のためには複雑な利害調整が不可欠である。このため、漁業者が組織する漁業協同組合が共同漁業権の免許を受け、組合員たる漁業者同士の話し合いを基に調整・管理を行っている。こうした漁協が有する機能や果たすべき責任は改正漁業法下でも変わらず重要である。上述の青森県・深浦町の事例は、地元漁協・漁業者を介した十分な調整と相互理解、地域との強い結びつきの下で実現されたものといえる。

水産業の成長産業化、また、これからの漁業・漁村の活力の維持・向上に向け、今後も「浜」と企業の連携は推進していくことが必要である。しかしその連携は、進出する企業、受け入れる地域、双方ともに持続的に発展しうる関係であることが前提となろう。そうした関係を構築するにあたり、これまで以上に漁協の存在は重要となり、その役割の発揮が期待される。

1－3．沖合・遠洋漁業の現状と動向

濱田　武士

我が国の遠洋漁業の縮小再編が始まったのが 200 海里体制の突入時だとしたら、すでに 40 年が過ぎている。沖合漁業においては、高度経済成長期に入ってすぐに始められた「沿岸から沖合、沖合から遠洋」という外延政策からだとすれば約 60 年である。縮小再編は果てしなく続いているが、中には世代交代や企業合併などで残り続ける漁業経営体もある。漁業センサスでは、そのことが漁業種、各階層にどう表れるかをモニタリングできる。

2013 年→ 2018 年にかけては、それ以前の 2008 年→ 2013 年と比較して漁業経営の環境は悪くなかった。この間、異次元の金融緩和策で円安基調が続き、輸入圧の影響が弱まり、外需が拡大し、過剰供給状態が解消されていった。そのことで、魚価形成には優位な環境だった。しかも、本来円安基調では燃料が高くなるが、幸運なことにシェールガスが台頭したことで、原油の相場が落ちるという状況ができた。もちろん、漁業種によって差異は生じるが、リーマンショックの影響を受けていた 2008 年→ 2013 年とは局面は変わった。

こうした状況下で、沿岸・沖合漁業の縮小再編はどう進んだのか、このことが本節の課題となる。2013 年次の漁業センサス分析と比較しながら分析を進めていくことにする。

（1）経営体階層の動向と地域分布

表 1-48 は経営体階層別経営体数の動向を示している。5 年ごとの全漁業経営体数の減少は加速している。ただし、2013 年→ 2018 年に関して 10 トン以上の経営体の合計数の減少率は鈍化した。また、10 トン以上の経営体の合計数に対する 10 ～ 30 トン未満階層の経営体数の割合は 2008 年まで上昇傾向にあったが、2013 年、2018 年は 78％と変わらなかった。沖合・遠洋漁業の経営体階層の中で 10 ～ 30 トン未満階層が相対的に厚くなる傾

表 1-48　経営体階層別経営体数の推移

		経営体数					
		1993 年	1998 年	2003 年	2008 年	2013 年	2018 年
経営体階層	10 トン未満	117,330	104,091	92,709	80,864	66,915	54,323
	10 ～ 20 トン	5,469	5,071	4,602	4,200	3,643	3,339
	20 ～ 30 トン	769	769	661	610	559	494
	30 ～ 50 トン	634	561	537	485	466	430
	50 ～ 100 トン	737	555	455	351	293	252
	100 ～ 200 トン	424	380	313	275	252	233
	200 ～ 500 トン	315	283	197	115	76	64
	500 ～ 1,000 トン	203	150	107	67	55	50
	1,000 ～ 3,000 トン	172	131	104	68	53	52
	3,000 トン以上	6	8	7	3	3	2
	合計	126,059	111,999	99,692	87,038	72,315	59,239
	(a) 10 トン以上の合計	8,729	7,908	6,983	6,174	5,400	4,916
	(b) 10 ～ 30 トン未満	6,238	5,840	5,263	4,810	4,202	3,833
	(b)/(a)（%）	71	74	75	78	78	78

		対前回比（%）				
		98/93	03/98	08/03	13/08	18/13
経営体階層	10 トン未満	89	89	87	83	81
	10 ～ 20 トン	93	91	91	87	92
	20 ～ 30 トン	100	86	92	92	88
	30 ～ 50 トン	88	96	90	96	92
	50 ～ 100 トン	75	82	77	83	86
	100 ～ 200 トン	90	82	88	92	92
	200 ～ 500 トン	90	70	58	66	84
	500 ～ 1,000 トン	74	71	63	82	91
	1,000 ～ 3,000 トン	76	79	65	78	98
	3,000 トン以上	133	88	43	100	67
	合計	89	89	87	83	82
	(a) 10 トン以上の合計	91	88	88	87	91
	(b) 10 ～ 30 トン未満	94	90	91	87	91
	(b)/(a)（%）	103	102	103	100	100

注:1）経営体階層 10 トン未満には、船外機付漁船階層を含み、漁船非使用階層、無動力漁船階層を含まない。

向が止まった。200トン以上の階層では、2003年から2008年の間で大きく減じているが、その後の減少は緩やかになっている。

次に都道府県別に2013年→2018年の経営体数の動向を示した表1-49を見ると、10トン以上の全漁業経営体数が5,400経営体→4,916経営体に減る中、岩手県、福島県、静岡県、福岡県、沖縄県は増加した。特に福島県と沖縄県は増加幅が大きい。

福島県では14経営体から59経営体に大幅に増えているところから遅れていた東日本大震災からの復興が本格化と考えられる。

沖縄県では31経営体が増加した。10トン未満の階層から上昇した経営体もあると考えられるが、2013年時点で遊漁案内業を専業にしていた登録漁船のうち2018年では漁業を行う漁船が増えた可能性も考えられる。遊漁案内業のみを行うよりも漁業を行えば収益性の高い経営になるという状況が生まれた可能性がある。

100トン以上の階層を都道府県別に見ると、経営体を減らした都道府県数に対して減らさなかった都道府県数が拮抗または上回っている。そのことから全国的に減少してきたかつてとは状況が異なっている。

以上のことから、全国的に見れば10～30トン未満階層への相対的優勢が弱まっただけでなく、上層階層の撤退・廃業の勢いが緩やかになり、上層階層の地域分布も安定化したと言えよう。

（2）漁業経営体の経営形態別の現状

表1-50は沿岸漁業層、中小漁業層、大規模漁業層別の経営形態別の経営体数の動向を示している。

個人経営体は、沿岸漁業層が圧倒しているが、2013年→2018年において微妙に変化している。沿岸漁業層が95％から94％に落ちて中小漁業層が５％から６％に増加した。その一方で会社経営体の沿岸漁業層が増え続けている。2013年→2018年において12％から14％に増加し、中小漁業層が83％から82％に減少している。

漁業経営体が全面的に減少する中で、有力な沿岸漁業層の法人化が進んでいることがうかがえる。

表 1-49　都道府県別経営体階層別経営体数

（単位：経営体）

都道府県	合計		経営体階層 10 ～ 20 トン		20 ～ 30 トン		30 ～ 50 トン		50 ～ 100 トン		100 ～ 200 トン		200 ～ 500 トン		500 ～ 1,000 トン		1,000 ～ 3,000 トン		3,000 トン以上	
	2013 年	2018 年	2013 年	2018 年	2013 年	2018 年	2013 年	2018 年	2013 年	2018 年	2013 年	2018 年	2013 年	2018 年	2013 年	2018 年	2013 年	2018 年	2013 年	2018 年
全国	5,400	4,916	3,643	3,339	559	494	466	430	293	252	252	233	76	64	55	50	53	52	3	2
北海道	756	657	598	528	52	36	29	28	10	6	52	44	12	12	2	2	1	1	-	-
青森県	215	192	166	147	11	16	7	6	7	5	14	9	5	5	1	-	3	4	1	-
岩手県	74	79	55	65	5	3	2	-	4	4	2	4	2	-	2	1	1	1	1	1
宮城県	119	107	79	62	1	2	3	4	3	3	10	10	5	7	9	10	9	9	-	-
秋田県	32	25	26	20	2	2	3	2	1	1	-	-	-	-	-	-	-	-	-	-
山形県	29	26	23	22	1	-	-	-	-	-	5	4	-	-	-	-	-	-	-	-
福島県	14	59	1	41	-	-	1	7	-	-	4	3	1	4	5	1	2	3	-	-
茨城県	40	43	25	27	-	2	1	-	-	-	1	1	4	2	7	10	2	1	-	-
千葉県	63	59	27	28	3	2	4	3	9	7	16	16	4	1	-	2	-	-	-	-
東京都	74	73	68	71	2	1	-	-	-	-	1	1	-	-	-	-	3	-	-	-
神奈川県	100	89	63	51	9	6	13	14	9	12	3	2	-	1	-	-	2	3	1	-
新潟県	74	65	55	50	13	9	2	3	1	-	2	2	-	-	-	-	1	1	-	-
富山県	23	26	10	13	3	3	-	-	1	-	5	5	1	1	-	2	3	2	-	-
石川県	83	77	51	50	1	3	6	3	4	3	14	16	4	1	3	1	-	-	-	-
福井県	85	78	55	55	9	8	6	6	14	9	1	-	-	-	-	-	-	-	-	-
静岡県	292	278	182	179	56	54	17	15	11	9	6	2	7	3	4	6	9	10	-	-
愛知県	248	226	141	125	21	16	68	75	11	7	7	3	-	-	-	-	-	-	-	-
三重県	186	142	110	76	21	18	22	16	16	15	10	10	4	3	2	2	1	2	-	-
京都府	15	15	14	15	1	-	-	-	-	-	-	-	-	-	-	-	-	-	-	-
大阪府	73	62	35	23	10	12	16	14	8	9	4	3	-	1	-	-	-	-	-	-
兵庫県	332	319	153	148	77	75	56	50	40	36	6	10	-	-	-	-	-	-	-	-
和歌山県	235	200	168	148	36	35	21	10	7	5	3	2	-	-	-	-	-	-	-	-
鳥取県	47	42	11	10	2	-	-	2	23	18	7	8	1	2	1	-	2	2	-	-
島根県	93	76	64	56	6	1	4	1	2	2	6	5	8	9	3	2	-	-	-	-
岡山県	30	22	22	17	5	5	3	-	-	-	-	-	-	-	-	-	-	-	-	-
広島県	65	45	29	16	16	11	9	10	10	7	1	1	-	-	-	-	-	-	-	-
山口県	208	163	186	144	10	3	1	2	5	6	5	7	1	1	-	-	-	-	-	-
徳島県	152	140	84	85	17	11	46	40	2	4	3	-	-	-	-	-	-	-	-	-
香川県	104	89	58	51	23	18	12	8	11	12	-	-	-	-	-	-	-	-	-	-
愛媛県	120	118	81	75	9	11	19	21	5	6	3	2	2	2	1	-	-	-	-	1
高知県	195	171	152	133	9	11	12	8	7	6	10	10	4	1	-	-	1	2	-	-
福岡県	146	148	95	98	40	42	3	-	4	2	2	4	1	1	1	1	-	-	-	-
佐賀県	34	27	30	24	2	2	1	1	-	-	-	-	-	-	1	-	-	-	-	-
長崎県	373	336	278	243	21	26	17	16	19	15	25	24	2	2	7	5	4	5	-	-
熊本県	115	99	99	88	10	5	3	4	3	2	-	-	-	-	-	-	-	-	-	-
大分県	78	68	20	17	27	21	11	13	16	14	3	3	1	-	-	-	-	-	-	-
宮崎県	193	172	113	104	8	4	30	27	18	16	19	18	4	3	1	-	-	-	-	-
鹿児島県	144	131	81	77	17	13	17	16	11	9	1	3	3	2	5	5	9	6	-	-
沖縄県	141	172	135	157	3	7	1	5	1	2	1	1	-	-	-	-	-	-	-	-
増えた都道府県数		5		7		9		12		7		7		6		5		7		1
変化無し都道府県数		-		-		4		2		4		10		7		4		5		1
減った都道府県数		34		32		25		21		21		15		9		10		4		2

注：1）太枠で囲んだところは増えたことを意味し、灰色にしたところは変化しなかったところである。

表 1-50　経営体階層別経営組織別経営体の分布とその変化

（単位：経営体）

	個人			会社			漁業生産組合			漁業協同組合		
	2008年	2013年	2018年	2008年	2013年	2018年	2008年	2013年	2018年	2008年	2013年	2018年
沿岸漁業層（10 トン未満）	80,029	66,242	53,775	131	148	164	4	4	2	27	31	25
中小漁業層（10 トン～ 1,000 トン未満）	4,353	3,776	3,408	1,044	991	957	34	42	42	13	17	17
大規模漁業層（1,000 トン以上）	2	0	1	67	53	52	2	2	1	0	1	0
合計	84,384	70,018	57,184	1,242	1,192	1,173	40	48	45	40	49	42
	分布（%）											
沿岸漁業層（10 トン未満）	95	95	94	11	12	14	10	8	4	68	63	60
中小漁業層（10 トン～ 1,000 トン未満）	5	5	6	84	83	82	85	88	93	33	35	40
大規模漁業層（1,000 トン以上）	0	-	0	5	4	4	5	4	2	-	2	-

注 :1）本表において、沿岸漁業層は船外機付漁船及び動力漁船 10 トン未満の各階層を合わせたものである。

漁業経営体として漁業協同組合もカウントされているが、一般的にこれは漁業の自営事業を行っている漁業協同組合の数である。漁業経営体としての漁業協同組合の数は 2008 年→ 2013 年で増加したが、2013 年→ 2018 年では沿岸漁業層と大規模漁業層において減少した。東日本大震災後、漁業協同組合が漁船を傭船して組合員に傭船料を支払うという復興事業が行われたが、その事業が一段落したものと考えられる。

（３）漁業種類別漁業経営体数の動向

表 1-51 は主とする漁業種類別漁業経営体数を示している。
表 1-48 でみたように漁業経営体数は減少が続いている。そのような中で 2013 年から 2018 年に増加した漁業種がある。沖合底びき網の１そうびき、２そうびき、大中型まき網の遠洋かつお・まぐろ、近海かつお・まぐろ、２そうまき、遠洋かつお一本釣漁業である。

漁業経営体は、単船、単一漁業種類を営むものもあるが、複船経営で複数の漁業を営むものもある。今日において主とする漁業種類が増えるメカニズムとしては、魚価の上昇などでその漁業種の収益性が改善され休眠させていた漁船を稼働させる状況になること、複数の漁業種を営む漁業経営体のうち

表 1-51　主とする漁業種類別経営体数の推移

（単位：経営体、%）

漁業種類			経営体数					対前回比（%）			
			1998 年	2003 年	2008 年	2013 年	2018 年	03/98	08/03	13/08	18/13
底びき網	遠洋底びき網		23	6	6	3	3	26	100	50	100
	以西底びき網		8	7	2	2	0	88	29	100	0
	沖合底びき網	1そうびき	336	291	270	211	229	87	93	78	109
		2そうびき	31	31	17	17	19	100	55	100	112
	小型底びき網	縦びき1種	12,102	1,944	9,240	7,438	6,165	87	87	80	83
		縦びきその他		8,592							
		横びき		37							
船びき網	ひき回し網		2,250	1,977	2,777	2,321	2,202	88	98	84	95
	ひき寄せ網		984	860				87			
まき網	大中型まき網	1そうまき遠洋かつお・まぐろ	104	12	14	11	14	76	117	79	127
		1そうまき近海かつお・まぐろ		6	4	5	6		67	125	120
		1そうまきその他		49	48	42	38		98	88	90
		2そうまき		12	13	11	12		108	85	109
	中・小型まき網	巾着網1そうまき	739	314	438	375	309	66	90	86	82
		巾着網2そうまき		54							
		その他のまき網		118							
刺網	さけ・ます流し網		105	49	46	29	12	47	94	63	41
	かじき等流し網		…	20	26	17	13	nc	130	65	76
	その他の刺網		22,021	20,161	16,229	12,738	10,230	92	80	78	80
敷網	さんま棒受網		192	187	163	149	107	97	87	91	72
	その他の敷網		849	644	…	…	…	76	nc	nc	nc
地びき網			221	151	…	…	…	68	nc	nc	nc
その他の網漁業			…	629	1,903	1,588	1,399	nc	134	83	88
はえ縄	遠洋まぐろはえ縄		394	204	92	68	60	126	45	74	88
	近海まぐろはえ縄			291	259	192	167		89	74	87
	沿岸まぐろはえ縄		478	298	296	287	194	62	99	97	68
	その他のはえ縄		4,725	3,660	3,088	2,351	1,894	77	84	76	81
釣	遠洋かつお一本釣		135	37	24	17	18	81	65	71	106
	近海かつお一本釣			72	55	48	38		76	87	79
	沿岸かつお一本釣		571	138	294	240	167	24	213	82	70
	遠洋いか釣			16	2	0	0		13	0	nc
	近海いか釣		7,812	79	63	48	37	79	80	76	77
	沿岸いか釣			6,063	4,440	3,557	2,863		73	80	80
	さば釣		272	176	…	…	…	65	nc	nc	nc
	ひき縄釣		…	3,564	3,026	2,731	2,026	nc	85	92	73
	その他の釣		26,435	21,764	18,161	15,141	12,091	96	83	83	80
潜水器漁業			…	1,185	1,043	946	897	nc	88	91	95
その他の漁業			13,303	10,390	9,004	8,239	8,244	92	87	92	100

注：1）1998 年の「かじき等流し網」は「その他の刺網」に含まれる。そのため、「その他の刺網」の対前回比 03/98 は 2003 年の「かじき等流し網」と「その他の刺網」の合計を 1998 年の「その他の刺網」で除して算出したものである。

2）1998 年の「その他の網漁業」と「潜水器漁業」は「その他の漁業」に含まれる。そのため、「その他の漁業」の対前回比 03/98 は 2003 年の「その他の網漁業」と「潜水器漁業」と「その他の漁業」の合計を 1998 年の「その他の漁業」で除して算出したものである。

3）1998 年の「ひき縄釣」は「その他の釣」に含まれる。そのため、「その他の釣」の対前回比 03/98 は 2003 年の「ひき縄釣」と「その他の釣」の合計を 1998 年の「その他の釣」で除して算出したものである。

4）2008 年以降の「その他の敷網」及び「地びき網」は「その他の網漁業」に含まれる。そのため、「その他の網漁業」の対前回比 08/03 は 2008 年の「その他の網漁業」を 2003 年の「その他の敷網」と「地びき網」と「その他の網漁業」の合計で除して算出したものである。

5）2008 年以降の「さば釣」は「その他の釣」に含まれる。そのため、「その他の釣」の対前回比 08/03 は 2008 年の「その他の釣」を 2003 年の「さば釣」と「その他の釣」の合計で除して算出したものである。

6）表中の「nc」は計算不能であることを表す。

当該漁業種の漁獲金額が相対的に伸びて当該漁業種がその経営体において「主」となること、が考えられる。いずれにしても、漁業内部の投資先としては優良化したと言える。

しかし、2013 年→ 2018 年は、東日本大震災の復興過程であることから、そのプロセスでの漁業の再開というものがある。とりわけ、三陸・常磐の主要漁業のひとつである沖合底びき網漁業に置いてはその傾向が強い。

他方、最も経営体数が落ち込んだのは、さけ・ます流し網漁業である（以西底びき網漁業はゼロとなったが、営んだ漁業経営体数は 2013 年、2018 年共に 3 経営体と変化はない）。この漁業を主とする漁業種別経営体数が 2013 年の 29 から 2018 年には 12 となった。2013 年／ 2008 年比で 41％である。60％を下回る漁業がない中で異常値にも見える。この背景には、「中部鮭鱒」と呼ばれたさけ・ます流し網漁船が 2016 年 1 月からロシア水域内のさけ・ます流し網漁の禁止によって出漁できなくなったことがある。残るは、さけ・ます流し網漁は北海道の太平洋沖の日本の 200 海里内においてロシア水域に回帰するさけを漁獲する「以西船」を営む経営体である。12 は「以西船」を主として営む経営体である。

（4）経営体階層別の営んだ漁業種類数と漁船保有隻数

表 1-52 は、1998 年、2008 年、2018 年における経営体階層別の営んだ漁業種類数別経営体数を示している。

2018 年の営んだ漁業種類が 1 種類の経営体は、10 トン～ 20 トン階層と 20 ～ 30 トン階層は 51％、30 ～ 50 トン階層は 67％、50 ～ 100 トン階層は 77％、100 ～ 200 トン階層は 78％、200 ～ 500 トン階層は 77％、1,000 ～ 3,000 トン階層は 65％であり、1998 年、2008 年との比較において 5％以内の違いで大きく変化はない。しかし、2008 年→ 2018 年における 50 ～ 100 トン階層を除けば、その他の階層は僅かながら 2018 年に向けてシェアが高まっている。2 種、3 種、4 種以上においても、大きな変化がないことは 1 種と同様であるが、3 種では 2008 年→ 2018 年においてシェアを延ばす階層が多い。しかも、500 ～ 1,000 トン階層においては 1 経営体→ 4

表 1-52　経営体階層別営んだ漁業種類数別経営体数

（単位：経営体、%）

経営体階層別		計			漁業種類数					
					1 種			2 種		
	年	1998年	2008年	2018年	1998年	2008年	2018年	1998年	2008年	2018年
	合計	7,908	6,174	4,916	4,411	3,390	2,738	1,983	1,474	1,178
経営体数	10 ～ 20 トン	5,071	4,200	3,339	2,592	2,118	1,700	1,312	1,045	862
	20 ～ 30 トン	769	610	494	364	294	252	257	169	132
	30 ～ 50 トン	561	485	430	363	315	288	126	108	80
	50 ～ 100 トン	555	351	252	432	284	195	94	46	37
	100 ～ 200 トン	380	275	233	276	209	182	75	47	39
	200 ～ 500 トン	283	115	64	207	87	49	52	21	10
	500 ～ 1,000 トン	150	67	50	94	41	37	35	23	8
	1,000 ～ 3,000 トン	131	68	52	80	41	34	30	15	10
	3,000 トン以上	8	3	2	3	1	1	2	-	-
構成比	10 ～ 20 トン	100%	100%	100%	51%	50%	51%	26%	25%	26%
	20 ～ 30 トン	100%	100%	100%	47%	48%	51%	33%	28%	27%
	30 ～ 50 トン	100%	100%	100%	65%	65%	67%	22%	22%	19%
	50 ～ 100 トン	100%	100%	100%	78%	81%	77%	17%	13%	15%
	100 ～ 200 トン	100%	100%	100%	73%	76%	78%	20%	17%	17%
	200 ～ 500 トン	100%	100%	100%	73%	76%	77%	18%	18%	16%
	500 ～ 1,000 トン	100%	100%	100%	63%	61%	74%	23%	34%	16%
	1,000 ～ 3,000 トン	100%	100%	100%	61%	60%	65%	23%	22%	19%
	3,000 トン以上	100%	100%	100%	38%	33%	50%	25%	-	-

経営体階層別		漁業種類数					
		3 種			4 種以上		
	年	1998年	2008年	2018年	1998年	2008年	2018年
	合計	876	753	599	638	557	401
経営体数	10 ～ 20 トン	660	582	470	507	455	307
	20 ～ 30 トン	80	84	58	68	63	52
	30 ～ 50 トン	49	43	37	23	19	25
	50 ～ 100 トン	22	13	13	7	8	7
	100 ～ 200 トン	24	18	7	5	1	5
	200 ～ 500 トン	19	4	4	5	3	1
	500 ～ 1,000 トン	13	1	4	8	2	1
	1,000 ～ 3,000 トン	8	8	5	13	4	3
	3,000 トン以上	1	-	1	2	2	-
構成比	10 ～ 20 トン	13%	14%	14%	10%	11%	9%
	20 ～ 30 トン	10%	14%	12%	9%	10%	11%
	30 ～ 50 トン	9%	9%	9%	4%	4%	6%
	50 ～ 100 トン	4%	4%	5%	1%	2%	3%
	100 ～ 200 トン	6%	7%	3%	1%	0%	2%
	200 ～ 500 トン	7%	3%	6%	2%	3%	2%
	500 ～ 1,000 トン	9%	1%	8%	5%	3%	2%
	1,000 ～ 3,000 トン	6%	12%	10%	10%	6%	6%
	3,000 トン以上	13%	-	50%	25%	67%	-

注：1）調査年次を跨いで実数、割合が増えたところに灰色を付している。

経営体と経営体数自体が増加している。２種と４種以上については１種とは逆に多くの階層で2018年に向けてシェアを落としている。しかし、その一方で30～50トン階層と100～200トン階層において４種以上において経営体数自体を19経営体→25経営体、１経営体→45経営体と増加させている。

500～1,000トンにおいては2018年に１種が74%と、2008年の61%から13%と増加し、２種が16%と2008年の34%から減少している。また3,000トン以上階層は１種と３種が50%であり、1998年、2008年と比較して多種着業傾向を弱めた。

次に1998年、2008年、2018年における経営体階層別動力漁船保有隻数別経営体数を示した表1-53を見ると、単船経営（１隻）のシェアについては、10～20トン階層と500～1,000トン階層を除けば、シェアが減少している。10～20トン階層はいずれの年度も１隻が64%と安定しており、500～1,000トン階層は2008年→2018年で１経営体→３経営体と増加した。ただし、シェアの落ち幅が大きい階層がある。50～100トン階層であり、10ポイント落ちた。

２隻、３・４隻、５～９隻、10隻以上の傾向は、大幅ではないが、シェアが伸びた階層が多い。２隻の50～100トン階層、100～200トン階層、1,000～3,000トン階層、５～９隻の500～1,000トン階層、10隻以上の100～200トン階層、500～100トン階層では、2008年→2018年においてそれぞれ６経営体→８経営体、16経営体→19経営体、０経営体→１経営体、９経営体→13経営体、19経営体→22経営体、３経営体→４経営体と実数で増加している。

表1-52と表1-53からは、営む漁業種類数は１種類が相対的に安定しているが、10～20トン階層を除けば複船経営が残存する傾向が強い。

表 1-53　経営体階層別動力船保有隻数別経営体数

（単位：経営体、%）

経営体階層別		計			1 隻			2 隻		
	年	1998 年	2008 年	2018 年	1998 年	2008 年	2018 年	1998 年	2008 年	2018 年
	合計	7,776	6,138	4,888	4,011	3,109	2,429	1,708	1,295	1,043
経営体数	10 ～ 20 トン	4,992	4,167	3,320	3,173	2,673	2,126	1,177	944	754
	20 ～ 30 トン	748	610	490	81	23	17	242	197	164
	30 ～ 50 トン	553	483	428	106	54	45	69	66	60
	50 ～ 100 トン	544	350	251	277	155	86	31	6	8
	100 ～ 200 トン	371	275	232	231	168	135	33	16	19
	200 ～ 500 トン	280	115	63	140	35	17	80	32	17
	500 ～ 1,000 トン	150	67	50	3	1	3	72	34	20
	1,000 ～ 3,000 トン	131	68	52	-	-	-	2	-	1
	3,000 トン以上	7	3	2	-	-	-	2	-	-
構成比	10 ～ 20 トン	100%	100%	100%	64%	64%	64%	24%	23%	23%
	20 ～ 30 トン	100%	100%	100%	11%	4%	3%	32%	32%	33%
	30 ～ 50 トン	100%	100%	100%	19%	11%	11%	12%	14%	14%
	50 ～ 100 トン	100%	100%	100%	51%	44%	34%	6%	2%	3%
	100 ～ 200 トン	100%	100%	100%	62%	61%	58%	9%	6%	8%
	200 ～ 500 トン	100%	100%	100%	50%	30%	27%	29%	28%	27%
	500 ～ 1,000 トン	100%	100%	100%	2%	1%	6%	48%	51%	40%
	1,000 ～ 3,000 トン	100%	100%	100%	-	-	-	2%	-	2%
	3,000 トン以上	100%	100%	100%	-	-	-	29%	-	-

経営体階層別		3・4 隻			5 ～ 9 隻			10 隻以上		
	年	1998 年	2008 年	2018 年	1998 年	2008 年	2018 年	1998 年	2008 年	2018 年
	合計	1,467	1,235	1,019	523	444	343	67	55	54
経営体数	10 ～ 20 トン	616	519	422	26	31	18	-	-	-
	20 ～ 30 トン	362	339	273	63	51	36	-	-	-
	30 ～ 50 トン	287	255	235	91	105	85	-	3	3
	50 ～ 100 トン	58	43	41	168	137	109	10	9	7
	100 ～ 200 トン	17	9	3	72	63	53	18	19	22
	200 ～ 500 トン	32	20	11	17	19	10	11	9	8
	500 ～ 1,000 トン	43	20	10	29	9	13	3	3	4
	1,000 ～ 3,000 トン	52	30	24	54	28	19	23	10	8
	3,000 トン以上	-	-	-	3	1	-	2	2	2
構成比	10 ～ 20 トン	12%	12%	13%	1%	1%	1%	-	-	-
	20 ～ 30 トン	48%	56%	56%	8%	8%	7%	-	-	-
	30 ～ 50 トン	52%	53%	55%	16%	22%	20%	-	1%	1%
	50 ～ 100 トン	11%	12%	16%	31%	39%	43%	2%	3%	3%
	100 ～ 200 トン	5%	3%	1%	19%	23%	23%	5%	7%	9%
	200 ～ 500 トン	11%	17%	17%	6%	17%	16%	4%	8%	13%
	500 ～ 1,000 トン	29%	30%	20%	19%	13%	26%	2%	4%	8%
	1,000 ～ 3,000 トン	40%	44%	46%	41%	41%	37%	18%	15%	15%
	3,000 トン以上	-	-	-	43%	33%	-	29%	67%	100%

注：1）調査年次を跨いで実数、割合が増えたところに灰色を付している。

（5）経営体の販売金額の動向

表 1-54 は 1998 年、2008 年、2018 年における経営体階層別販売金額規模別経営体数の分布を示している。

漁業センサス調査では 2003 年までは一経営体の平均漁獲金額の算出が行われていたが、2008 年、2013 年は行われていなかった。2018 年で改めて行われるようになった。また、2018 年からは調査項目名称が漁獲金額ではなく販売金額となったが、定義は同じである（漁獲物以外の販売額は含まれない）。

表 1-54 には示されていないが、2003 年次の漁業センサスで確認すると全ての階層において平均販売金額は 1998 年が 2003 年を上回る。その上で表 1-54 によると 2018 年の平均販売金額は 3,000 トン以上階層を除けば 1998 年を上回った。とくに 100 ～ 200 トン階層、200 ～ 500 トン階層、500 ～ 1,000 トン階層、1,000 ～ 3,000 トン階層は飛躍的に増加している。

各経営体階層の販売金額階層別経営体数のシェアを見ると、2008 年→ 2018 年において販売金額階層の高いところに経営体のシェアが偏ったというのは 100 ～ 200 トン階層、200 ～ 500 トン階層、500 ～ 1,000 トン階層、1,000 ～ 3,000 トン階層に見られるものの、1,000 ～ 3,000 トン階層を除けば大きな上げ幅ではない。それぞれの経営体階層において概ね販売金額の階層範囲内において高額域にシフトした経営体が増えたものと考えられる。

表 1-55 は、2013 年と 2018 年における主とする漁業種類別販売金額別経営体数を示している。これを見ると、低額域で経営体のシェアが落ち込み、高額域の経営体のシェアが伸びている業種がある。大中型まき網の近海かつお・まぐろ、大中型まき網 1 そうまきその他、大中型まき網 2 そうまき、さんま棒受網、遠洋まぐろはえ縄、近海まぐろはえ縄、沿岸まぐろはえ縄、遠洋かつお一本釣、近海かつお一本釣、沿岸かつお一本釣、近海いか釣が顕著である。これらの漁業種では販売が好転した経営が相対的に多かったと考えられる。

表 1-56 は、2013 年から 2018 年への漁獲物・収獲物の販売金額規模移動経営体数を示している。これを見ると、上層に移動した経営体数が 32%、

表 1-54　経営体階層別販売金額規模別経営体数の分布

（単位：経営体、%）

区分 経営体階層	年	合計 経営体数（実数）	100万円未満	100～300万円	300～500万円	500～800万円	800～1,000万円	1,000～1,500万円	1,500～2,000万円	2,000～5,000万円	5,000万～1億円	1～10億円	10億円以上	1経営体平均販売金額（万円）
			割合（%）											
10～20トン	1998	5,071	3		13		16		22	32	10	3	0	2,571
	2008	4,200	4	5	7	9	8	13	9	27	15	3	0	…
	2018	3,339	6	6	8	11	8	12	10	26	10	4	0	3,000
20～30トン	1998	769	2		6		8		18	46	14	6	0	3,641
	2008	610	2	2	2	6	5	10	9	45	14	5	-	…
	2018	494	3	3	2	5	3	12	11	42	14	5	-	3,900
30～50トン	1998	561	1		2		4		8	44	24	17	0	7,246
	2008	485	2	1	1	1	1	3	5	36	32	17	-	…
	2018	430	3	1	2	2	2	5	3	38	29	16	0	7,700
50～100トン	1998	555	2		1		1		1	13	22	60	0	13,105
	2008	351	-	1	2	1	1	1	1	9	19	65	0	…
	2018	252	2	2	1	-	1	2	0	4	22	66	-	16,800
100～200トン	1998	380	2		0		1		1	3	16	77	1	22,959
	2008	275	0	-	-	-	-	-	-	2	7	89	1	…
	2018	233	1	1	-	-	0	-	-	0	6	89	3	39,200
200～500トン	1998	283	4		1		1		1	4	6	80	4	38,611
	2008	115	-	-	-	-	-	-	-	2	1	90	8	…
	2018	64	3	-	-	-	-	-	-	2	-	86	9	77,000
500～1,000トン	1998	150	1		1		1		-	3	3	73	19	75,931
	2008	67	3	-	-	-	-	-	-	-	-	61	36	…
	2018	50	-	-	-	-	-	-	-	-	2	60	38	100,000
1,000～3,000トン	1998	131	2		1		1		1	-	-	23	73	155,053
	2008	68	1	-	-	-	-	-	-	-	-	32	66	…
	2018	52	-	-	-	-	-	-	-	-	-	21	79	198,000
3,000トン以上	1998	8	-		-		-		-	-	-	13	88	320,975
	2008	3	-	-	-	-	-	-	-	-	-	-	100	…
	2018	2	-	-	-	-	-	-	-	-	-	-	100	210,000

注：1）100万円未満には販売金額なしの経営体を含む。
2）1998年と2008年、2018年の漁業センサスでは販売金額の区分が異なる。
3）2008年漁業センサスでは1経営体平均販売金額を算出していない。
4）2018年漁業センサスでは1経営体平均販売金額を百万円単位で算出している。
5）調査年次を跨いで割合が増えたところに灰色を付している。

表 1-55　主とする漁業種類別販売金額別経営体数の分布

（単位：経営体、%）

主とする漁業種類			合計		100 ～ 300 万円		300 ～ 500 万円		500 ～ 1,000 万円		1,000 ～ 2,000 万円		2,000 ～ 5,000 万円		5,000 万～ 1 億円		1 ～ 10 億円		10 億円以上	
			2013年	2018年	2013年	2018年	2013年	2018年	2013年	2018年	2013年	2018年	2013年	2018年	2013年	2018年	2013年	2018年	2013年	2018年
			経営体数		割合（%）								割合（%）							
底びき網	遠洋底びき網		3	3	-	-	-	-	-	-	-	-	-	-	-	-	33.3	33.3	66.7	66.7
底びき網	以西底びき網		2	-	-	nc	-	nc	-	nc	-	nc	-	nc	-	nc	100.0	nc	-	nc
底びき網	沖合底びき網	1そうびき	211	229	0.5	0.4	0.5	1.7	0.9	3.5	2.4	4.4	12.3	16.2	28.9	21.0	52.6	51.5	0.9	1.3
底びき網	沖合底びき網	2そうびき	17	19	-	-	-	5.3	-	5.3	-	-	5.9	-	5.9	5.3	82.4	78.9	5.9	5.3
底びき網	小型底びき網		7,438	6,165	22.1	22.7	19.2	17.7	28.6	26.7	11.7	13.6	6.5	6.7	1.0	1.6	0.4	0.6	0.1	0.1
船びき網			2,321	2,202	12.0	9.2	11.8	8.8	17.8	18.9	18.9	20.7	25.4	28.1	7.0	7.4	1.2	2.6	-	0.1
まき網	大中型まき網	1そうまき遠洋かつお・まぐろ	11	14	-	-	-	-	-	-	-	-	-	-	-	-	-	14.3	100.0	85.7
まき網	大中型まき網	1そうまき近海かつお・まぐろ	5	6	-	-	-	-	-	-	-	-	-	-	-	-	20.0	-	80.0	100.0
まき網	大中型まき網	1そうまきその他	42	38	-	-	-	-	-	-	2.4	-	-	2.6	7.1	2.6	47.6	39.5	42.9	52.6
まき網	大中型まき網	2そうまき	11	12	-	-	-	-	-	-	-	-	-	8.3	9.1	-	90.9	91.7	-	-
まき網	中・小型まき網		375	309	9.9	8.1	8.8	5.2	10.9	11.0	13.3	11.7	11.7	12.3	11.7	12.9	29.9	33.7	0.5	0.7
刺網	さけ・ます流し網		29	12	-	-	-	-	17.2	8.3	10.3	8.3	24.1	41.7	6.9	16.7	41.4	8.3	-	-
刺網	かじき等流し網		17	13	-	-	11.8	7.7	-	-	11.8	-	35.3	23.1	23.5	69.2	17.6	-	-	-
刺網	その他の刺網		12,738	10,230	30.9	30.5	12.8	13.5	11.6	12.0	4.4	5.5	2.5	3.4	0.4	0.6	0.1	0.2	-	-
さんま棒受網			149	107	4.0	1.9	1.3	-	2.0	2.8	7.4	1.9	19.5	10.3	26.8	24.3	35.6	56.1	0.7	0.9
その他の網漁業			1,588	1,399	23.3	23.9	10.0	11.8	12.4	12.9	10.0	9.6	3.0	5.4	0.4	0.6	0.1	0.6	-	-
はえ縄	遠洋まぐろはえ縄		68	60	-	-	-	-	-	-	-	-	-	-	1.5	-	76.5	71.7	19.1	26.7
はえ縄	近海まぐろはえ縄		192	167	0.5	1.2	1.0	2.4	2.6	2.4	5.2	1.2	22.9	11.4	46.9	44.9	19.8	33.5	0.5	0.6
はえ縄	沿岸まぐろはえ縄		287	194	5.2	4.6	8.4	11.9	30.0	22.7	31.0	26.3	18.8	26.3	4.5	5.7	0.3	0.5	-	-
はえ縄	その他のはえ縄		2,351	1,894	27.6	24.4	18.5	18.6	20.5	20.7	10.0	11.6	4.6	8.2	1.2	1.2	0.6	0.6	-	-
釣	遠洋かつお一本釣		17	18	-	-	-	-	-	-	-	-	-	-	-	-	82.4	88.9	17.6	11.1
釣	近海かつお一本釣		48	38	2.1	-	2.1	2.6	-	-	-	-	4.2	-	8.3	7.9	83.3	89.5	-	-
釣	沿岸かつお一本釣		240	167	23.3	22.8	13.8	15.6	12.9	12.0	7.1	4.2	6.7	8.4	2.1	3.6	7.9	12.6	-	-
釣	遠洋いか釣		-	-	nc	nc	nc	nc	nc	nc	nc	nc	nc	nc	nc	nc	nc	nc	nc	nc
釣	近海いか釣		48	37	-	-	-	-	-	-	-	-	6.3	-	29.2	13.5	62.5	83.8	2.1	2.7
釣	沿岸いか釣		3,567	2,863	21.8	22.6	15.5	15.7	19.0	21.9	12.2	13.3	7.5	5.2	1.7	1.7	0.1	0.3	-	-
釣	ひき縄釣		2,781	2,026	34.2	34.2	15.1	15.0	11.8	10.3	2.1	2.7	0.7	0.5	-	-	-	-	-	-
釣	その他の釣		15,141	12,091	23.0	22.9	7.6	7.9	6.0	7.2	2.1	2.6	0.5	1.0	-	0.1	-	-	-	-

注：1）「合計」は販売金額なし、販売金額 100 万円未満の経営体を含む。
　　2）調査年次を跨いで割合が増えたところに灰色を付している。

表1-56　漁獲物・収獲物の販売金額規模移動経営体数

（単位：経営体）

漁獲物・収獲物の販売金額規模		継続経営体（平成25年の区分）														
		計	販売金額なし	100万円未満	100～300	300～500	500～800	800～1,000	1,000～1,500	1,500～2,000	2,000～5,000	5,000万円～1億円	1～2	2～5	5～10	10億円以上
継続経営体（平成30年の区分）																
計	(1)	4,188	6	179	229	220	343	255	462	358	1,093	488	231	198	58	68
販売金額なし	(2)	24	1	2	-	-	5	1	3	1	6	2	1	2	-	-
100万円未満	(3)	147	3	78	33	12	8	3	3	1	5	1	-	-	-	-
100～300	(4)	178	-	32	70	31	18	7	5	6	8	1	-	-	-	-
300～500	(5)	235	1	13	38	51	66	17	20	10	18	1	-	-	-	-
500～800	(6)	349	-	13	19	48	86	72	64	17	24	5	1	-	-	-
800～1,000	(7)	266	-	5	13	28	57	56	61	17	23	4	-	2	-	-
1000～1,500	(8)	401	-	9	17	20	46	41	129	71	62	6	-	-	-	-
1500～2,000	(9)	353	-	9	16	10	19	34	76	82	104	3	-	-	-	-
2000～5,000	(10)	1,086	1	12	18	18	31	18	87	137	676	84	2	2	-	-
5,000万円～1億円	(11)	505	-	6	5	1	6	5	10	14	153	267	31	3	4	-
1～2	(12)	270	-	-	-	1	1	-	3	1	8	108	120	26	1	1
2～5	(13)	228	-	-	-	-	-	-	1	1	6	4	73	130	11	2
5～10	(14)	80	-	-	-	-	-	-	-	-	-	2	3	30	33	12
10億円以上	(15)	66	-	-	-	-	-	1	-	-	-	-	-	3	9	53
上層に移動した階層	(16)	1,344	5	99	126	126	160	99	177	153	167	114	76	33	9	-
（16）／（1）（%）	(17)	32	83	55	55	57	47	39	38	43	15	23	33	17	16	-
下層に移動した階層	(18)	1,012	-	2	33	43	97	100	156	123	250	107	35	35	16	15
（18）／（1）（%）	(19)	24	-	1	14	20	28	39	34	34	23	22	15	18	28	22

注:1）2018年の経営体階層が動力漁船使用で10トン以上である経営体を抽出して集計した結果である。

下層に移動した経営体数が24％と上層移動が下層移動を８ポイントも上回った。「1,000～1,500万円」から「１～２億円」の間に入る経営体において上層移動が下層移動を上回っている。

表には示されていないが、2013年次の漁業センサス統計を見ると、2008年→2013年移動においては上層移動が15％、下層移動が39％と下層移動が24ポイントも高く、全面的に低調に陥っていた。今回の調査の結果、その状況から2013年→2018年は好転していたことがわかる。

（６）漁業種類別の経営体の動向

１）漁業種類別漁船隻数

各種漁業種別の状況について見ていく前に、漁業種類別の漁船隻数の確認をとっておきたい。表1-57である。これは船外機付漁船を除く、漁業種類別漁船隻数の動向を示している。ただし、この隻数は、「販売額」で主としている漁業種の漁船であることに注意されたい。漁業経営者は必ずしも漁船１隻に対して１漁業種のみを営んでいるわけではなく、複数の漁業種を営んでいるケースもあるからである。

2018年の沖合・遠洋漁業種の漁船隻数は、43,011隻であり、2013年の52,141隻の82％となった。2013年の隻数は2008年の63,917隻の82％であった。漁船隻数の減少の勢いは緩んでいない。

ただし、全面的に漁船隻数が減少する中で、2013年より増加した業種がある。沖合底びき網漁業、大中型まき網漁業、遠洋かつお一本釣漁業である。これは表1-51でみた経営体数の動向と近い状況を示している。

沖合底びき網漁業は、１そうびきにおいて251隻から276隻、２そうびきにおいて35隻から41隻となった。2013年センサスと比較すると、20トン以上の漁船隻数は減っているが、15～20トンの漁船が71隻→114隻と増加している。すなわち、15～20トンの沖合底びき網漁船の増加が他の階層の減少分を上回ったということになる。

大中型まき網は、１そうまき遠洋かつお・まぐろにおいて29隻から53隻に、１そうまき近海かつお・まぐろにおいて24隻から42隻に、１そう

表 1-57　主とする漁業種類別動力漁船隻数の推移

（単位：隻）

主とする漁業種類			総隻数					2018年　トン数階層別隻数									
			2008年	2013年	13/08 (%)	2018年	18/13 (%)	10トン未満	10～15トン	15～20トン	20～50トン	50～100トン	100～150トン	150～200トン	200～350トン	350～500トン	500～1,000トン
沖合・遠洋漁業計			63,917	52,141	82	43,011	82	37,930	2,362	1,867	85	191	111	158	107	192	8
底びき網	遠洋底びき網		9	7	78	5	71	-	-	-	-	-	-	-	1	3	1
	以西底びき網		11	8	73	2	25	-	-	-	-	2	-	-	-	-	-
	沖合底びき網	1そうびき	307	251	82	276	110	-	-	114	26	79	29	27	1	-	-
		2そうびき	48	35	73	41	117	-	-	3	-	36	2	-	-	-	-
	小型底びき網		10,157	8,310	82	6,859	83	6,263	595	1	-	-	-	-	-	-	-
船びき網			5,915	5,173	87	4,815	93	4,024	642	149	-	-	-	-	-	-	-
まき網	大中型まき網	1そうまき遠洋かつお・まぐろ	46	29	63	53	183	18	4	2	-	-	-	1	18	6	4
		1そうまき近海かつお・まぐろ	33	24	73	42	175	5	2	1	1	7	8	1	13	4	-
		1そうまきその他	293	221	75	237	107	15	14	56	4	41	13	19	64	11	-
		2そうまき	64	64	100	66	103	7	-	59	-	-	-	-	-	-	-
	中・小型まき網		1,758	1,494	85	1,329	89	544	213	545	12	-	4	5	6	-	-
刺網	さけ・ます流し網		59	39	66	18	46	6	11	1	-	-	-	-	-	-	-
	かじき等流し網		26	20	77	15	75	1	3	10	-	-	1	-	-	-	-
	その他の刺網		14,042	10,928	78	8,756	80	8,477	150	123	3	-	1	1	-	1	-
さんま棒受網			184	166	90	131	79	13	8	38	23	-	1	48	-	-	-
その他の網漁業			1,668	1,446	87	1,207	83	1,055	73	70	5	2	2	-	-	-	-
はえ縄	遠洋まぐろはえ縄		281	197	70	156	79	-	-	-	-	-	5	1	2	146	2
	近海まぐろはえ縄		297	236	79	220	93	1	34	165	-	12	8	-	-	-	-
	沿岸まぐろはえ縄		296	312	105	210	67	165	27	18	-	-	-	-	-	-	-
	その他のはえ縄		3,169	2,388	75	1,983	83	1,783	112	80	2	5	-	-	-	1	-
釣	遠洋かつお一本釣		39	26	67	31	119	-	-	-	-	-	3	6	1	20	1
	近海かつお一本釣		60	51	85	44	86	-	4	7	1	4	28	-	-	-	-
	沿岸かつお一本釣		336	257	76	182	71	131	13	38	-	-	-	-	-	-	-
	遠洋いか釣		3	1	33	1	100	-	-	-	-	-	-	-	1	-	-
	近海いか釣		105	77	73	58	75	-	-	1	-	2	6	49	-	-	-
	沿岸いか釣		4,400	3,554	81	2,948	83	2,493	175	279	1	-	-	-	-	-	-
	ひき縄釣		3,160	2,983	94	2,240	75	2,212	24	3	1	-	-	-	-	-	-
	その他の釣		17,151	13,844	81	11,086	80	10,717	258	104	6	1	-	-	-	-	-

まきその他において 221 隻から 237 隻に、２そうまきにおいて 64 隻から 66 隻に増えた。

遠洋かつお一本釣漁業においては 26 隻から 31 隻に増えた。

東日本大震災で被災した漁船が復旧して増えたという要因も働いているが、増加要因はそれぞれの漁業の事情も関係している。その辺も踏まえながら、以下では各漁業種の全国的な動向を踏まえながら主要漁業の経営体の動向を整理する。

２）沖合底びき網漁業

表 1-58 は 2008 年、2013 年、2018 年における各県別の沖合底びき網漁業を営んだ経営数と沖合底びき網漁業が販売金額１位の動力漁船数を示している。

沖合底びき網漁業の営んだ経営体数は、2008 年：303 経営体、2013 年：242 経営体、2018 年：264 経営体と 2008 年から 2013 年に 61 経営体減ったが、2013 年から 2018 年に 22 経営体増加した。

この背景には、東日本大震災による被災・休業と復旧・再開がある。その傾向が顕著に出ているのが、福島県である。福島県は、2011 年３月 11 日に起こった震災・津波の被災による東京電力福島第一原子力発電所の事故の影響で漁業の再開を慎重に行った。2013 年は２経営体のみであったが、2018 年には 31 経営体となった。

福島県に隣接する茨城県とさらにその隣の千葉県では、経営体数が増加している。2008 年→ 2013 年→ 2018 年の経営体数は茨城県が３経営体→７経営体→８経営体であり、千葉県は１経営体→２経営体→３経営体である。漁船隻数で見ると茨城県が３隻→６隻→８隻、千葉県が１隻→５隻→５隻となっている。宮城県、岩手県も震災による影響は出ていない。宮城県は 2013 年→ 2018 年で１経営体のまま増減はみられないが、隻数は 25 隻→ 28 隻と増加した。岩手県は１そうびきと２そうびきの両方があり、2008 年→ 2013 年に１そうびきの１経営体、漁船１隻が減じたが、2013 年→ 2018 年は７経営体（１そうびき１経営体、２そうびき６経営体）、11

表 1-58　沖合底びき網漁業を営んだ経営体数と沖合底びき網漁業が販売金額1位の動力漁船数の都道府県別推移

（単位：経営体、隻）

全国・都道府県	経営体数						動力漁船数					
	沖合底びき網1そうびき			沖合底びき網2そうびき			沖合底びき網1そうびき			沖合底びき網2そうびき		
	2008年	2013年	2018年	2008年	2013年	2018年	2008年	2013年	2018年	2008年	2013年	2018年
全国	283	223	239	20	19	25	307	251	276	48	35	41
北海道	44	35	29	-	-	-	51	40	35	-	-	-
青森県	16	13	10	-	-	-	23	20	16	-	-	-
岩手県	2	1	1	6	6	6	2	1	1	11	10	10
宮城県	24	13	13	-	-	-	30	25	28	-	-	-
秋田県	14	14	13	-	-	-	14	14	13	-	-	-
山形県	1	1	1	-	-	-	1	1	1	-	-	-
福島県	39	2	31	-	-	-	41	2	32	-	-	-
茨城県	3	7	8	-	-	-	3	6	8	-	-	-
千葉県	1	2	2	-	-	1	1	5	5	-	-	-
新潟県	3	3	2	-	-	-	3	3	2	-	-	-
石川県	19	16	12	-	-	-	20	18	13	-	-	-
福井県	26	27	27	-	-	-	26	27	28	-	-	-
静岡県	1	1	1	-	-	-	1	1	1	-	-	-
愛知県	4	4	4	-	-	-	4	4	4	-	-	-
三重県	1	1	1	-	-	-	1	1	1	-	-	-
京都府	2	3	5	-	-	-	2	3	5	-	-	-
兵庫県	52	50	50	-	-	-	53	51	50	-	-	-
鳥取県	28	27	23	1	1	1	28	26	23	2	-	2
島根県	1	1	2	5	5	5	1	1	2	16	14	10
山口県	-	-	-	3	3	6	-	-	-	10	5	14
徳島県	-	-	-	2	2	5	-	-	-	2	2	3
愛媛県	-	-	-	3	2	1	-	-	-	7	4	2
高知県	2	1	1	-	-	-	2	1	1	-	-	-
長崎県	-	1	3	-	-	-	-	1	7	-	-	-

隻を維持している。

東日本大震災の影響と関係のない地域での経営体の増加も見られる。京都府、山口県、徳島県、長崎県である。京都府は経営体数（2008年→2013年→2018年）が２経営体→３経営体→５経営体、島根県が６経営体→６経営体→７経営体、山口県は３経営体→３経営体→６経営体、徳島県は２経営体→２経営体→５経営体、長崎県は０経営体→１経営体→３経営体であった。漁船隻数の変化を見ると京都府は２隻→３隻→５隻、島根県は17隻（うち１そうびき１隻）→15隻（うち１そうびき１隻）→12隻（うち１そうびき２隻）、山口県は10隻→５隻→14隻、徳島県は２隻→２隻→３隻、長崎県は０隻→１隻→７隻である。なお、京都府と長崎県は１そうびき、山口県、徳島県は２そうびき、島根県は１そうびきと２そうびきの両方がある。京都府と長崎県の増加については、増トンによって小型底びき網から沖合底びき網に移行した可能性があるが、山口県、徳島県については特殊な地域事情が働いていると考えられる。

その一方で経営体の減少が著しくなっているのは、北海道、青森県、石川県である。2008年→2013年→2018年の各県の経営体数は、北海道が44経営体→35経営体→29経営体、青森県が16経営体→13経営体→10経営体、石川県が19経営体→16経営体→12経営体である。漁船隻数においても北海道が51隻→40隻→35隻、青森県が23隻→20隻→16隻、石川県が20隻→18隻→13隻と減らしている。

北海道と青森県は、北方四島水域の入漁を控えるなど漁場が狭まった上、東日本大震災後スケソウダラやマダラなどの輸出、スルメイカの漁獲量が大幅に減ったことが影響して、老朽化していた漁船が廃業に追い込まれた結果とみられる。

次に鳥取県、島根県、兵庫県の山陰三県の動きを見ると、2008年→2013年→2018年の経営体数は兵庫県は52経営体→50経営体→50経営体、鳥取県は29経営体→28経営体→24経営体、島根県は６経営体→６経営体→７経営体となっている。兵庫県、鳥取県、島根県の１そうびきの合計をみると、2008年82隻（兵庫県53隻、鳥取県28隻、島根県１隻）、

2013年78隻（兵庫県51隻、鳥取県26隻、島根県１隻)、2018年75隻（兵庫県50隻、鳥取県23隻、島根県２隻）となっており、穏やかに減少していることがわかる。しかし、２そうびきの状況は異なる。２そうびきの漁船隻数の合計を見ると、2008年28隻（鳥取県２隻、島根県16隻、山口県10隻)、2013年19隻（鳥取県０、島根県14隻、山口県５隻)、2018年26隻（鳥取県２隻、島根県10隻、山口県14隻）となっており、2013年が谷間であったことがわかる。

その他の県については底を打ったような状況が続いている。

３）大中型まき網漁業

大中型まき網漁業は、４つに分類されているが、１そうまき遠洋かつお・まぐろは、主としていわゆる米国式単船式まき網漁船によるもので、１そうまき近海かつお・まぐろは、漁場が日本EEZでのかつお・まぐろ操業で、米国式単船式まき網漁船で許可を得ているものが漁場形成次第で入漁することもあれば、１そうまきその他の船団が漁網などを艤装し直して入漁してくることもある。かつて、米国式単船式まき網漁船は399トンが主要な船型であったが、近年では諸外国との競争が激しくなっていることから、500トン以上など大型化している。また、１そうまきその他の船型はかつて80トン型と135トン型があり、135トン型の中に１そうまき近海かつお・まぐろと兼業するものが含まれていた。しかし、近年では船員の居住環境の確保の面から、両船型とも大型化して、80トン型は主に199トン型、135トン型は主に300トン型に移行している。こうした船型の再編が2007年から進み、80トン型、135トン型という稼働している旧式漁船は極わずかとなっている。

表1-59は大中型まき網漁業を営んだ経営体数と動力漁船数の都道府県別推移を示している。この表は４つの業種に分けて記されている。そのため、大中型まき網漁業の１そうまきは、遠洋かつお・まぐろ、近海かつお・まぐろ、その他の中の２つを営むものもあることから、実際の漁業経営体数はここからはわからない。そこで、主とする漁業経営体数を示した表1-51に

表1-59　大中型まき網漁業を営んだ経営体数と大中型まき網漁業が販売金額1位の動力漁船数の都道府県別推移

（単位：経営体、隻）

全国・都道府県	経営体数											
	2008年				2013年				2018年			
	1そうまき			2そうまき	1そうまき			2そうまき	1そうまき			2そうまき
	遠洋かつお・まぐろ	近海かつお・まぐろ	その他		遠洋かつお・まぐろ	近海かつお・まぐろ	その他		遠洋かつお・まぐろ	近海かつお・まぐろ	その他	
全国	20	10	55	13	17	6	51	11	17	11	45	12
北海道	1	-	-	-	1	-	-	-	1	-	-	-
青森県	-	1	1	2	-	-	1	3	-	1	1	2
宮城県	4	1	1	-	2	1	1	-	4	2	1	-
福島県	-	1	2	-	-	1	2	-	-	1	1	-
茨城県	-	-	11	-	-	-	13	-	-	-	11	1
千葉県	-	-	3	11	-	-	4	8	-	-	4	9
東京都	1	1	1	-	1	-	-	-	-	1	1	-
神奈川県	2	-	-	-	2	-	-	-	2	-	-	-
新潟県	1	-	-	-	1	-	-	-	1	-	-	-
石川県	-	-	2	-	-	-	2	-	-	1	1	-
静岡県	5	5	2	-	5	2	2	-	5	3	3	-
三重県	2	1	1	-	1	1	1	-	1	-	1	-
鳥取県	2	-	2	-	2	-	2	-	2	2	2	-
島根県	-	-	1	-	-	-	1	-	-	-	1	-
山口県	-	-	1	-	-	-	-	-	-	-	-	-
愛媛県	1	-	4	-	1	1	3	-	-	-	3	-
福岡県	-	-	2	-	-	-	1	-	-	-	1	-
佐賀県	-	-	1	-	-	-	1	-	-	-	-	-
長崎県	1	-	15	-	1	-	12	-	1	-	11	-
大分県	-	-	4	-	-	-	3	-	-	-	2	-
宮崎県	-	-	1	-	-	-	2	-	-	-	1	-

全国・都道府県	動力漁船数											
	2008年				2013年				2018年			
	1そうまき			2そうまき	1そうまき			2そうまき	1そうまき			2そうまき
	遠洋かつお・まぐろ	近海かつお・まぐろ	その他		遠洋かつお・まぐろ	近海かつお・まぐろ	その他		遠洋かつお・まぐろ	近海かつお・まぐろ	その他	
全国	46	33	293	64	29	24	221	64	53	42	237	66
北海道	1	-	-	-	1	-	-	-	2	-	-	-
青森県	-	8	-	5	-	-	4	10	-	-	3	5
宮城県	6	5	-	-	3	2	-	-	5	-	2	-
福島県	-	7	7	-	-	4	9	-	-	5	11	-
茨城県	-	-	69	-	-	-	48	-	-	-	51	1
千葉県	-	-	14	59	-	-	19	54	-	-	19	60
東京都	4	-	4	-	4	-	-	-	-	4	-	-
神奈川県	2	-	-	-	2	-	-	-	10	-	-	-
新潟県	14	-	-	-	3	-	-	-	15	-	-	-
石川県	-	-	8	-	-	-	12	-	-	6	-	-
静岡県	11	12	5	-	11	14	-	-	16	23	-	-
三重県	3	1	1	-	1	4	10	-	1	-	5	-
鳥取県	2	-	15	-	2	-	14	-	2	4	10	-
島根県	-	-	5	-	-	-	6	-	-	-	5	-
山口県	-	-	1	-	-	-	-	-	-	-	-	-
愛媛県	1	-	27	-	-	-	10	-	-	-	26	-
福岡県	-	-	10	-	-	-	5	-	-	-	5	-
佐賀県	-	-	4	-	-	-	5	-	-	-	-	-
長崎県	2	-	96	-	2	-	67	-	2	-	80	-
大分県	-	-	21	-	-	-	4	-	-	-	10	-
宮崎県	-	-	6	-	-	-	8	-	-	-	10	-

記されている大中型まき網漁業経営体数の合計を漁業経営体数とした。この漁業経営体数の動向は、2003年79経営体→2008年79経営体→2013年69経営体→2018年70経営体となった。一方、漁船隻数は表1-57から知ることができる。2003年437隻→2008年436隻→2013年338隻→2018年398隻であった。この数値によると2008年→2013年の間に経営体、船団の廃業があったが、2018年には持ち直したという結果となっている。

それぞれの動向をみると、1そうまきその他の経営体については、2008年55経営体→2013年51経営体→2018年45経営体と減ずるものの、1そうまき遠洋かつお・まぐろは2013年→2018年においては17経営体を維持し、1そうまき近海かつお・まぐろは2013年6経営体→2018年11経営体と5経営体増やし、2そうまきも2013年11経営体→2018年12経営体と1経営体を増やした。1そうまき近海かつお・まぐろについては、漁場との関係から経営体が増減しやすい。なぜなら、1そうまき遠洋かつお・まぐろを主にしている漁船は、遠洋水域での操業を行うが、そちらよりも日本EEZ内での漁場が優れている場合は、その水域で大中型まき網近海かつお・まぐろ漁船として操業を行うからである。1そうまきその他を現業する漁船のなかにも、初夏に漁具をサバ・イワシ用からカツオマグロ用に積み替えて、近海かつお・まぐろの操業を行う船がある。

都道府県別に動向を見ると、1そうまき遠洋かつお・まぐろについては、2008年→2013年において宮城県で2経営体、三重県で1経営体が減り、2013年→2018年では宮城県で2経営体増えて、東京都と愛媛県でそれぞれ1経営体減った。経営体の分布に大きな変化はない。

1そうまきその他については、西日本では集魚灯を使って多様な魚種を捕獲することもあるが、アジ、サバ、マイワシ、ブリなどの多獲性魚をターゲットにした漁業が主である。2008年→2013年→2018年の経営体数の変化を見ると、2008年時点で最も経営体数が多かった長崎県は15経営体→12経営体→11経営体と減らしてきた。中国漁船が圧倒する東シナ海での操業が劣勢となったことが影響している。しかし、漁船隻数については96隻

→ 67 隻→ 80 隻と 2018 年に増隻した。つまり、2013 年→ 2018 年に経営体数は減ったが、船団数は増えたということになる。長崎県に次ぐ茨城県では経営体数が 11 経営体→ 13 経営体→ 11 経営体と踏みとどまっているが、漁船隻数は 69 隻→ 48 隻→ 51 隻となった。

２そうまきについては、青森県、千葉県に限られている。2008 年→ 2013 年→ 2018 年の経営体数は青森県が２経営体→３経営体→２経営体、千葉県が 11 経営体→８経営体→９経営体と大きな変化はない。ただし、漁船隻数については、青森県が５隻→ 10 隻→５隻、千葉県が 59 隻→ 54 隻→ 60 隻と大きく変化させている。

４）さんま棒受網

さんま棒受網漁業は、北海道沖から三陸・常磐沖にかけての太平洋北区で行われる大臣許可漁業および知事許可漁業だけでなく、冬に紀州沖で行われる知事許可漁業がある。

太平洋北区を広範に利用としている大臣許可漁業について確認しておこう。大臣許可漁業は、2018 年までは事実上８月中旬から 11 月までに行われる短期間の漁業であり、かつては４月から６月にロシア水域で出漁していたさけ・ます流し網漁業の裏作業種と呼ばれたこともあった。しかし、ロシア水域の入漁は、90 年代後半からクオーターの削減や入漁料高騰で経営が厳しくなる一方で相対的にさんま棒受網漁業の経営が好転していった。さけ・ます流し網から撤退する経営体が増え、全体としてさんま棒受網漁業が主とする経営体が増えた。そこに 2016 年からはロシア水域のさけ・ます流し網漁が国内法で禁止となり、その状況が決定的となった。

知事許可漁業については、10 トン未満の漁船で行われ、北海道と東北あるいは紀州の近海水域で行われている。国際情勢には左右されにくいが、さんまが高度回遊魚であることから年によって変化する回遊ルートとの関係で漁模様が左右されやすい。沿岸に近い近海域に漁場が形成されるとさんま棒受網漁業を行う船が増え、漁場が近海域から離れるとそれらの漁船は刺し網などの漁業に切り替える。年によって漁場形成に差が生じるため、近海で行われる知事許可漁業の着業経営体数は大きく変動する特性がある。

このことは大臣許可の漁業においても20トン未満の漁船、例えば19トン船型の漁船も同じである。知事許可漁業の漁船よりかは航海能力があるため、多少の漁場の沖合化には耐えうるが、魚群がまとまっていなかったり、漁場がEEZの外側で形成されるようになったりすると、黒字が見込めなくなり操業を諦めざるを得なくなる。

過去10年、漁場が遠隔化し、EEZ内とくに日本近海に漁場が形成されにくくなっている。そのことから、知事許可漁業の漁船だけでなく、19トン型の漁船においても出漁を見合わせるものも多くなった。一方で、意欲的な漁業者は代船時に19トン型→29トン型など漁船の大型化を図り、漁場の遠隔化に対応したが、19トン以下の船型の漁船の多くは2016年から試験的に始めたマイワシ漁を行うようになった。大型船においても、EEZの外側の水域に漁場を求めてきた。しかも、2020年からは7月末までの禁漁期を大臣許可の制限上限からなくすことで5月からの出漁が可能となりEEZの外側での晩春・初夏のさんま漁が行われるようになった。ただし、100トン以上の大型漁船の中にも資源量の減少および中国、台湾などの外国漁船との競合で漁獲量が振るわず厳しい経営を強いられているものも少なくない。

そこで、2013年（表なし）→2018年（表1-57）のさんま棒受網漁業を主としたトン数階層別漁船隻数を確認すると、10トン未満は38隻→13隻、10～15トンは19隻→8隻、15～20トンは50隻→38隻、20～50トンは7隻→23隻、100～150トンは2隻→1隻、150～200トンは42隻→48隻となっている。

このように小型漁船の数は、10トン未満、10～15トンが半減するなど、20トン未満の漁船が大幅に減少する一方で、20～50トンと100～200トンの漁船が増加したことがわかる。小型の撤退と大型化が漁場の遠隔化を物語っている。

表1-60を見ると、さんま棒受網漁業を営んだ経営体数は、2008年→2013年→2018年の変化が258経営体→237経営体→135経営体と大きく減少している。特に、知事許可漁業が多かった北海道は、140経営体

表 1-60　さんま棒受網漁業を営んだ経営体数とさんま棒受網漁業が販売金額1位の動力漁船数の都道府県別推移

（単位：経営体、隻）

全国・都道府県	経営体数			動力漁船数		
	2008 年	2013 年	2018 年	2008 年	2013 年	2018 年
全国	258	237	135	184	166	131
北海道	140	118	74	94	81	69
青森県	2	2	2	1	2	2
岩手県	25	22	14	25	19	17
宮城県	29	28	21	25	22	22
福島県	10	7	4	10	8	5
茨城県	3	2	1	3	2	1
千葉県	9	6	5	8	5	4
東京都	1	1	1	1	1	1
新潟県	-	1	-	-	-	-
富山県	5	7	6	4	7	6
静岡県	2	1	1	-	-	-
三重県	12	13	2	12	12	2
和歌山県	19	28	3	-	6	-
長崎県	1	1	1	1	1	2

→ 118 経営体→ 74 経営体と減少が激しい。また岩手県は 25 経営体→ 22 経営体→ 14 経営体、宮城県は 29 経営体→ 28 経営体→ 21 経営体、福島県は 10 経営体→ 7 経営体→ 4 経営体と三陸から常磐にかけての東北の減少も著しい。特に 2013 年→ 2018 年においてである。2013 年→ 2018 年においては三重県、和歌山県においても大幅に減少した。三重県が 13 経営体→ 2 経営体、和歌山県が 28 経営体→ 3 経営体である。

さんま棒受網漁業は、90 年代後半から 2000 年代前半頃までは、漁場が沿岸域に接近していたことから小型船が優位であった。そのことから北海道では小型の棒受網漁船だけでなくさんま流し網漁船も急増した。小型船は、漁場と港の往来を多くでき、漁獲から出荷までのリードタイムが大型船より短く高鮮度が維持され、さんまが高く取引されるからである。しかし、漁場の遠隔化によってさんま漁業は構造再編が進んでいる。

5）近海・遠洋まぐろはえ縄漁業

近海まぐろはえ縄漁業と遠洋まぐろはえ縄漁業は、漁船規模と水域そして船内加工の違いがある。従来の基準であるが、10～120トンの船型は近海まぐろはえ縄、120トン以上が遠洋まぐろはえ縄漁業であり、前者の操業水域は日本EEZとその周辺の公海水域、後者は太平洋、インド洋、大西洋など世界の水域を対象としている。前者は長くて1ヶ月の航海で、後者は長いと2年航海になる。前者は水氷や氷蔵によって船内保存して生鮮まぐろ類として出荷し、後者は凍結してから船内冷凍庫で冷凍保管して冷凍まぐろ類として出荷する。水域、航海の長さ、船内での漁獲物の保存方法に大きな違いがある。

近海まぐろはえ縄は、10～20トンの船型と50～100トンの船型と119トン型のおおよそ3つのタイプに分けられる。10～20トンは、19トン船型が主であり、ほぼFRP漁船である。2001年度までは許認可上では沿岸まぐろはえ縄に類する漁業であった。近海まぐろはえ縄漁業のトン数の下限が20トン以上から10トン以上に制度変更されたことによって現状に至っている。しかし、操業形態はほぼ沿岸まぐろはえ縄漁業の時代と変わりない。50トン以上の船型と比較して隻数が多い。表1-57を見ると、2018年時点でも10～15トンに34隻、15～20トンに165隻あり、旧来の近海まぐろはえ縄漁船である20トン以上は20隻（50～100トンは12隻、100～150トンは8隻）に止まっている。

表1-61から営んだ経営体数の全国分布をみると、かつては北海道、神奈川県、山口県、熊本県にもあったが、2013年ないしは2018年に経営体が消滅している。経営体数が多いのは、宮崎県、沖縄県、高知県である。これらの県では、主として10～20トン型の漁船を使っている経営体が多い。その他の県では､50～100トン型､100～150トン型の漁船が使われている。50～100トン型は大分県や徳島県など西日本が多く、100～150トン型は宮城県など東北に集中している。

沖縄県の漁船は、南洋の海で操業して沖縄県内で水揚げして、宮城県・岩手県の漁船は、東沖と呼ばれる三陸より遙か沖合の漁場で漁を行いほぼ宮城

表 1-61　近海まぐろはえ縄漁業を営んだ経営体数と近海まぐろはえ縄漁業が販売金額１位の動力漁船数の都道府県別推移

（単位：経営体、隻）

全国・都道府県	経営体数			動力漁船数		
	2008 年	2013 年	2018 年	2008 年	2013 年	2018 年
全国	274	217	176	297	236	220
北海道	1	2	-	1	2	-
岩手県	4	1	1	2	1	1
宮城県	20	10	8	24	17	9
千葉県	2	3	1	2	2	1
神奈川県	2	1	-	2	1	-
三重県	12	14	9	13	11	10
和歌山県	11	6	4	10	5	4
山口県	1	-	-	1	-	-
徳島県	9	8	6	13	9	7
高知県	53	41	32	63	49	52
熊本県	4	1	-	5	1	-
大分県	33	16	11	34	17	12
宮崎県	67	62	57	71	69	66
鹿児島県	4	1	3	3	1	3
沖縄県	51	51	44	53	51	55

県で水揚げして、その他の県は主として南洋から東沖まで漁場と水揚港を移動して漁を行っている。

推移を見ると、沖縄県が 2013 年→ 2018 年で経営体数が 51 → 44 と減っているが、漁船隻数は 51 隻→ 55 隻と増えており、同じく高知県が経営体数 41 経営体→ 32 経営体と減るものの漁船隻数が 49 隻→ 52 隻と増加している。また宮崎県は経営体数 62 経営体→ 57 経営体と５経営体が減るものの漁船隻数は 69 隻→ 66 隻と３隻しか減っていない。それに対して宮城県は 2013 年→ 2018 年において 10 経営体、17 隻→８経営体、９隻と経営体数の減り以上に漁船隻数が減っている。

次に遠洋まぐろはえ縄漁業における経営体数と漁船数の都道府県別推移を示した表 1-62 をみよう。2008 年→ 2013 年→ 2018 年において経営体数（全

表1-62　遠洋まぐろはえ縄漁業を営んだ経営体数と遠洋まぐろはえ縄漁業が販売金額1位の動力漁船数の都道府県別推移

（単位：経営体、隻）

全国・都道府県	経営体数			動力漁船数		
	2008年	2013年	2018年	2008年	2013年	2018年
全国	106	74	63	281	197	156
北海道	2	-	-	2	-	-
青森県	2	2	2	6	6	6
岩手県	9	3	2	24	15	12
宮城県	22	16	17	62	39	39
福島県	5	6	5	9	9	7
茨城県	1	1	1	1	1	1
東京都	3	3	1	21	11	1
神奈川県	8	3	4	19	19	16
富山県	6	4	5	16	13	10
静岡県	12	11	8	30	24	16
三重県	5	4	3	13	10	7
高知県	7	3	2	14	5	6
大分県	1	-	-	1	-	-
宮崎県	5	3	2	8	4	2
鹿児島県	18	15	11	55	41	33

国）で106経営体→74経営体→63経営体、漁船隻数で281隻→197隻→156隻と落ち込んでいる。経営体数の減少より、隻数の減少がとまらない。残存している当該漁業の複船経営体が所有隻数を減らしている結果でもある。かつては10隻以上を運航していた会社がいくつかあったが、そうした経営体は1経営体のみとなった。外国漁船も減ってはいるものの、まぐろの冷凍刺身需要が落ち込み、1年運航しても水揚額が3億円にも及ばないこともあるため経営を維持するのが難しくなっている。また船員確保面でも厳しい。90年代以後、インドネシアを中心とした外国人船員の採用によって操業を維持してきたが、要の日本人幹部船員の高齢化が著しく、次の担い手確保が進んでいない。とくに機関士の確保が難しく、機関士を確保できなくなり、労務倒産したというケースも出ている。

表 1-57 を見ると、船型は 100 ～ 150 トン、150 ～ 200 トン、200 ～ 350 トン、350 ～ 500 トン、500 ～ 1,000 トンがある。2013 年→ 2018 年では、もっとも隻数が多い 350 ～ 500 トンが 184 隻→ 146 隻と、この階層の減少が際立っている。

次に都道府県別の状況をみよう。2013 年→ 2018 年の変化を見ると、経営体数では宮城県で 16 経営体→ 17 経営体、神奈川県で３経営体→４経営体、富山県で４経営体→５経営体と、漁船隻数では高知県５隻→６隻と増えた。しかし、経営体が岩手県３経営体→２経営体、東京都で３経営体→１経営体、高知県３経営体→２経営体、宮崎県３経営体→２経営体と少ない中でより減ったという県がある。ただ、岩手県、高知県、宮崎県では漁船隻数が減ったものの、複数隻残っていることから経営体がなくなるという気配はない。東京都は経営体が１経営体になっただけでなく漁船隻数が 11 隻→１隻に大きく減った。ほぼ消滅に近い状況になっている。

漁船隻数において 90 年代は宮城県が最も多い。このことは 2008 年にも確認できた。表 1-62 の通り、宮城県が 62 隻、鹿児島県が 55 隻と宮城県が最大隻数の根拠地であった。それが 2013 年では鹿児島県 41 隻、宮城県 39 隻とトップが入れ替わった。しかし、2013 年→ 2018 年において宮城県は隻数を減らさず 39 隻を維持し、鹿児島県が 33 隻に落ち込んだので再び宮城県がトップとなった。３番目に多い静岡県は８経営体、16 隻となり、続くのは神奈川県の４経営体、16 隻、岩手県の２経営体、12 隻、富山県の５経営体、10 隻である。

６）近海・遠洋かつお一本釣漁業

かつお一本釣漁業は主としてかつおだが、ビンチョウも漁獲対象になっている。この漁業は、漁獲原理は同じであるが、船型と操業水域の違いから沿岸、近海、遠洋と許認可上３つに分けられている。ここでは、近海と遠洋について見ていく。

近海かつお一本釣漁業は、黒潮に乗って南洋から北上して日本 EEZ に近づいてきたかつおを漁獲している。概ね水揚港は、九州南部、四国、紀州、静岡、房総半島、東北と移っていく。ただし、水揚港は、活き餌となるイワシ類を仕入れることができ、生鮮かつおを買い付ける業者がいる港に限られる。餌のイワシ類は、定置網または旋網で捕獲される。

近海かつお一本釣漁船の船型は、10 〜 15 トン、15 〜 20 トン、20 〜 50 トン、50 〜 100 トン、100 〜 150 トンとあり、10 〜 15 トンと 15 〜 20 トンは沿岸かつお一本釣と船型が被っている。表 1-57 を見ると、これらの船型は沿岸かつお一本釣漁船の方が多い。10 〜 15 トンは、近海 4 隻に対して沿岸 13 隻、15 〜 20 トンは近海 7 隻に対して沿岸 38 隻となっている。20 〜 50 トン 1 隻、50 〜 100 トン 4 隻であることから、近海かつお一本釣漁船でもっとも多いのは 100 〜 150 トンの 28 隻である。119 トン型である。ただし、2013 年は 34 隻だったので、6 隻減っている。

そこで近海かつお一本釣漁業の経営体数と漁船数の都道府県別推移を示した表 1-63 をみよう。

2008 年→ 2013 年→ 2018 年における経営体数は 64 経営体→ 53 経営体→ 41 経営体、漁船隻数は 60 隻→ 51 隻→ 44 隻と同じように減少している。廃業・撤退の勢いには変化がない。都道府県別にみると、2013 年に鹿児島

表 1-63　近海かつお一本釣漁業を営んだ経営体数と近海かつお一本釣漁業が販売金額 1 位の動力漁船数の都道府県別推移

（単位：経営体、隻）

全国・都道府県	経営体数			動力漁船数		
	2008 年	2013 年	2018 年	2008 年	2013 年	2018 年
全国	64	53	41	60	51	44
神奈川県	3	2	-	1	3	-
静岡県	2	3	2	2	2	2
三重県	11	9	7	9	6	6
和歌山県	-	1	-	-	1	-
徳島県	-	2	-	-	1	-
高知県	12	9	9	13	10	11
宮崎県	28	27	23	29	28	25
鹿児島県	2	-	-	3	-	-
沖縄県	6	-	-	3	-	-

県と沖縄県で消滅して和歌山県と徳島県で新規着業が確認できたが、これらは2018年には消滅した。そのことで、現在残っている経営体の県は、静岡県、三重県、高知県、宮崎県になった。これらの県では、経営体、漁船隻数を減らしているものの、減少幅は小さい。近海かつお一本釣漁業は、この4県に収斂したと言えよう。

遠洋かつお一本釣漁業は、赤道付近の南方水域から北太平洋の東沖を操業水域としている。近海かつお一本釣漁業と違って、釣獲後、かつおをブライン液で凍結し、船内の冷凍庫で保管して寄港する。冷凍かつおの水揚げ港は、冷凍まぐろの水揚げ港と同じく限られている。鰹節加工業者が集積する静岡県焼津地区と鹿児島県枕崎地区、山川地区の漁港である。船型は、許認可上では120トン以上660トン未満であるが、表1-57で確認できる通り、350～500トンに隻数が集中している。主として499トン型である。しかも、2013年→2018年において350～500トンは15隻→20隻と増加した。500～1,000トンも0隻→1隻と増加した。

そこで遠洋かつお一本釣漁業の経営体数と漁船数の都道府県別推移を示した表1-64をみよう。

2008年→2013年→2018年における経営体数は29経営体→20経営体→21経営体、漁船隻数は39隻→26隻→31隻と経営体数も漁船隻数も

表1-64　遠洋かつお一本釣漁業を営んだ経営体数と遠洋かつお一本釣漁業が販売金額1位の動力漁船数の都道府県別推移

（単位：経営体、隻）

全国・都道府県	経営体数			動力漁船数		
	2008年	2013年	2018年	2008年	2013年	2018年
全国	29	20	21	39	26	31
宮城県	3	2	3	4	3	6
茨城県	1	1	1	2	2	2
静岡県	5	4	5	8	6	10
三重県	8	7	6	10	7	6
高知県	4	3	1	6	4	1
宮崎県	5	1	3	5	1	3
鹿児島県	3	2	2	4	3	3

増加した。県別に見ると、2013年→2018年において高知県が３経営体→１経営体、三重県が７経営体→６経営体と経営体数を減らし、その他の県は維持か、増加となっている。ちなみに増加した宮城県、静岡県、宮崎県はそれぞれ２経営体→３経営体、4経営体→５経営体、1経営体→３経営体となった。漁船隻数は宮城県が３隻→６隻、静岡県が６隻→10隻と増やした。

経営体、漁船隻数ともに2008年と2018年を比較すると減少している。そのことを踏まえると、2013年は経営体の入れ替わりや代船時期だったなど業界の構造再編が進んでいた最中だった可能性がある。

7）いか釣漁業—近海いか釣

近海いか釣漁業は、漁船規模30～185トンの「いか釣り機を搭載した漁船」を使った漁業である。185トン以上の漁船を使った漁業においては遠洋いか釣漁業と呼ばれ、主にニュージー沖、アルゼンチン沖、ペルー沖などの海外水域漁場に出漁していた。2003年には27隻が出漁しており、それなりの勢力ではあったが、2008年３隻、2013年から１隻となっており、消滅に近い状態になっている。ここでは特に扱うことにしない。30トン以下のいか釣り漁船の漁業においては沿岸いか釣り漁業とされている。本来、沿岸いか釣漁業も、少なくとも10～20トン、20～30トン階層の漁船であるのならば、沖合漁業に属するが、ここでの分析はより沖合性の強い30トン以上を対象とする。

1990年代～2000年代においてはイカ類の供給量は，韓国、台湾、中国漁船の増加によって増加し続けたことから価格が落ち込み、一方で燃料価格が暴騰したことから日本のいか釣り漁業の収益性は悪化の一途を辿った。特に加工原料を供給する遠洋いか釣り漁業の衰退は凄まじかった。近海いか釣り漁業においては船凍品の加工原料を出荷することからイカ原料価格の低位な相場と燃油価格の高騰が続いたことによる収益性の悪化が90年代から始まっていた。ただ、前回センサスの2013年以後は世界的なイカ原料不足と円安により価格は持ち直し、また原油価格が落ち込んでいたことから漁業経営は好転していた。しかし、記録的な不漁が続く上、船価が高騰していたことにより代船建造が進まなかった。また、太平洋北部や日本海のEEZの境界付近に出没する北朝鮮の大船団や中国漁船により漁場が占拠され、操業が不能になるという事態も発生した。こうしたことにより漁船隻数は結局減少していった。

近海いか釣漁船の隻数は2008年→2013年→2018年と105隻→77隻→58と減じており、2013年／2008年比、2018年／2013年比が73％、75％、沿岸いか釣漁船の81％、83％を下回った。漁船の減少幅は相対的に沿岸よりも近海いか釣漁業の方が大きかった。

2013年（表無し）→2018年（表1-57）におけるトン数階層別の動向を見ると、50～100トンが7隻→2隻、100～150トンが22隻→6隻、150～200トンが48隻→49隻と150トン以下の船型の漁船が減り、150～200トンに収斂している。

表1-65から県別の営んだ経営体数の状況を見ると、2008年→2013年→2018年の変化は、76経営体→59経営体→44経営体と漁船隻数の減少と併行して減少している。地域別に見ると、北海道が12経営体→10経営体→5経営体、いか釣漁船の大根拠地（八戸市）のある青森県が29経営体

表1-65　近海いか釣漁業を営んだ経営体数と近海いか釣漁業が販売金額1位の動力漁船数の都道府県別推移

（単位：経営体、隻）

全国・都道府県	経営体数			動力漁船数		
	2008年	2013年	2018年	2008年	2013年	2018年
全国	76	59	44	105	77	58
北海道	12	10	5	14	10	6
青森県	29	19	15	52	32	28
岩手県	1	1	1	1	1	1
山形県	3	4	3	3	4	3
富山県	1	1	1	-	1	1
石川県	18	17	14	26	23	15
福井県	5	2	-	5	2	-
兵庫県	4	2	2	-	-	-
鳥取県	2	2	2	3	3	3
福岡県	1	1	1	1	1	1

→19経営体→15経営体と大きく減少した。福井県は５経営体→２経営体→０経営体と消滅した。それに対して他県は大きな変化はない。敢えて言うならば、船団が形成されている石川県が18経営体→17経営体→14経営体という減少に止まっている。減少が少なかったことから青森県の15経営体に接近した。しかし、漁船隻数で見ると青森県が28隻、石川県が15隻と、青森県の隻数はまだ国内一である。

ただ、近海いか釣り漁船の減少は、イカ類の原料供給力を弱めることになっているためイカ加工産地である青森県八戸市、大畑町、北海道函館市に暗い影を落としている。イカ資源の再生が求められるところであるが、NPFCでサンマの資源管理が着手されたように、イカ類資源を巡っても中国、韓国、台湾、ロシア、北朝鮮などとの協調により資源管理体制の構築が必要となっている。

（７）まとめ

2013年→2018年の経営環境は、2008年→2013年と比較して好転していることは冒頭でも触れた通りであるが、以上の分析からもその状況が抽出できた。特にそれを如実に表していたのが、販売金額規模移動経営体数の動向である。上層移動した経営体が目立った。また東日本大震災とは直接関係のない地域でも、漁業経営体や漁船隻数が増加したケースもあった。もちろん、全体としては縮小再編が続いており、経営体数や漁船隻数が2013年から増加したところも、2008年と比較すれば減少している。そのことから2013年は、リーマンショックや震災ショックが業界全体に行き渡り、正念場を迎えていた可能性がある。そこからさらに勢いよく落ち込まず、ところどころで2018年に向けて持ち直したのは、魚価形成などの経営環境が好転していたということが関係していよう。またその一方で、漁業経営を支援する政府の各種施策が業界を底支えしていた可能性もある。

しかし、これで業界が上向きになったわけではない。懸念材料は沢山ある。遠洋漁業種においては外国との競合がより激しくなっている。さらに我が国周辺水域では例えば、サンマ、イカ類に見られるように資源変動が激しくなっている。そのうえ、違法行為を繰り返す外国漁船出没しているため、日本のEEZ内でも境界域近辺では安心して日本漁船が操業できない。決して漁業経営の環境は安定していない。縮小再編はまだまだ続くものと思われる。

———（参考文献）

濱田武士「日本漁業における沖合漁業」の再考－沖合底びき網漁業と大中型まき網漁業を中心に－」『漁業経済研究』（62(1)、pp. 1-16、2018年）
濱田武士「沖合・遠洋漁業の現状と動向」『わが国水産業の環境変化と漁業構造－2013年漁業センサス構造分析書（農林水産省編）』（農林統計協会、pp.84-111、2017年6月）

トピックス③　海洋環境変動による魚種構成の変化

近年、日本近海の海水温は上昇傾向にある。日本近海における直近100年間の海域平均海面水温（年平均）の上昇率は+1.14℃/100年となっている。この上昇率は、世界平均海面水温の上昇率である+0.55℃/100年と比較しても倍以上の上昇率となっている。海水温の上昇によって、各産地において水揚げされる魚種が変化している。

北海道では、ブリの分布域が北上し、直近10年間でブリの漁獲量が急増している。北海道におけるブリの漁獲量は、305トン（平成15年）から、ピーク時には12,016トンまで増加し、直近では8,231トンとなっている。特に、平成23年以降は7,000トン以上で推移している。

北海道においてブリの漁獲量が増加している一方で、三陸地域では、秋サケ、サンマの漁獲量が大幅に減少している。漁獲量減少の要因としては、秋サケ、サンマともに低水温を好むため、海水温が上昇したことによって、日本沿岸で漁場が形成されなくなったとみられている。

また、海水温の上昇は日本沿岸域の海洋環境に大きな影響を及ぼしており、各地で磯焼けの拡大が問題となっている。磯焼けの拡大は、磯根資源の減少や魚類の産卵場・育成場の消失をもたらしている。

海洋環境の変動に起因する漁獲量の変動は、予測が困難であり、各産地の漁業者は窮地に立たされている。漁獲される資源を有効に活用するために、今後も漁獲量が増加した魚種の販路拡大や、磯焼け対策など、海洋環境変動への適応が求められる。

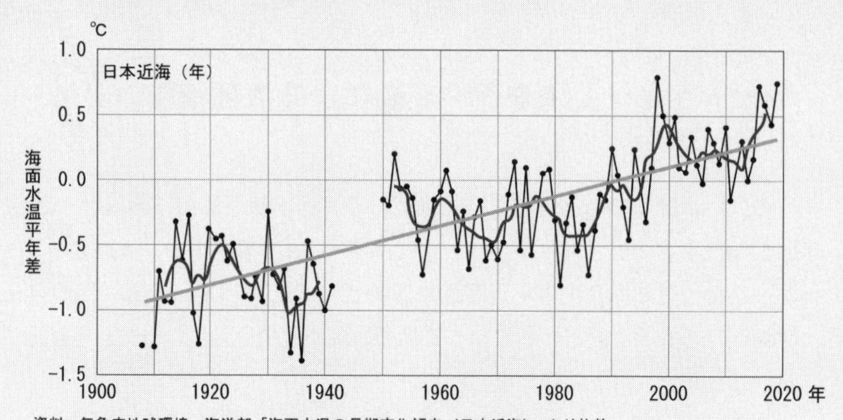

日本近海における直近100年間の海域平均海面水温（年平均）

（令和元年度水産白書より抜粋）

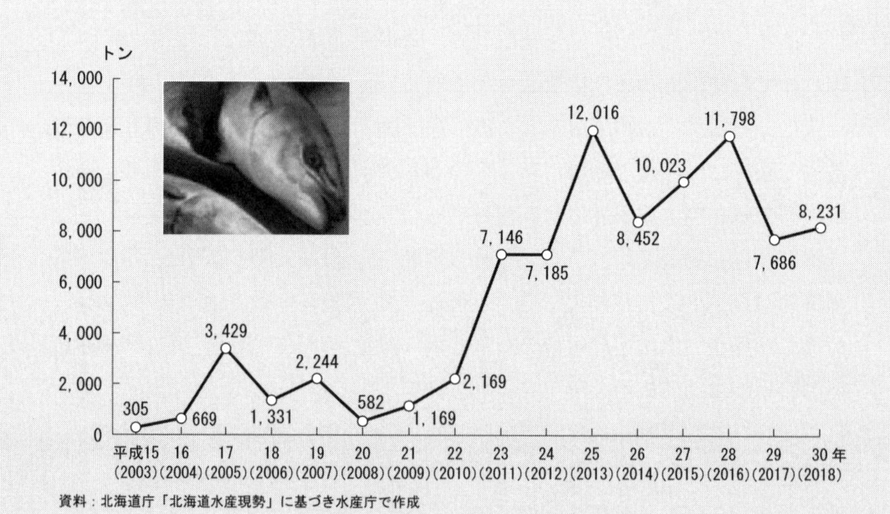

北海道におけるブリ漁獲量

（令和元年度水産白書より抜粋）

1－4．内水面漁業の現状と動向

工藤　貴史

（1）内水面漁業・養殖業の生産動向と取り巻く環境の変化

本節は、漁業センサス第7巻「内水面漁業に関する統計」を用いて内水面養殖業、湖沼漁業、内水面漁協の動向について分析する。なお、漁業センサス第7巻では、漁業法上、海面と同一に扱われている内水面のうち、琵琶湖、霞ヶ浦、北浦は調査対象に含まれるが、サロマ湖、能取湖、風蓮湖、温根沼、厚岸湖、加茂湖、浜名湖、中海は含まれていない。また河川漁業については調査対象に含まれていない。

分析に先立ち、前回の漁業センサスから今回の漁業センサスまでの内水面漁業の生産動向と取り巻く環境の変化について確認しておきたい。

表1-66に内水面養殖業と内水面漁業の生産動向を示した。内水面養殖業全体の生産量は2014年の33,871トンから2018年には29,849トンへと減少しているものの、産出額は2014年の710億円から911億円へと増加している。これは主要魚種であるにじます、その他のます類、あゆ、こい、うなぎの価格が上昇傾向にあり、いずれも2018年の価格が過去5年間において最高値になっていることが要因となっている。魚種別に産出額の動向を見ると、増加傾向にあるのがにじますとうなぎ、横ばいに推移しているのがその他のます類とあゆ、そして減少傾向にあるのがこいである。

一方、内水面漁業においても全体としては生産量は減少傾向にあるものの産出額は2014年の177億円から2018年の185億円へと増加している。これは主要魚種であるさけ・ます類、わかさぎ、あゆ、うなぎの価格が上昇傾向にあることが要因となっている。魚種別に産出額の動向を見ると、あゆの産出額が顕著に増加傾向にあり、わかさぎも増加傾向にある。しじみは生産量・産出額・価格が全て下落する傾向にある。

以上のように、この5年間は内水面養殖業・漁業ともに価格が上昇している水産物が多い。内水面固有の要因として、東日本大震災による風評被害か

表 1-66　内水面漁業・養殖業の生産動向

年	内水面養殖業		にじます			その他のます類		
	生産量(t)	産出額(百万円)	生産量(t)	産出額(百万円)	円/kg	生産量(t)	産出額(百万円)	円/kg
2014	33,871	71,000	4,786	3,082	644	2,847	4,165	1,463
2015	36,336	80,862	4,836	3,407	705	2,873	4,242	1,477
2016	35,198	89,368	4,954	4,181	844	2,852	4,410	1,546
2017	36,839	94,945	4,731	4,163	880	2,908	4,577	1,574
2018	29,849	91,068	4,732	4,481	947	2,610	4,260	1,632

年	あゆ			こい			うなぎ		
	生産量(t)	産出額(百万円)	円/kg	生産量(t)	産出額(百万円)	円/kg	生産量(t)	産出額(百万円)	円/kg
2014	5,163	6,684	1,295	3,273	1,450	443	17,627	49,722	2,821
2015	5,084	6,865	1,350	3,256	1,529	470	20,119	58,114	2,889
2016	5,183	6,945	1,340	3,131	1,455	465	18,907	64,983	3,437
2017	5,053	7,302	1,445	3,015	1,396	463	20,979	69,671	3,321
2018	4,310	6,500	1,508	2,932	1,386	473	15,111	66,970	4,432

年	内水面漁業		さけ・ます類			わかさぎ		
	生産量(t)	産出額(百万円)	生産量(t)	産出額(百万円)	円/kg	生産量(t)	産出額(百万円)	円/kg
2014	30,603	17,736	10,769	1,669	155	1,242	399	321
2015	32,917	18,352	12,817	1,927	150	1,417	474	335
2016	27,937	19,770	8,481	1,600	189	1,181	510	432
2017	25,215	19,849	6,221	1,449	233	943	532	564
2018	26,957	18,453	7,764	1,510	194	1,146	523	456

年	あゆ			うなぎ			しじみ		
	生産量(t)	産出額(百万円)	円/kg	生産量(t)	産出額(百万円)	円/kg	生産量(t)	産出額(百万円)	円/kg
2014	2,395	6,346	2,650	112	699	6,241	9,804	5,994	611
2015	2,407	6,670	2,771	70	404	5,771	9,819	5,549	565
2016	2,390	8,367	3,501	71	370	5,211	9,580	5,594	584
2017	2,168	8,749	4,036	71	372	5,239	9,868	5,752	583
2018	2,140	8,085	3,778	69	397	5,754	9,646	4,975	516

資料：漁業・養殖業生産統計年報

ら需要が回復してきたことが一因にあると考えられる。さらに内水面養殖業においては 2000 年代から遊漁需要の縮小といった市場条件の変化があったが、近年はにじますの刺身需要が伸びており、またにじます等の海面養殖が各地で活発化しており、その種苗需要も伸びていると考えられる。こうした内水面水産物の新規需要の拡大が生産構造にいかなる影響を与えているのか注目していきたい。

こうした市場条件の改善はあるものの、内水面を取り巻く自然環境条件は、台風等による豪雨災害・人為的改変・カワウや外来魚による食害等があり、依然として厳しい状況にあるといわざるをえない。また、内水面漁協が立地する内陸部においては人口の減少と高齢化がすすんでいる地域が少なくない。そのため内水面漁協では組合員の減少と高齢化が深刻になっており、こうした組織の弱体化が漁場管理や多面的機能発揮にどのような影響を与えているのか注目していきたい。

こうした内水面漁業・養殖業を取り巻く環境の変化に対して、2015年には「内水面漁業の振興に関する法律」が施行された。これに基づき策定された「内水面漁業の振興に関する基本方針」では、内水面漁業は水産物供給の機能に加え、水産動植物の増殖や漁場環境の保全・管理を通じて、釣り場や自然体験活動の学習の場といった自然と親しむ機会を国民に提供する等の多面的機能を発揮し、豊かな国民生活の形成に大きく寄与していることが明記された。また同法に基づいて都道府県では内水面漁業の振興計画が策定されている。こうした内水面漁業固有の振興政策の方向性について内水面漁業の現状から検討していくことが重要である。

（2）内水面養殖業

1）経営体の基本構成と従事者数の変化

内水面養殖業の基本構成の動向を表1-67に示した。この20年間において内水面養殖業の経営体数・従事者数・養殖面積は減少傾向にある。経営体数は1998年の5,676経営体から2,704経営体に減少しており、ほぼ半減している。経営組織別に見ると、会社の経営体数は個人経営体と比較すると緩やかに減少しており、2013年から2018年においては増加に転じている。これは、うなぎ、すっぽん、観賞用その他を販売金額第1位とする養殖種類において会社経営体が増加していることによるものである。従事者数は家族従事者が一貫して減少傾向にある一方で雇用者の数は微増する傾向にあり2008年以降は家族従事者よりも多くなっている。そして、1経営体あたりの平均従事者数が増加傾向にあることに加えて、販売金額1,000万円以上経営体割合も増加傾向にあり、経営規模の大きい養殖経営体が残存してい

表 1-67　内水面養殖業の基本構成

年	経営体数			
	計（経営体）	個人（経営体）	会社（経営体）	その他団体経営体（経営体）
1998	5,676	4,397	723	556
2003	4,495	3,457	621	417
2008	3,764	2,861	578	325
2013	3,129	2,304	554	271
2018	2,704	1,868	597	239
2018/1998	0.48	0.42	0.83	0.43

年	従事者数				養殖面積（m^2）	1経営体平均養殖面積（m^2）	販売金額1,000万円以上経営割合（%）
	計（人）	家族（人）	雇用者（人）	1経営体平均従事者数（人）			
1998	15,108	9,612	5,496	2.66	77,503,400	13,655	30.0
2003	11,588	7,357	4,231	2.58	49,951,400	11,113	30.0
2008	12,494	5,353	7,141	3.32	42,555,484	11,306	29.9
2013	10,548	4,276	6,272	3.37	37,744,862	12,063	28.9
2018	9,438	3,353	6,085	3.49	25,857,944	9,563	32.6
2018/1998	0.62	0.35	1.11	1.31	0.33	0.70	1.09

ることがうかがえる。

1経営体あたり平均養殖面積は1998年から2013年にかけて横ばいに推移していたが、2018年には顕著に減少している。これは、販売金額1位の養殖種類がふなの養殖面積が2013年から2018年にかけて大幅に減少したことが要因となっている。販売金額1位の養殖種類別に2013年から2018年にかけて1経営体あたり平均養殖面積の変化を見ると、全16種類中10種類が増加しており、やはり経営規模の大きい経営体が残存しているといえよう。

ところで、海面養殖業においては経営体の廃業によって生じた空き漁場を残存経営体が引継ぎ、それによって1経営体あたりの養殖面積が増大するという傾向が見られるが、内水面においてはそのようなケースは例外といえるだろう。内水面養殖業は、養殖漁場が私有地であるケースが多いため、経営体の廃業は残存経営体の養殖面積の拡大には結びつかないことが多いと考えられる。

表 1-68 に内水面養殖業の年齢別従事者数の経年変化を示した。なお、内水面における養殖業従事者とは、「満 15 歳以上で、日数にかかわらず過去 1 年間に養殖作業に従事した者をいい、特定の作業を行うために臨時的に従事した者も含む」と定義されており、海面における漁業就業者の定義とは異なるので注意が必要である。男子従事者数は 2008 年の 8,785 人から 2018 年の 6,900 人へと減少しており、高齢化率（全体に占める 65 歳以上の就業者の占める割合）は 2008 年の 30.4％から 2018 年の 36.2％に上昇している。2018 年の最大年齢階層は 65-69 歳であり、今後この階層の従事者の引退によって従事者数は大幅に減少していくことが予想される。しかし、2013 年から 2018 年のコホート移動（5 年後に年齢階層が一つ上の階層に移動す

表 1-68　内水面養殖業の従事者数の動向

（単位：人）

年		2008 年	2013 年	2018 年
年齢別男子従事者数	15-19 歳	70	57	67
	20-24 歳	285	214	226
	25-29 歳	403	371	325
	30-34 歳	512	450	470
	35-39 歳	502	476	472
	40-44 歳	538	537	516
	45-49 歳	592	459	530
	50-54 歳	874	590	510
	55-59 歳	1,165	764	547
	60-64 歳	1,175	1,141	739
	65-69 歳	1,007	934	1,035
	70-74 歳	850	757	721
	75 歳以上	812	770	742
	計	8,785	7,520	6,900
女子従事者数		3,709	3,028	2,538

る）を見ると、2013 年の 39 歳以下の若年階層は 2018 年の従事者数が増加しており、その結果、39 歳以下の従事者の割合は 2008 年の 20.2％から 2018 年の 22.6％と増加している。このように内水面養殖業では若年層に新規就業者が確保されていることが特徴的である。

そこで、次に図 1-4 において 2018 年における自家養殖業従事者と雇用従事者の年齢別従事者数を比較する。男子自家養殖業従事者は 75 歳以上の階層が最も多く、64 歳以下の階層は若年層ほど人数が少なくなっている。一方、男子雇用従事者は 65-69 歳が最大階層であるが 30 代から 50 代はどの階層も 400 人前後となっており、自家養殖業従事者とは異なる年齢階層分布になっている。今後は、雇用従事者の占める割合がさらに増加していくことが予想

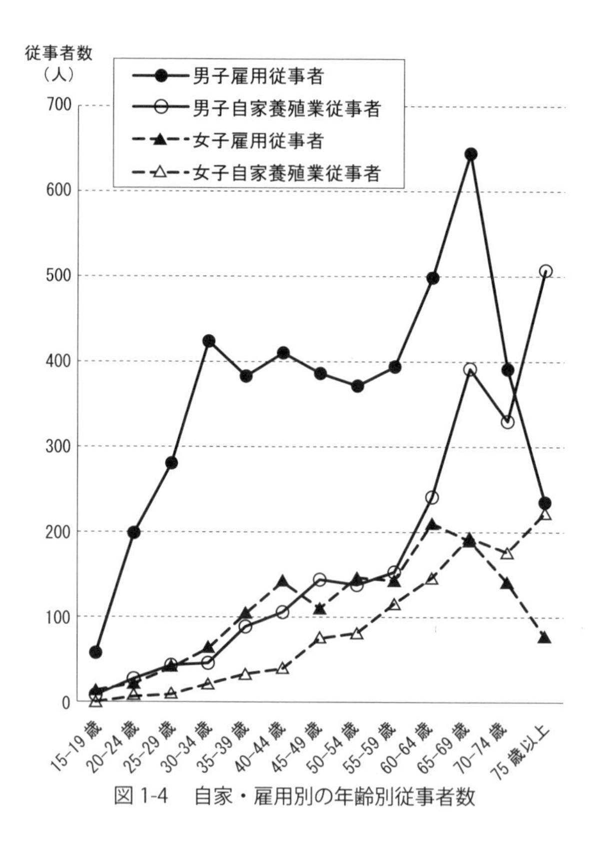

図 1-4　自家・雇用別の年齢別従事者数

される。

表 1-69 に個人経営体の専兼業別経営体数と従事者構成別経営体数を示した。内水面養殖業の個人経営体は第２種兼業が最も多いが、その経営体数は著しく減少しており、専業の占める割合が増加する傾向にある。2018 年の第２種兼業において後継者ありの経営体の割合は 12.7％に過ぎず、今後も減少していくことが予想される。しかし、専業にしても 2018 年における後継者ありの経営体の割合は 24.7％であり、現在の経営者が引退すると廃業となる可能性の高い経営体が多い。同表から従事者構成別経営体数の推移を見ると、家族のみの個人経営体が圧倒的に多いことが特徴である。家族よりも雇用者が多い個人経営体の数は減少がやや緩やかであるが、これらの経営体の中には今後会社経営体へ移行する経営体が多いのではないかと考えられる。

表 1-69　内水面養殖業における個人経営体の経営形態と従事者構成

（単位：経営体）

年	専兼業別経営体数				専業割合（%）
	計	専業	第１種兼業	第２種兼業	
2008	2,861	714	696	1,451	25
2013	2,304	688	586	1,030	30
2018	1,868	575	466	827	31
2018/2008	0.65	0.81	0.67	0.57	1.23

年	自家養殖業従事者構成別経営体数			
	家族のみ	家族＞雇用者	家族＝雇用者	家族＜雇用者
2008	2,067	223	233	338
2013	1,625	169	223	287
2018	1,341	149	139	239
2018/2008	0.65	0.67	0.60	0.71

注：1）「家族＜雇用者」は雇用者のみの経営体を含む。

2）生産構造

販売金額1位の養殖種類別経営体数と経営状況を表1-70に示した。内水面養殖業の対象種は、冷水性魚類（にじます、その他ます類、あゆ）と温水

表1-70　販売金額第1位の養殖種類別の経営体数と経営状況

（単位：経営体）

養殖種類		1998年	2003年	2008年	2013年	2018年
食用	にじます	557	400	313	245	210
	その他のます類	918	760	607	512	411
	あゆ	289	253	192	147	123
	こい	396	292	192	140	105
	ふな	354	275	196	148	107
	うなぎ	646	445	437	375	396
	すっぽん	151	86	60	51	49
	海水魚種	…	…	24	24	30
	その他	324	396	468	399	357
種苗用	ます類	148	118	99	66	54
	あゆ	63	53	46	51	50
	こい	42	25	11	17	7
	その他	55	50	56	57	14
観賞用	錦ごい	1,191	901	689	553	512
	その他	519	421	361	330	270
真珠		23	20	13	14	9

養殖種類		2018/1998	2018年 個人経営体 割合 （%）	2018年 販売金額 1,000万円 以上経営体 割合 （%）	2018年 平均 販売金額 （百万円）
食用	にじます	0.38	55.2	47.1	34
	その他のます類	0.45	67.9	22.9	9
	あゆ	0.43	41.5	69.9	86
	こい	0.27	71.4	34.3	17
	ふな	0.30	92.5	12.1	6
	うなぎ	0.61	49.0	76.8	142
	すっぽん	0.32	53.1	44.9	21
	海水魚種	…	56.7	13.3	12
	その他	1.10	77.6	13.7	5
種苗用	ます類	0.36	25.9	44.4	32
	あゆ	0.79	4.0	74.0	50
	こい	0.17	85.7	14.3	5
	その他	0.25	28.6	21.4	11
観賞用	錦ごい	0.43	89.5	16.2	14
	その他	0.52	92.2	10.0	5
真珠		0.39	11.1	0.0	4

性魚類（こい、ふな、うなぎ、すっぽん、錦ごい、きんぎょ（観賞用その他に含まれる））の2つに大別される。そして同じ魚種でも食用、種苗用、観賞用に市場が分化している。こうした内水面養殖業の特性に基づいて漁業センサスでは全16養殖種類に分別して、経営体の状況を把握している。

養殖種類別に1998年から2018年までの経営体数の動向を見ると、食用の海水魚種とその他以外の養殖種類は全て経営体数が減少している。「海水魚種」は30経営体のうち北海道が19経営体であり、このほとんどは浜中町火散布沼のカキ養殖・ウニ養殖である。北海道以外の「海水魚種」の経営体数は2013年の4経営体から2018年の11経営体に増加しており、これらはトラフグ、ヒラメ、バナメイエビなどを養殖している。食用のその他は、千葉県、徳島県、鳥取県のあおのり養殖の経営体数が多く、これ以外にはホンモロコ、カジカ、ドジョウ、ナマズ類等が対象となっている。なお、サーモン（トラウトも含む）の陸上海水養殖は、沿海市町村の経営体については海面養殖の「その他の魚類養殖」に区分されており、非沿海市町村の経営体については内水面養殖の「海水魚種」に区分されている。また海面養殖においてサーモン養殖（ぎんざけ養殖は除く）は陸上海水養殖と海中養殖とは区分されていない。2018年漁業センサスにおいてはサーモン陸上海水養殖について明確な動向を確認することはできなかった。

この20年間で経営体数が半減以下となっている養殖種類が多いが、うなぎと種苗用あゆは比較的減少が緩やかである。うなぎは、2013年から2018年にかけて経営体数が増加している。この間の経営組織別の経営体数の変化を見ると個人経営体は231経営体から194経営体に減少している一方で会社経営体は134経営体から187経営体に増加している。種苗用あゆは経営組織別に見ると漁業協同組合（20経営体）とその他（16経営体・財団法人等）が多い。かつては琵琶湖産のアユ種苗が全国の河川に放流されていたが、魚病蔓延防止や遺伝的多様性の保全を目的として地元産種苗の放流に転換している都道府県が多く、このことが種苗用あゆの経営体数の推移に反映されている。

2018年の平均販売金額が1,000万円以上となっている養殖種類は10種類あるが、このうち販売金額1,000万円以上経営体割合が50%以上の養殖種類は食用のあゆ、うなぎ、種苗用のあゆのみとなっており、これらは個人経営体の割合が低いという共通点がある。それ以外の7種類の養殖種類は、販売金額が1,000万円以下の経営体が多く存在しており、販売金額が大きい一部の上層経営体が平均販売金額の値を高くしていることがうかがえる。

表1-71に営んだ養殖種類別の都道府県別経営体数を示した。この表では主要6養殖種類における上位3位の都道府県の経営体数の推移を示した。にじます、その他のます類、種苗用ます類の経営体数は長野県、岐阜県、岩手県、北海道に多いが、これらの主産地の経営体数の合計よりもその他の県の

表1-71　営んだ養殖種類別の都道府県別経営体数

（単位：経営体）

にじます	1998年	2008年	2018年	その他のます類	1998年	2008年	2018年
長野県	91	53	34	長野県	115	88	62
岐阜県	77	40	26	岐阜県	106	85	50
北海道	75	41	21	岩手県	79	45	22
その他	578	327	244	その他	965	580	424
合計	821	461	325	合計	1265	798	558

種苗用ます類	1998年	2008年	2018年	あゆ	1998年	2008年	2018年
岩手県	64	31	17	徳島県	55	24	9
長野県	55	26	25	滋賀県	39	17	16
岐阜県	24	27	13	和歌山県	30	17	9
その他	270	204	128	その他	252	161	120
合計	413	288	183	合計	376	219	154

こい	1998年	2008年	2018年	うなぎ	1998年	2008年	2018年
新潟県	104	24	6	愛知県	210	170	112
茨城県	74	29	23	静岡県	104	52	54
長野県	63	29	16	鹿児島県	81	47	52
その他	479	196	92	その他	284	175	189
合計	720	278	137	合計	679	444	407

経営体数が多く、この間において主産地に集中する傾向は見られない。食用あゆの経営体数が最も多い県は 1998 年は徳島県であったが 2018 年には滋賀県となっている。食用こいは 1998 年の新潟県から 2018 年の茨城県へと変化している。うなぎは最も経営体数が多い愛知県が減少傾向にある一方で静岡県と鹿児島県そしてその他の県は 2008 年から 2018 年において経営体数が増加していることが注目される。このように、主要な養殖種類においては経営体数が減少する中で主産地への集中は見られないことが特徴的である。内水面の養殖水産物はうなぎを除けば広域流通するものは少なく地域固有の需要と結びついて養殖業が成立しており、地域それぞれに養殖経営体の存続条件が異なっているものと考えられる。

3）養殖種類別の動向

以上の点を踏まえつつ、販売金額 1 位養殖種類別の販売金額別経営体数の動向について見ていくこととする。ここでは食用のにじます、その他のます類、あゆ、うなぎを取り上げることとした（図 1-5）。

にじますは、1998 年から 2008 年にかけては全階層において経営体数が減少したが、2008 年から 2018 年にかけては 5,000 万円以上の上層経営体と 50 万円以下の下層経営体の減少が少なく、2008 年の最大階層であった 1,000-2,000 万円階層と 2,000-5,000 万円階層の減少が著しい。多様な販売金額階層の経営体が存在しているといえよう。

その他のます類については、1998 年の経営体数の分布形態が 2018 年においても維持されており、この間、最大階層は 100-300 万円と変化がない。にじます同様に、多様な販売金額階層の経営体が存在している。しかし、500-1,000 万円よりも下の階層はほぼ一率に減少しているが、1,000-2,000 万円よりも上の階層は経営体数が維持されており、販売金額の多い階層が残存しているといえる。

あゆとうなぎは上層階層への集中が見られる。うなぎは 1 億円以上の最上階層の経営体数が増加しているが、あゆは最上階層も含めて上層の経営体数も減少傾向にある。

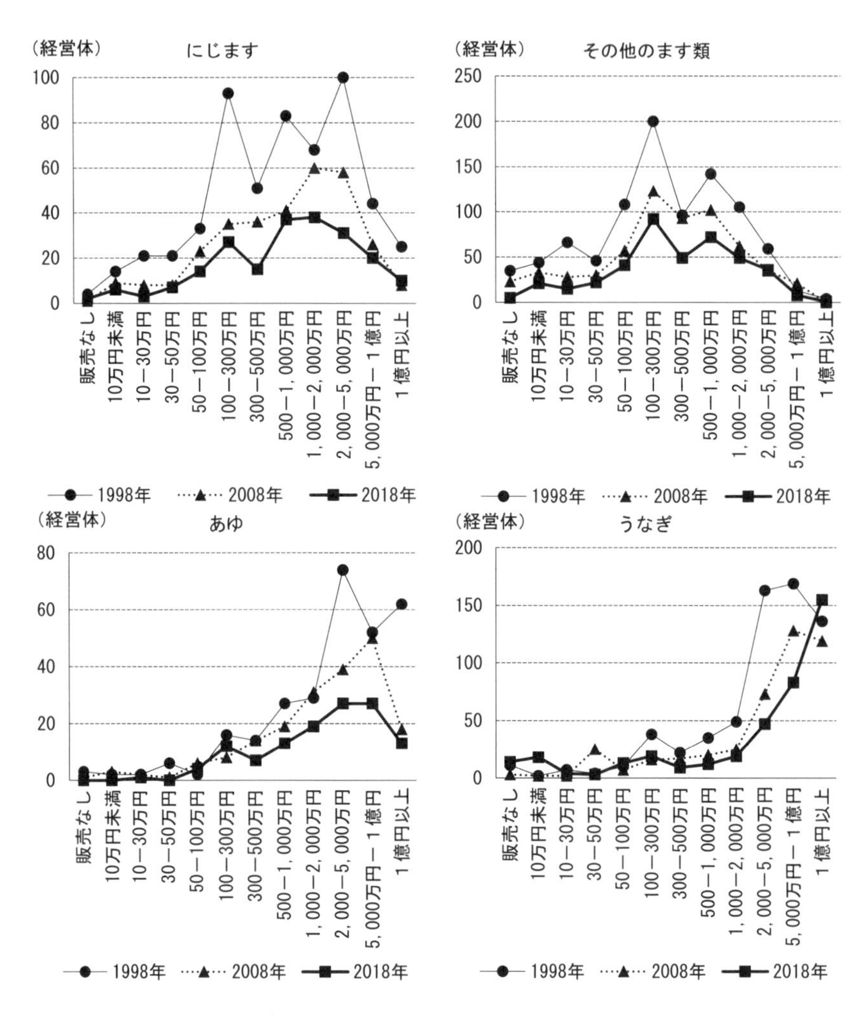

図 1-5　販売金額１位の養殖種類別販売金額別経営体数の動向

表1-72　にじます・その他のます類における経営組織別の販売金額別経営体数

（単位：経営体）

食用魚種	経営形態	年	販売なし	10万円未満	10-30万円	30-50万円	50-100万円	100-300万円
にじます	個人経営体	2013年	4	2	7	6	14	29
		2018年	2	3	2	7	11	18
	団体経営体	2013年	-	1	-	4	2	5
		2018年	-	3	1	-	3	9
その他のます類	個人経営体	2013年	8	23	21	20	59	84
		2018年	5	18	11	20	36	70
	団体経営体	2013年	3	3	7	6	8	28
		2018年	-	3	4	2	5	22

食用魚種	経営形態	年	300-500万円	500-1,000万円	1,000-2,000万円	2,000-5,000万円	5,000万円-1億円	1億円以上
にじます	個人経営体	2013年	19	26	22	14	3	
		2018年	12	22	19	13	5	2
	団体経営体	2013年	8	16	17	28	10	9
		2018年	3	15	19	18	15	8
その他のます類	個人経営体	2013年	60	49	23	10	2	-
		2018年	37	44	25	11	2	-
	団体経営体	2013年	14	25	17	31	9	2
		2018年	12	28	24	25	6	1

注：1）内水面漁業経営体調査票Ⅰ・Ⅱの組み替え集計

にじますとその他のます類は表1-72に経営組織別の販売金額別経営体数を示した。にじます、その他のます類とも最大階層は個人経営体よりも団体経営体の方が販売金額が多いが、2013年から2018年にかけて階層差が狭まっている。にじますは、団体経営体においては2013年は2,000-5,000万円階層が最大階層であるが、この階層にいた経営体は2018年にはそれよりも上層へ移動する経営体が存在していたことがうかがえる。また、個人経営体においても5,000万円以上の経営体数が増加しており、上層において販売が好調な経営体が存在していることがうかがえる。その他のます類は個人経営体については2013年と2018年で階層分布に大きな違いが見られない。団体経営については、2,000 万円以上の上層の経営体数が減少している。にじますは刺身向けに活路を拓き販売金額を伸ばしている上層経営体が存在している一方で、その他のます類は地元の固定的な需要に対応して存立している地域が多く、市場条件がこの5年間で大きく変化していないことがうかがえる。

4）小括

内水面養殖業は、全体としては経営体数の減少に歯止めがかからない状況にあるが、冒頭の生産動向で確認した通り、価格が上昇している養殖水産物が多く市場条件は改善されつつあり、今後経営体数の減少に歯止めがかかる養殖種類もあるだろう。また、内水面養殖業は地域固有の需要によって存立しているケースが多く、地域の市場条件が存立条件となっている。そのような特徴を有している内水面養殖業であるが、近年はサーモンの陸上海水養殖をはじめ、刺身向けの生産販売に力を入れる養殖業者や新規参入も活発化している。今次センサスではその動向について明確に把握することができなかったが、今後、内水面養殖業の生産構造を大きく変容させていくことになるだろう。

（3）湖沼漁業

1）経営体の基本構成と就業者数の変化

2018 年漁業センサスで統計が掲載されている湖沼は 49 湖沼であり、2013 年からは 4 湖沼増えている。2018 年に掲載されなくなった湖沼は北海道能取湖（2018 年に海面指定）、福島県秋元湖（2013 年経営体数 1）、茨城県牛久沼（2013 年経営体数 1）である。2018 年に新たに加わった湖沼は、栃木県中禅寺湖、新潟県鳥屋野潟、山梨県河口湖、長野県青木湖・中綱湖、熊本県の明治新田ダブ、昭和ダブ、大江湖ピンヤである。

湖沼漁業の基本構成の推移を表 1-73 に示した。団体経営及び年間湖上従事日数 30 日以上個人経営体の経営体数は 1998 年の 3,576 経営体から 2018 年の 1,930 経営体へとほぼ半減している。湖沼漁業は個人経営体が圧

表 1-73　湖沼漁業の基本構成

年	団体経営及び年間湖上従事日数 30 日以上個人経営体				年間湖上従事日数29 日以下
	計	個人経営体	会社	その他	
（単位）	経営体	経営体	経営体	経営体	経営体
1998	3,576	3,411	22	143	357
2003	2,906	2,769	20	117	218
2008	2,552	2,442	41	69	298
2013	2,266	2,162	42	62	218
2018	1,930	1,848	34	48	203
2018/1998	0.54	0.54	1.55	0.34	0.57

年	専兼業別個人経営体数			湖上作業従事者数	
	専業	第1種兼業	第2種兼業	家族	雇用者
（単位）	経営体	経営体	経営体	人	人
1998	310	883	2,575	6,412	360
2003	441	893	1,653	5,452	240
2008	746	797	1,197	4,245	926
2013	724	691	965	3,550	826
2018	659	550	842	2,780	638
2018/1998	2.13	0.62	0.33	0.43	1.77

倒的多数であり、やはりこの 20 年間で半減している。会社経営体は 1998 年から 2013 年にかけて増加する傾向にあったが、2013 年から 2018 年にかけて減少している。2018 年の会社経営体は十三湖（16 経営体）、霞ヶ浦（10 経営体）、琵琶湖（7 経営体）の3湖沼で殆どを占めている。年間湖上従事日数 29 日以下個人経営体も減少傾向である。専兼業別個人経営体数を見ると、第2種兼業の経営体数が最も多いが 1998 年から 2018 年にかけて大幅に減少している。湖沼漁業は農業をはじめとして自営業との兼業によって支えられてきたが、こうした複合経営が存続する条件は失われつつあると考えられる。一方、この間、専業経営体が増加する傾向にあったが 2008 年からは減少傾向となっている。この専業経営の増加は漁業就業者の高齢化に伴う専業化が主たる要因であり、高齢の専業漁業者の引退によって経営体数が減

少してきたと考えられる、湖上作業従事者数は家族従事者数が多数を占めており、それが著しく減少している。雇用者にしても 2008 年以降は減少傾向にある。

図 1-6 に湖沼漁業の販売金額別の経営体数の推移を示した。1998 年から 2008 年においては最大階層である 100-300 万円の経営体数が大幅に減少しており、それよりも販売金額が多い上層の経営体数は微減に留まっていた。しかし、2008 年から 2018 年にかけては全ての階層で一率に減少しており、1,000 万円以上の階層においても経営体数は減少している。湖沼漁業においては経営体数の減少によって残存経営体の販売金額が増加するといった傾向や、販売金額が多い階層が残存するといった傾向は見られない。これは自然環境の改善が進んでおらず生物生産力が回復されていない湖沼が多いことによるものと考えられる。

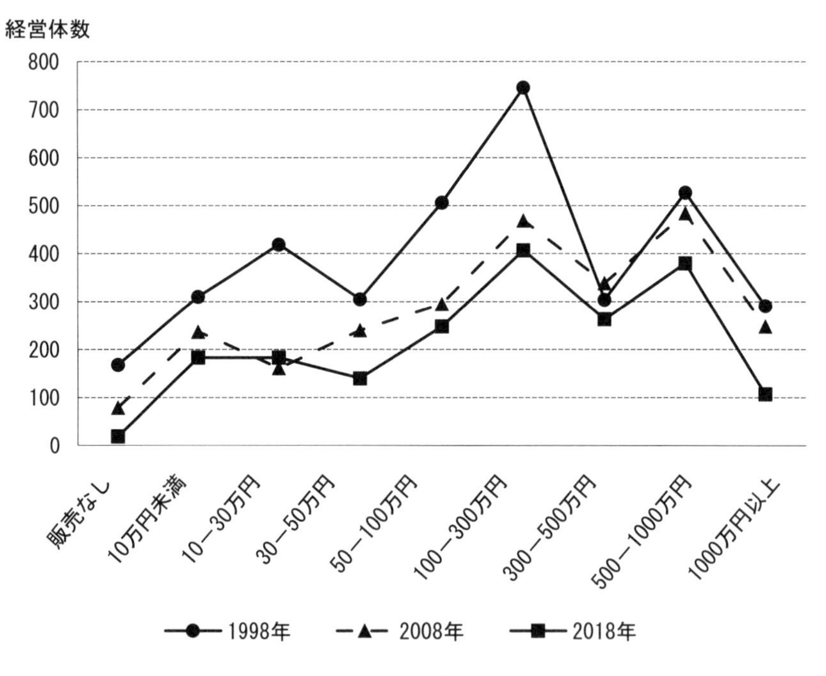

図 1-6 販売金額別経営体数の推移

2018年の個人経営体における世代構成別経営体数を見ると、個人経営体1,848経営体のうち一世代個人経営が1,504経営体と81.4％を占めている。二世代個人経営と三世代経営体を合わせると344経営体となるが、このうち販売金額1位の漁業種類が採貝・採藻の経営体数が249経営体であり全体の72.4％を占めている。また後継者ありの経営体数は436経営体であるが、このうち販売金額1位の漁業種類が採貝・採藻の経営体数が318経営体であり全体の72.9％を占めている。これらは主にシジミ漁業を営んでいる経営体であり、シジミ以外の漁業種類では親子で操業している個人経営体は極めて少なく後継者も確保されていないことがうかがえる。

表1-74に湖沼漁業の年齢別湖上作業従事者数の推移を示した。男子の従事者数は2008年の3,646人から2018年の2,610人に減少しており、この間、高齢化率は40.2％から51.5％に上昇している。2013年から2018年のコホート移動（5年後に年齢階層が一つ上の階層に移動する）を見ると、

表1-74　湖沼漁業の年齢別湖上作業従事者数の動向

（単位：人）

年		2008年	2013年	2018年
男子	15-19歳	11	13	6
	20-24歳	56	38	27
	25-29歳	122	66	48
	30-34歳	165	124	91
	35-39歳	168	152	106
	40-44歳	221	168	128
	45-49歳	213	219	155
	50-54歳	278	224	206
	55-59歳	425	329	208
	60-64歳	521	478	292
	65-69歳	486	450	429
	70-74歳	505	416	386
	75歳以上	475	482	528
	計	3,646	3,159	2,610
女子		1,172	959	584
男子高齢化率（％）		40.2	42.7	51.5

2013年の15-19歳、20-24歳、25-29歳の階層は2018年に従事者数が増加しているが（70-74歳階層は除く）、30-34歳から65-69歳までの階層では全て従事者数が減少している。2018年において男子の従事者数が最も多いのは75歳以上階層であり、次いで65-69歳階層となっているが、65歳以上の従事者が今後引退する中で従事者数は大幅に減少するといわざるをえない。また男子以上に女子の湖上作業従事者数が減少していることが特徴的である。

2）生産構造

日本の湖沼漁業は、湖沼の自然環境条件から汽水湖と淡水湖の二つの湖沼漁業に大別することができる。汽水湖ではワカサギ、シラウオ、シジミ、ウナギ、エビ類が主な対象種であり、淡水湖ではコイ、フナといった淡水魚と移殖放流されたワカサギが主な対象種である。

表1-75　湖沼漁業における漁獲魚種別延べ経営体数の動向

（単位：経営体）

年	こい	ふな	あゆ	わかさぎ	しらうお
1998年	1,721	1,857	685	1,555	857
2003年	1,112	1,259	550	1,169	661
2008年	786	1,006	404	889	609
2013年	502	775	291	707	465
2018年	362	606	233	537	305
2018/1998	0.21	0.33	0.34	0.35	0.36

年	うなぎ	はぜ類	しじみ	えび類
1998年	885	901	936	1,267
2003年	646	521	1,004	861
2008年	649	466	1,041	720
2013年	511	311	1,043	592
2018年	453	230	971	406
2018/1998	0.51	0.26	1.04	0.32

注：1）うぐい・おいかわ、さけ・ます類、その他の魚類、その他の貝類、あみ類、その他の水産動物類は除いた。

表 1-75 に湖沼漁業における漁獲魚種別延べ経営体数の動向を示した。しじみを除く全ての魚種で経営体数は一貫して減少傾向にある。特にこいとはぜ類は著しく経営体数が減少している。なお、2018 年のこい、ふな、あゆ、はぜ類の経営体数に占める琵琶湖の経営体数の割合は、それぞれ 38.1%、50.2%、95.7%、46.5%であり、琵琶湖の経営体数の動向に強い影響を受ける。しじみは 1998 年から 2013 年にかけて経営体数が唯一増加していたが、2013 年から 2018 年にかけて減少に転じている。

表 1-76 に湖沼別の経営体数の動向を示した。ここで取り上げた湖沼は経営体数が多い 12 湖沼であり、2018 年におけるこれらの経営体数合計が全体に占める割合は 86.4%となっている。なお、この表の「主な漁獲対象種」とは漁獲魚種別延べ経営体数が最も多い漁獲魚種である。主な漁業対象種がしじみの湖沼は、それ以外の湖沼よりも経営体数の残存率（2018/1998）が高く、2018 年の後継者確保率が高い傾向が見られる。これらの湖沼はし

表 1-76　湖沼別の経営体数の動向

湖沼	主な漁業対象種	1998 年（経営体）	2008 年（経営体）	2018 年（経営体）	2018/1998	2018 年後継者確保率（%）	2018 年男子高齢化率（%）	2018 年販売金額 500 万円以上割合（%）
琵琶湖	ふな	809	592	440	0.54	8.7	63.4	11.4
八郎湖	わかさぎ	255	162	73	0.29	6.8	71.0	0.0
霞ケ浦	わかさぎ	466	313	145	0.31	9.6	57.1	20.7
北浦	わかさぎ	157	91	43	0.27	7.0	78.8	4.7
諏訪湖	えび類	86	53	44	0.51	13.6	77.3	0.0
網走湖	しじみ	41	39	38	0.93	28.9	18.0	100.0
小川原湖	しじみ	217	263	229	1.06	25.3	35.0	12.7
十三湖	しじみ	139	150	140	1.01	21.8	29.1	89.3
涸沼	しじみ	78	67	59	0.76	79.7	53.1	18.6
東郷池	しじみ	71	80	56	0.79	7.1	70.2	0.0
宍道湖	しじみ	387	309	302	0.78	41.4	42.3	61.6
神西湖	しじみ	60	89	99	1.65	46.5	47.3	0.0
上記以外	-	810	344	262	0.32	22.4	54.4	6.1

注：1）主な漁業対象種は漁獲魚種別述べ経営体数が最も多い漁獲魚種である。

じみ漁業が維持されていることからも分かるように、良好な汽水環境が維持されていると考えられる。一方、琵琶湖、八郎潟、霞ヶ浦、北浦と言った日本の内水面漁業を代表する湖沼は経営体数が大幅に減少しており、高齢化率が高く、2018 年の販売金額の状況を見ても今後も経営体数の減少に歯止めがかからない状況にあるといえる。これらの湖沼は人為的な環境改変がなされ、その後も生物生産力が回復していない湖沼である。湖沼環境が改善されれば本来は生物生産力の高い湖沼であることから漁業も再生されていく可能性が高いと考えられる。

4）小括

湖沼漁業は、しじみ漁業が維持されている湖沼では経営体数が維持されているが、冒頭で述べた通り、日本全体ではしじみの生産量、産出額、価格は低迷しており、経営体数においても 2013 年から 2018 年にかけて減少に転じている。しじみ漁業が維持されていない湖沼は人為的改変などによって生物生産力が低下していると考えられる。1990 年代以降、自然環境の保全・再生に取り組む湖沼が多く、水質の改善が図られている湖沼も少なくない。しかし、生物生産力が回復するまでには至っておらず、湖沼漁業の再生には結びついていない。湖沼漁業は、海面の漁業と比較すると、比較的初期投資が少なく、労働強度が低いので、資源さえ回復すれば新規就業者を確保することは難しくはないと考えられる。湖沼漁業を再生するためには流域全体の総合的な取り組みが欠かせないことから、これまでとは異なる政策アプローチが求められると考えられる。

（3）内水面漁協

1）組合数・組合員数

表 1-77 に内水面漁協の組合員数と組合員数別漁協数を示した。組合員数計は 1998 年の約 62 万人から 2018 年の約 33 万人へと減少している。この間、正組合員数は半減している。組合数計は 1998 年の 1,056 組合から 2018 年の 908 組合に減少している。組合員が 49 人以下の組合数が増加傾

表1-77　内水面漁協の組合員数と組合員数別漁協数

（単位：人）

年	組合員数		
	計	正	准
1998	619,511	538,137	81,374
2008	458,196	380,401	77,795
2018	333,285	271,167	62,118
2018/1998	0.5	0.5	0.8

（単位：漁協）

年	組合員数別漁協数							
	計	49人以下	50-99人	100-199人	200-299人	300-499人	500-999人	1,000人以上
1998	1,056	141	166	182	132	139	153	143
2008	986	178	135	207	107	140	110	109
2018	908	201	166	184	114	97	86	60
2018/1998	0.9	1.4	1.0	1.0	0.9	0.7	0.6	0.4

注：1）1998年は「連合会」の値を除いてある。

向にあり、2018年においてはこの階層の組合数が最も多くなっており、全体の22％を占めている。組合員数が多い階層ほど組合数が著しく減少している。組合員の減少は出資金・賦課金の減少を意味することから漁協経営は厳しい局面を迎えている。

なお、2018年に水産業協同組合法が一部改正され、内水面漁協における組合員資格が「組合の地区内に住所を有し、かつ、水産動植物の採捕、養殖又は増殖をする日数が一年を通じて三十日から九十日までの間で定款で定める日数を超える個人」に改正されることとなった。具体的には増殖する日数が組合員資格の日数としてカウントされることになった。この法改正が内水面漁協の組合員数の維持増大に結びつくのかについては次回センサス以降において検討していく必要がある。

2）遊漁者数・放流量

表1-78に内水面における魚種別放流量と遊漁承認証枚数の動向を示した。1998年から2018年にかけて放流量は全14魚種において減少しており、このうち9魚種についてはこの20年間で半減以下となっている。とりわけ、こいとその他の魚類は著しく減少している。こいについては、コイヘルペス問題とコイ放流に対する批判（外来魚問題）が要因となって放流量が減少していると考えられる。遊漁承認証の枚数は、合計では1998年の287万枚から2018年の222万枚へと減少しており、これは1日の遊漁承認証の減少によるところが大きい。

第五種共同漁業権を免許された内水面漁協は、漁業権対象種を増殖することが漁業法によって義務づけられている。漁業法における増殖とは放流・産卵床造成・滞留魚の汲上げ汲下ろしなどあるが、現状では放流が主たる内容となっている。第五種共同漁業権を免許された内水面漁協は遊漁者から遊漁

表1-78　内水面における魚種別放流量と遊漁承認証枚数の動向

放流魚種			1998年	2008年	2018年	2018/1998
放流尾数（千尾）	さけ・ます類	さく河性	455,891	577,453	376,316	0.83
		にじます	5,901	3,982	3,223	0.55
		あまご	15,958	9,770	7,553	0.47
		やまめ	26,491	14,928	10,352	0.39
		いわな	7,726	7,393	4,973	0.64
		その他	3,499	2,492	3,305	0.94
	あゆ		203,393	136,964	108,356	0.53
	こい		12,991	1,419	759	0.06
	ふな		14,019	7,481	5,574	0.40
	うなぎ		5,709	3,017	2,009	0.35
	その他の魚類		270,506	7,451	24,058	0.09
放流量	貝類（kg）		311,915	278,778	118,262	0.38
放流卵数（万粒）	わかさぎ卵		1,379,611	1,010,197	609,010	0.44
	その他の卵		140,722	168,003	53,275	0.38
遊漁承認証（枚）	年間		435,536	719,113	463,598	1.06
	漁期間		115,140	193,443	68,066	0.59
	1日		2,323,041	2,277,093	1,685,499	0.73
	計		2,873,717	3,189,649	2,217,163	0.77

料を徴収し、それを増殖費用に充てている。そのため、遊漁者数と増殖事業による放流量は比例関係にあり、遊漁者数が減少すれば放流量も減少することとなる。先の表 1-78 では放流量と遊漁承認証の枚数は共に減少傾向にあるものの、放流量が著しく減少している魚種が多い。その結果として遊漁承認証 1 枚あたり（遊漁者 1 人あたりと同義）の放流量が少なくなっている可能性が高い。これは、種苗価格の上昇や人件費等の固定費の上昇などによって増殖経費の増加していることが主な要因として考えられる。遊漁料収入の減少によって放流量が減少すること自体は問題ではないが、放流量の減少によって増殖が不十分となり水産資源が減少するならば問題となる。また、そうした状態となればさらに遊漁者数が減少する可能性が高くなり負のスパイラルに陥ることになる。遊漁料収入の減少とそれにともなう放流量の減少が水産資源の動態に与える影響について把握していく必要があると考えられる。

3）漁協の取り組み

表 1-79 に内水面漁協による遊漁・活性化の取組を示した。遊漁者への普及啓発に取り組んだ漁協数は減少傾向にあり、ポスター、パンフレットを

表 1-79　内水面漁協の遊漁・活性化の取組

年	遊漁者への啓発		漁業体験	
	ポスター パンフレット 作成	講習会	漁協数	延べ 参加人数
（単位）	組合	組合	組合	人
2008	419	71	224	46,013
2013	383	76	242	65,574
2018	298	59	218	50,161

年	魚食普及		水産物直売所		
	漁協数	延べ 参加人数	漁協数	施設数	延べ 利用者数
（単位）	組合	人	組合	施設	人
2008	124	82,920	78	121	273,000
2013	140	86,812	69	79	319,700
2018	131	86,960	77	93	367,500

作成した漁協数も減少している。講習会に取り組んだ漁協数は2008年から2013年は増加したものの2013年から2018年にかけては減少に転じている。1990年代から2000年代にかけて内水面漁協は遊漁者のニーズを満たすべく専用区設定など様々な釣り場管理を実施してきたが、組合員の減少高齢化が進むなかでマンパワー不足となり遊漁者への普及啓発活動が停滞してきたと考えられる。こうした状況は活性化の取り組みにも現れており、漁業体験と魚食普及は取り組む漁協数が2008年から2013年にかけて増加するが2018年には減少に転じている。しかし、水産物直売所に取り組む漁協数と施設数は2013年から2018年にかけて増加しており、延べ利用者数も増加傾向にある。魚食普及においても延べ参加人数は増加傾向にある。現在、アユなどの買取販売事業に取り組む漁協が増加しており、内水面の水産物に対する社会的関心は高まっている可能性がある。

表1-80に漁場改善の取組漁協数とその割合について示した。このなかで種苗生産・放流の取組をしている漁協数が最も多く、漁協数は減少傾向にあるものの約9割の漁協が取り組んでいる。産卵場の造成管理と魚道の管理は

表1-80　漁場改善の取組漁協数とその割合

（単位：漁協数、%）

年	漁場環境改善への取組のある漁協数計（実数）	種苗生産・放流の取組		中間育成の取組		保護水面の管理		産卵場の造成管理	
		あり漁協数	あり漁協割合（%）	あり漁協数	あり漁協割合（%）	あり漁協数	あり漁協割合（%）	あり漁協数	あり漁協割合（%）
2008	1,046	993	89	156	14	390	35	437	39
2013	1,013	964	90	139	13	351	33	474	44
2018	995	956	90	116	11	269	25	450	42

年	魚道の管理		魚つき林の造成		魚つき林の造成以外の植樹活動		河川・湖沼の清掃活動	
	あり漁協数	あり漁協割合（%）	あり漁協数	あり漁協割合（%）	あり漁協数	あり漁協割合（%）	あり漁協数	あり漁協割合（%）
2008	368	33	22	2	88	8	748	67
2013	404	38	22	2	74	7	737	69
2018	301	28	7	1	55	5	666	63

2008 年から 2013 年にかけて取組漁協数が増加するが 2018 年には減少しており、取組漁協割合も低下している。河川・湖沼の清掃活動に取り組む漁協数は多いが減少傾向にある。2013 年から 2018 年にかけては全てにおいて取組漁協数が減少しており、日本全体では内水面漁協の果たしている多面的機能が低下している可能性が高いといえよう。

4）小括

内水面漁協では、組合員と遊漁者の減少によって放流量の減少のみならず遊漁者への啓発活動や漁業体験活動が縮小している。そうした状況にあって魚食普及活動や水産物直売所は好評であり、依然として内水面漁業においては食料供給機能が求められていると考えられる。また、国民からは環境保全等の多面的機能が求められているが、漁協の弱体化によって機能低下が懸念される状況になりつつある。内水面漁協は多面的機能を発揮しており、国民からも期待されているところではあるが、依然として十分な対価が支払われてはおらず、組合員のボランティアに近い活動によって機能が維持されているといえる。内水面漁協は組合員の減少高齢化によるマンパワーの低下が顕著であり、多面的機能発揮という社会的役割を果たしていくためには受益者である国民全体からの支援が必要不可欠ではないかと考えられる。

第２章　就業構造

２－１．自営漁業者

加瀬　和俊

第２章の課題は漁業で働いている人々の現状について、自営漁業に従事している人々と、他人の経営に雇われて従事している人々に分けて分析することである。本節はその前半として自営漁業の従事者を扱っている。家族中心に営まれている自営漁業の大半は沿岸漁業に相当するので、本節の対象は主として沿岸漁業で働く人々の特徴について分析することになるが、第１章の「沿岸漁業」では自営漁業の経営体的側面について（すなわち、経営体階層、水揚高、操業日数、漁船規模・漁業種類等について）分析されるのに対して、この章では自家で営む漁業で働く個々の人々に注目してその実態を明らかにする。

（１）　自営漁業就業者の概念と実態

１）自営漁業就業者の構成と推移

漁業センサスでいう「漁業就業者」の定義は「満 15 歳以上で過去１年間に漁業の海上作業に年間 30 日以上従事した者」であり、そのうち「個人経営体の自家漁業のみに従事し、共同経営の漁業及び雇われての漁業には従事していない者（漁業以外の仕事に従事したか否かは問わない）」を「個人経営体の自家漁業のみ」の就業者と呼んでいる。しかし、この名称は用語として熟していない感があるので、本稿ではこれを「自営漁業就業者」と呼び、特にその正確な定義を意識する必要がある文脈においては、「自営漁業のみ就業者」とすることにしたい。この定義によって自営漁業にも雇われ漁業にも従事している者は、たとえ自営漁業に従事する日数が他の自営漁業者よりも多くても、自営漁業就業者には含まれていない点に留意しておく必要がある。この定義は2008年以降連続的に用いられているので2008年から2018年までの3回のセンサスを比較する際には特に大きな問題はないが、2003年以前の自営漁業就業者数と比較する場合にはこの点を念頭においておく必要がある[1]。

①長期的推移

まず視覚的に自営漁業就業者の特性を把握するために、年齢と人数の関係を長期についてみてみよう。図2-1は日本漁業が200海里体制の下に置かれるにいたって以降の10年ごと・40年間の男子・自営漁業就業者数の年齢階層別の分布を示している。これによると1978年時点では40～44歳、45～49歳、50～54歳の三つの年齢階層が他の年齢階層に比較してずっと人数が多かったことがわかる。そしてそのコーホート（同一時点出生者集団）が10年後の1988年には50～64歳の年齢階層として、1998年には60～69歳の年齢階層として、それぞれとびぬけて人数の多い年齢階層に

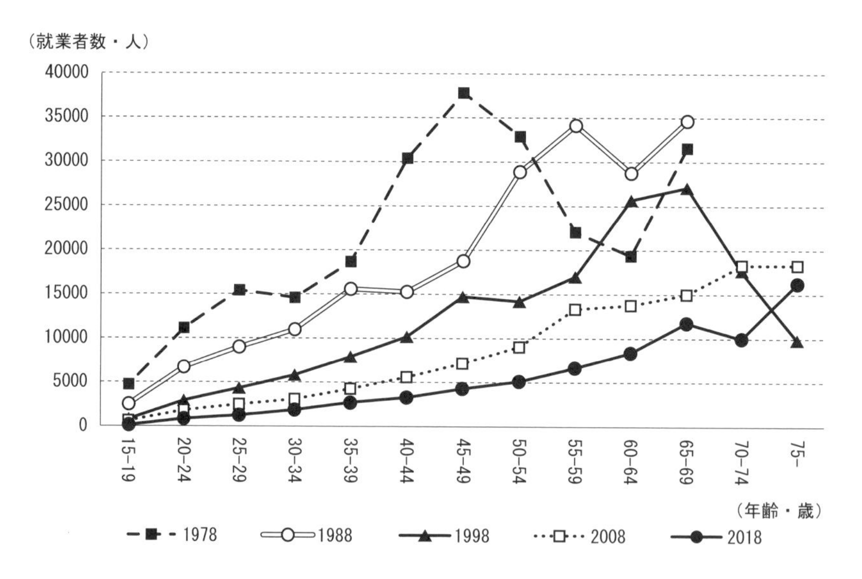

図2-1　自営漁業就業者数の推移（年齢階層別・男子）

なっていることが確認できる[2]。

ここからわかることは戦後の自営漁業の中心勢力として最も人数の多かった階層は1978年において40～54歳であった人々（すなわち1924～1938年に生まれた人々）であり、いわゆる昭和一桁生まれ世代（1926年＝昭和元年～1935年＝昭和10年）をコアにした世代の人々であったといえる。この世代は小学校（およびその延長としての高等小学校）を修了した15歳の時点が1939年から1953年にあたり[3]、その前半期は日中戦争により徴兵者数が急増し、大半の若者が徴兵されて通常の職業人にはなれなかった時期であり、後半期は敗戦によって兵士と軍需工場労働者が一斉に失業の危機にさらされつつ職業を探さざるをえなかった時期であった。彼らのうちで雇用先を見つけることができなかった者は失業するほかはなかったのに対して、農家・漁家など家業のある若者は失業することなしに、まずは親元に残ってその家業に従事し、経済復興の時期を待つことになった。この結果、この時期には家族で営まれていた農業・沿岸漁業に従事した若者が前後の世代に比較して非常に多くなったのである。

その後1955年頃から日本経済は立ち直り、雇用事情も改善されたのではあるが、いったん沿岸漁業者として就業した人々の多くはそのまま自営漁業就業者としてとどまることになった。図2-1で1978年において突出した人数を示していた40～54歳層が1988年にも10年ずれた山を形成しているのは、彼らがいったん定着した職業・生活スタイルに馴れて転職を希望しなかったか、あるいは一般の勤労者に転じる機会を得ることが困難であった結果として（なぜなら中年労働者を中途採用するよりも、その時点での新卒者を採用する方が、企業としては仕事の訓練面でも、賃金が安くて済む点でも都合がよかったから）、自営漁業に従事することを継続せざるをえなかったためであろう。

同図によれば昭和一桁生まれ世代が75歳以上になって以降は、それより若い世代はいずれも先行世代よりも人数が少ないために、折れ線グラフは山の形（若年者・高齢者の両端が少なく、中間の年齢層が多い形）から単純右上がりの形に変化しているといえる。同時に折れ線の位置も時間の経過とともに下に押し付けられる形になっていることが読み取れる。

このように自営漁業就業者の増減は、個々人のばらばらな希望によって左右されるのではなく、学校を出て就職する時点での就業機会の多寡というマクロ的な経済事情によって強く規定されていたことがわかる。

②近年の状況

まず自営漁業就業者の男女別・年齢構成別の構成を表2-1で見ると、以下のような特徴点を指摘することができる。

A：男女差について

漁業は建設業と同様に男性本位の職業である。表2-1によって男子の自営漁業就業者が女子の何倍いるのかをみると、2008年では3.9倍、10年後の2018年では5.2倍であり、この10年間で男女差は一層拡大していることがわかる。次に年齢階層別に男子が女子の何倍いるのかを見ると、30歳未満階層ではほぼ10倍以上の開きがあり、40歳代以降に4～5倍の水準になっているといえる。

現在の漁船漁業・養殖業などの技術水準では女子が男子に比較して体力的・技能的に大きな差があるとはみられないので、こうした開きがあるのは歴史的・社会的な制約による結果であると考えられる。ともあれ自営漁業は圧倒的に男子中心の産業であるから、まずは男子の就業状況をみておこう。

B：男子について

i）2018年においては男子の年齢別の構成比は表2-1に示されている通り、65歳以上が50％超、50歳未満が20％弱であった、一般の雇用者ではすでに引退している人たちが過半数を占めているという事実からみて、自営漁業が高齢化の進んだ産業であることは明瞭である。また年齢階層が上がるにつれて高齢者数が増えるという単純増加傾向が明らかである。かつては昭和一桁生まれの人々がどの年齢階層の人々よりも人数が多く、漁業センサスでは5年ごとにそのピークが右にずれてきたのであって、その名残は2003年に65-74歳の階層がその前後の階層よりもかなり人数の多い

表 2-1　自営漁業就業者数

		男				女				男 / 女	
		2003	2008	2013	2018	2003	2008	2013	2018	2008	2018
年齢階層別（人）	小計	133,346	112,374	89,424	72,932	35,725	28,679	19,823	14,011	3.9	5.2
	15-19	752	462	324	217	41	28	34	8	16.5	27.1
	20-24	2,312	1,608	1,096	829	144	132	66	43	12.2	19.3
	25-29	3,063	2,388	1,810	1,269	395	244	180	112	9.8	11.3
	30-34	4,185	3,069	2,340	1,922	740	457	276	236	6.7	8.1
	35-39	5,487	4,253	3,151	2,602	1,436	909	583	358	4.7	7.3
	40-44	7,391	5,601	4,218	3,281	2,176	1,493	880	627	3.8	5.2
	45-49	9,561	7,245	5,294	4,319	3,152	2,114	1,364	854	3.4	5.1
	50-54	13,694	9,113	6,795	5,181	4,757	2,950	1,802	1,248	3.1	4.2
	55-59	13,469	13,363	8,698	6,686	4,960	4,392	2,410	1,597	3.0	4.2
	60-64	16,704	13,665	12,815	8,391	6,181	4,390	3,521	2,022	3.1	4.1
	65-69	22,468	14,986	12,203	11,799	6,169	4,830	3,022	2,655	3.1	4.4
	70-74	20,466	18,326	12,384	10,167	3,848	4,151	3,006	1,977	4.4	5.1
	75-	13,794	18,295	18,296	16,269	1,726	2,589	2,679	2,274	7.1	7.2
構成比（%）	-49	24.6	21.9	20.4	19.8	22.6	18.7	17.1	16.0		
	50-64	32.9	32.2	31.7	27.8	44.5	40.9	39.0	34.7		
	65-	42.5	45.9	48.0	52.4	32.9	40.3	43.9	49.3		

世代であったことに示されていたが、いまやそれから15年を経てその層が80歳以上となってほぼ引退が終わったために、2018年には75歳以上が最大という単純な構成になっているわけである。構成比の変化の方向としては65歳以上の割合の一貫した上昇、50歳未満階層の構成比の一貫した低下、中間の50-64歳階層の横ばいから低下への転換が確認できる。

ii）同一年齢階層の漁業者数の変化を見るために、表の数値を横に読んでいくと、75歳以上階層以外のすべての年齢階層で、時間の経過とともに人数が減っていることが確認できる。たとえば50-54歳の人数は2003年の13,694人から2018年の5,181人に減少している。これは新規参入する人々の数が従来の同年齢者を更新するだけの数に達していないことを意味しており、同一の産業規模を維持するだけの担い手の更新がなされてこなかったことを示している。

iii）しかしながら表を斜めに読んでいくと、一定の年齢階層までは加齢とともに漁業の担い手が増えている様相が読み取れる。たとえば2003年に25-29歳であった自営漁業就業者は3,063人いたが、同じ世代の人々が2008年に30-34歳になった時には3,069人、2013年に35-39歳になった時には3,151人、2018年に40-44歳になった時には3,281人へと増加しており、同一時点出生者集団についてみると新たに漁業就業者になる人が追加されていることがわかる。もっともそうした動きも40歳代でほぼ終わり、あとは転職や引退・廃業で少しずつ漁業就業者が減少する動きに変わっていくが。男子にあっては、初職に就く際には他産業を希望して流出した漁家の子弟が、一定期間会社員等の経験を経てUターンをして漁業に入るという動きが40歳代までは見られたと理解できる[4]。

C：女子について

i）女子は男子に比較してさらに若年者の構成比が低い。これは男子とは異なって、結婚前に家の漁業の後継者になる者がほぼ皆無の状況であり、結婚後に配偶者の営む自営漁業を手伝う必要が生じて、初めて海上作業に従事するようになる者が大半であることの結果であろう。一方、65歳以上の構成比は男子の方が高く、女子は中間的な 50-64 歳の構成比が高くなっている。体力的および世帯内での世代別の役割の変化からみて、男子よりも漁業からの引退が早いためだと考えられる。男子に比較して女子の自営漁業就業者としての存在は、年齢的に遅く入って早く出るという状況であるといえる。

ii）就業者数の推移については、65-69 歳階層までの全年齢階層で表を横に見た就業者数は単純減少で一貫している。これに対してコーホートとして見ると、40 歳前後までの参入傾向が男子よりも相当に顕著である。これは女子の漁業就業が、生まれた家の家業である漁業を手伝うのではなく、結婚して夫の漁業操業を陸上作業面で手伝う形で漁業従事が開始され、さらに育児の負担等が軽減するにつれて海上作業を担当する者が順次増加するからであろう。したがって女子の自営漁業従事をライフコースとしてみた場合には、独身時代には事務職やサービス職等の雇用労働で働き、結婚して家事・育児等と両立する範囲で徐々に自営漁業につき、40 ～ 50 歳代で夫婦操業が増加し、60 歳代には男子よりも早めに引退するといった推移をたどっているとみられる。こうした動きの結果として、高齢化の進行にともなって世帯の操業タイプが夫婦操業型から男子・単身操業型に移行する者が多いことが知られている。表 2-1 に示した 60 歳以上の男女比の上昇からもそれがいえるであろう。

２）地域差

①大海区別

自然産業である漁業においては、このような年齢階層別の構成の違いが海洋条件＝海の豊度の違いなどの結果である面も大きい。表 2-2 に示した大海区ごとの自営漁業就業者の年齢構成を見ると、65 歳以上の構成比が 60％以上である大海区が男子では日本海西区、女子では日本海西区と瀬戸内海区であり、逆に 50％未満であるのは男子では北海道の２つの海区と東シナ海区、女子ではずっと低率になって北海道の２大海区が 28.7％と 38.6％を占めている。北海道の２つの大海区で女子の年齢構成が大幅に若くなっているのは、

表 2-2　大海区別の年齢階層別自営漁業就業者数（2018 年）

（単位：人、%）

		就業者数	構成比		
			～ 49 歳	50 ～ 64	65 ～
男	日本海西区	4,446	12.6	23.2	64.2
	太平洋南区	6,014	15.5	25.9	58.6
	日本海北区	4,527	16.9	26.4	56.7
	瀬戸内海区	11,784	18.1	26.1	55.9
	太平洋中区	10,124	19.3	27.3	53.3
	太平洋北区	7,996	22.0	27.7	50.3
	東シナ海区	19,601	20.5	30.3	49.1
	北海道日本海北区	2,864	25.3	27.3	47.3
	北海道太平洋北区	5,576	28.4	30.3	41.2
女	日本海西区	362	9.7	28.5	61.9
	瀬戸内海区	1,738	11.7	27.4	60.9
	太平洋中区	2,154	12.3	29.5	58.2
	太平洋北区	1,767	15.5	33.8	50.7
	日本海北区	979	13.1	36.6	50.4
	太平洋南区	791	14.5	37.3	48.2
	東シナ海区	3,815	17.5	37.7	44.8
	北海道太平洋北区	2,046	20.7	40.7	38.6
	北海道日本海北区	359	34.8	36.5	28.7

注：1）65 歳以上の構成比の順位にしたがって配列した。

漁業所得の高い地域ではそれだけ労働もきついので、女子の引退が早いためであると考えられる。

②　都道府県別

都道府県別の差異の一端を確認するために、男子・自営漁業就業者の中で 65 歳以上の年齢階層に属する者が何％を占めているのかについて表 2-3 をみよう。これによると、1 位の島根県から 6 位の石川県まで 64 ～ 73％の範囲で日本海の 2 つの大海区の諸県がそろっていることがわかる。冬季の風波の強さで操業日数が少ないことなどが影響して水揚高に限界があり、若者の流出が続いた結果と推測される。逆に 65 歳以上層の構成比が低い県（49 歳以下の階層の構成比が高い県）をみると、出生率が突出して高く男子・若

表 2-3　自営漁業就業者（男）に占める 65 歳以上者の割合

（単位：%）

	～ 49 歳	50-64	65 ～
全国	19.8	27.8	52.4
島根	7.3	20.3	72.4
秋田	8.5	20.4	71.1
新潟	9.1	21.1	69.8
山口	12.5	21.2	66.3
山形	12.6	22.1	65.4
石川	13.5	21.9	64.7
大分	12.8	24.2	63.0
広島	15.8	21.9	62.3
高知	12.9	25.4	61.6
鳥取	15.4	24.6	59.9
三重	14.4	26.8	58.7
千葉	16.8	25.0	58.2
京都	18.2	24.0	57.8
和歌山	16.4	25.9	57.7
香川	16.5	25.8	57.6
宮崎	14.0	28.9	57.2
熊本	16.9	26.8	56.2
長崎	16.1	28.3	55.6
徳島	17.3	27.3	55.4
福井	16.0	29.2	54.7
岩手	19.7	26.2	54.1
兵庫	18.8	28.4	52.8
静岡	20.0	27.7	52.3
鹿児島	15.7	32.5	51.8
愛媛	20.7	27.7	51.5
富山	20.6	28.6	50.9
宮城	24.0	27.2	48.7
神奈川	25.6	26.5	48.0
青森	21.8	30.6	47.6
愛知	24.0	28.4	47.6
岡山	21.2	32.8	46.1
福岡	26.6	28.1	45.3
茨城	27.8	28.3	43.9
北海道	27.4	29.3	43.3
大阪	28.4	28.9	42.7
東京	25.0	34.9	40.2
福島	29.4	30.8	39.9
佐賀	31.0	34.4	34.6
沖縄	31.0	38.8	30.1

注：65 歳以上階層の構成比の高い順に配列してある。

年者のＵターンも多い沖縄、のり養殖が堅調とされている佐賀、震災による試験操業の長期化の下で高齢者の引退によって相対的に若年者の比重が高まったとみられる福島、離島漁業を多く抱える東京、都市漁業の順調な大阪、沿岸漁業経営体の経営規模が相対的に大きい北海道・茨城など、それぞれの地域特性との対応関係が想定される地域が多い。

（2）個人経営体の漁業従事世帯員

1）漁業従事世帯員の概念

以上に検討してきた自営漁業就業者に関する統計数値は、必ずしも十分正確に個人経営体世帯の漁業に従事している世帯員の実情を把握する指標とはいえない。その理由の一つは、漁業就業者は「海上作業に年間30日以上従事している者」という条件があるために、漁業を営むために必要な漁業関連の陸上作業の従事者で、海上作業にはそれほどタッチしていない人が除外されてしまうからである。刺し網漁業での魚外し、延縄漁業での餌付け、わかめ・こんぶ・のり養殖業における乾燥作業、産地市場における水揚げ処理・販売補助作業等、主婦や海上作業引退後の高齢者が実施する作業は多い。それらの労働を担当する世帯員がおらず、海上作業者が陸上作業も行わざるをえない場合には、海上作業の時間がそれだけ短くなってしまうし、人を雇えば所得が減ってしまうので、漁業経営体の性格を捉える上では関連作業を担当している世帯員の人数・性別・年齢なども知る必要がある。これまでも陸上作業を行う世帯員の人数や、年間30日以上の海上作業はしていなくても11月1日に海上作業をしている人数を調べるなど部分的な情報は調査されていたが、近年においては高齢漁業者の増加によって家族協業の重要性が再び認識されるようになり、海上作業にはそれほど関与していない世帯員を含めて漁業労働力として捉える必要性が自覚されてきたといえる。同時に漁業就業者として把握できる人数が毎５年間に約20％ずつ減っていく現状では[5]、陸上作業のみを担当している者について、より詳細・正確な調査・集計が可能になったという関係もあるのかも知れない。

以上のような種々の背景の下で、「個人経営体の漁業従事世帯員」という概念が漁業センサスの報告書の中で重視されるようになってきた。2003 年の漁業センサスでは「漁業従事世帯員」は用語説明部分には出ていないし、統計表のタイトルとしても使用されていなかったが、2008 年センサスでは用語説明欄にそれがはじめて出現した。その説明は「満 15 歳以上で漁業従事日数にかかわらず過去 1 年間に漁業に従事した者（雇われて漁業の仕事のみに従事した者を含む）をいう」であった。ここでは初めて用語説明に出たこともあって、漁業就業者との混同を避けるために、漁業従事日数に要件を設けないことをわざわざ説明している点が特徴的である。2013 年漁業センサスは 2008 年と同じ定義を採用しているが、2018 年漁業センサスでの定義は「個人経営体の世帯員のうち過去 1 年間に漁業を行った人をいう。なお、共同経営の構成員や他の漁業経営体の雇用者として漁業に従事した場合も含む」というものである。この説明によって、この概念が自営漁業就業者と異なっている点は、1.「漁業を行った者」であるから陸上作業だけの者も含む、2. 漁業を行った日数については条件がなく、1 日でも良いと解釈される、3. 個人経営体の世帯員でなければならないが、自営漁業には全く従事せずに他人の経営に雇われるか、共同経営者として労働ないし資本を提供する者でもこの概念に該当することがわかる。

したがって漁業従事世帯員は自営漁業就業者よりも人数が多いはずであり、両者の差が大きいほど、海上作業は漁業就業者が中心に行っているが、彼らがいわば個人仕事として漁業に従事しているのではなく、世帯員の協業に支えられた仕事として自営漁業が営まれていると解釈することができる。個人経営体の存続可能性に関連付けていえば、自営漁業就業者は本人の都合（健康、意欲、好み等）によって途中で転職・廃業する可能性があるが、漁業就業者以外の漁業従事世帯員が多い世帯では、漁業就業者が廃業や規模縮小を考慮しても他の世帯員が補助的労働を増やす配慮を示して経営体を存続させようとする動きが期待できるのかも知れない。2018 年のセンサスでは経営主以外の「経営方針の決定参画者」という新概念が採用されているが、漁業就業者以外にも自営漁業を支えている者が存在することを広く把握しようという流れが、漁業従事世帯員という把握方式にも反映しているように感じられる。

なお、この漁業従事世帯員概念が統計上重要なものであることが明示的には説明されてこなかったのは、これが調査票の改変を必要とする大きな変化ではなく、同じ調査票の集計方式の改変によって簡単にそれができたからであるとも考えられる。その意味で、過去のデータを再集計すれば漁業従事世帯員の人数の推移を長期的に把握することができ、自営漁業就業者の概念だけで行われてきた自営漁業の担い手の分析が、より多面的に行えるようになると思われる。

2）漁業従事世帯員と自営漁業就業者

自営漁業就業者の外業部・周辺部、あるいは潜在的な支え手としての漁業従事世帯員でありながら、自営漁業就業者ではない者がどの程度の規模で存在するのかを表 2-4 で見てみよう。これによると以下の諸点を知ることができる。

① 漁業従事世帯員の絶対数を見ると、a、各年とも・男女ともに高齢者ほど人数が多いこと、b、2008 年から 2018 年までの 10 年間に男女ともに急激に減少しており、女子の減少度の方が大きいことが指摘できる。漁業従事世帯員でみれば自営漁業就業者でみるよりも女子の比重が大きく把握されることは確かであるが、その度合いは時間の経過とともに弱まっているといわなければならない。世帯内での女子の漁業従事を維持しようとするならば、現時点で有効な、女子にとって働きやすい環境整備を図らなければならないことが示唆されているといえそうである。

② 年齢階層ごとに「漁業従事世帯員÷自営漁業就業者」を算出すると、男女ともに 60 歳前後まで値を下げ、さらに高齢になると男子は横ばい、女子は逆転して上昇しているといえる。自営漁業用の労働力として若年者の比重が小さいという傾向は漁業従事世帯員の存在によってある程度緩和されていることになる。

③ 15 ～ 19 歳の「漁業従事世帯員÷自営漁業就業者」の値が特に女子において極端に大きいのは、その年齢階層の自営漁業就業者が極端に少ない

表 2-4　自営漁業就業者と個人経営体の漁業従事世帯員

（単位：人）

		男			女			2018/2008	
		2008	2013	2018	2008	2013	2018	男	女
漁業従事世帯員	小計	132,646	106,966	87,467	63,380	48,693	36,218	0.66	0.57
	15-19	920	660	478	282	257	159	0.52	0.56
	20-24	2,467	1,698	1,254	579	349	228	0.51	0.39
	25-29	3,477	2,678	1,913	903	766	456	0.55	0.50
	30-34	4,217	3,407	2,738	1,507	1,050	882	0.65	0.59
	35-39	5,690	4,367	3,602	2,596	1,732	1,070	0.63	0.41
	40-44	7,234	5,580	4,305	3,597	2,469	1,644	0.60	0.46
	45-49	9,195	6,832	5,530	4,562	3,315	2,244	0.60	0.49
	50-54	10,952	8,397	6,538	5,872	4,097	2,980	0.60	0.51
	55-59	15,511	10,368	8,082	8,511	5,315	3,755	0.52	0.44
	60-64	15,465	14,763	9,796	8,618	7,716	4,740	0.63	0.55
	65-69	16,672	13,685	13,406	9,942	6,983	6,400	0.80	0.64
	70-74	20,125	13,717	11,299	9,126	7,001	4,860	0.56	0.53
	75-	20,721	20,814	18,526	7,285	7,643	6,800	0.89	0.93
漁業従事世帯員÷自営漁業就業者	小計	1.18	1.20	1.20	2.21	2.46	2.58		
	15-19	1.99	2.04	2.20	10.07	7.56	19.88		
	20-24	1.53	1.55	1.51	4.39	5.29	5.30		
	25-29	1.46	1.48	1.51	3.70	4.26	4.07		
	30-34	1.37	1.46	1.42	3.30	3.80	3.74		
	35-39	1.34	1.39	1.38	2.86	2.97	2.99		
	40-44	1.29	1.32	1.31	2.41	2.81	2.62		
	45-49	1.27	1.29	1.28	2.16	2.43	2.63		
	50-54	1.20	1.24	1.26	1.99	2.27	2.39		
	55-59	1.16	1.19	1.21	1.94	2.21	2.35		
	60-64	1.13	1.15	1.17	1.96	2.19	2.34		
	65-69	1.11	1.12	1.14	2.06	2.31	2.41		
	70-74	1.10	1.11	1.11	2.20	2.33	2.46		
	75-	1.13	1.14	1.14	2.81	2.85	2.99		

注：自営漁業就業者の人数は前掲表 2-1 の数値を用いている。

ことの反映でもあるが、同時に「家の漁業を手伝わない」といわれる高校生ないし高卒直後の世代も、数量的に評価をすれば貢献度が小さくないことを示しているともいえる。したがって、漁家の10歳代の若者には、高校生としての就学を中心にしつつ、アルバイトないし家の手伝いとして自営漁業に従事している者が一定数存在し、年齢の進行とともにその一部が自営漁業就業者として自営漁業の安定的な担い手として固定化されていくとともに、その対極には自営漁業にタッチしない世帯員も増加し、両者の間に20歳代以降にも自営漁業の手伝いを続ける漁業従事世帯員が存在し続けるという分化過程が想定されるといえよう。

3）漁業従事世帯員の就労状況

かつての漁業センサスでは15歳以上の全世帯員の就業状況について一人ひとり調査していた。それに対して2008年のセンサスからは漁家世帯に同居してはいても陸上作業を含めて全く漁業（自営漁業に限らず、雇われ漁業でも）に従事していない者は就業内容を調査しないことに変更された。漁業センサスは漁業という産業の特性を調査するのであるから、全く漁業に関与していない人については世帯の人数を把握するだけで良いとされたのである。したがって2008年以降について個々人の主な就業部門を知ることができるのは、漁業従事世帯員についてだけである。それゆえ、この数値を見ることによって15歳以上の個人経営体世帯員の全員ではないが、そのうちの漁業従事世帯員については、労働市場の中でどのように就業機会を得て生活をしているのかを知ることができるのである。なおこの調査項目については、各人は自分が主に従事している職業を一つだけ回答することになっている。

まず表2-5によって2018年の男子についてみると、以下の諸点が判明する。

①　自営漁業の海上作業をメインの就業の場とする者が全年齢計で79.7％と圧倒的である。農業とは大きく異なって自営漁業従事者は漁業専業度が高いことは間違いないといえよう。若年者には職業が浮動状態の者も多く、漁業の「海上作業あり」を第一位とする者の割合は15-19歳が63.6％であるが、20歳からは70％台で漸増状態となり、雇用機会がなくなる65

表 2-5　漁業従事世帯員（男）の主とする就業分野別人数

（単位：人、%）

		実数										構成比									
		計	自営業					共同経営に出資従事	雇われ			自営業					共同経営に出資従事	雇われ		
			小計	自営漁業			その他の自営業		小計	漁業雇われ	漁業以外雇われ	小計	自営漁業			その他の自営業		小計	漁業雇われ	漁業以外雇われ
				小計	海上作業あり	陸上作業のみ							小計	海上作業あり	陸上作業のみ					
2008年	計	132,646	116,582	105,469	103,067	2,402	11,113	2,170	13,894	4,723	9,171	87.9	79.5	77.7	1.8	8.4	1.6	10.5	3.6	6.9
	15-	920	759	717	540	177	42	12	149	60	89	82.5	77.9	58.7	19.2	4.6	1.3	16.2	6.5	9.7
	20-	2,467	1,777	1,706	1,637	69	71	69	621	315	306	72.0	69.2	66.4	2.8	2.9	2.8	25.2	12.8	12.4
	25-	3,477	2,573	2,420	2,348	72	153	92	812	368	444	74.0	69.6	67.5	2.1	4.4	2.6	23.4	10.6	12.8
	30-	4,217	3,230	2,999	2,952	47	231	111	876	354	522	76.6	71.1	70.0	1.1	5.5	2.6	20.8	8.4	12.4
	35-	5,690	4,443	4,123	4,058	65	320	177	1,070	369	701	78.1	72.5	71.3	1.1	5.6	3.1	18.8	6.5	12.3
	40-	7,234	5,747	5,294	5,248	46	453	239	1,248	427	821	79.4	73.2	72.5	0.6	6.3	3.3	17.3	5.9	11.3
	45-	9,195	7,362	6,723	6,673	50	639	244	1,589	501	1,088	80.1	73.1	72.6	0.5	6.9	2.7	17.3	5.4	11.8
	50-	10,952	9,034	8,165	8,123	42	869	249	1,669	469	1,200	82.5	74.6	74.2	0.4	7.9	2.3	15.2	4.3	11.0
	55-	15,511	13,018	11,593	11,552	41	1,425	316	2,177	532	1,645	83.9	74.7	74.5	0.3	9.2	2.0	14.0	3.4	10.6
	60-	15,465	13,507	11,964	11,904	60	1,543	246	1,712	486	1,226	87.3	77.4	77.0	0.4	10.0	1.6	11.1	3.1	7.9
	65-	16,672	15,483	13,869	13,755	114	1,614	171	1,018	420	598	92.9	83.2	82.5	0.7	9.7	1.0	6.1	2.5	3.6
	70-	20,125	19,344	17,551	17,224	327	1,793	160	621	274	347	96.1	87.2	85.6	1.6	8.9	0.8	3.1	1.4	1.7
	75-	20,721	20,305	18,345	17,053	1,292	1,960	84	332	148	184	98.0	88.5	82.3	6.2	9.5	0.4	1.6	0.7	0.9
2013年	計	106,966	93,792	85,194	83,107	2,087	8,598	1,929	11,245	4,314	6,931	87.7	79.6	77.7	2.0	8.0	1.8	10.5	4.0	6.5
	15-	660	535	513	356	157	22	16	109	49	60	81.1	77.7	53.9	23.8	3.3	2.4	16.5	7.4	9.1
	20-	1,698	1,254	1,203	1,130	73	51	45	399	179	220	73.9	70.8	66.5	4.3	3.0	2.7	23.5	10.5	13.0
	25-	2,678	2,026	1,929	1,858	71	97	72	580	322	258	75.7	72.0	69.4	2.7	3.6	2.7	21.7	12.0	9.6
	30-	3,407	2,571	2,385	2,320	65	186	98	738	388	350	75.5	70.0	68.1	1.9	5.5	2.9	21.7	11.4	10.3
	35-	4,367	3,421	3,150	3,079	71	271	129	817	349	468	78.3	72.1	70.5	1.6	6.2	3.0	18.7	8.0	10.7
	40-	5,580	4,493	4,138	4,090	48	355	172	915	375	540	80.5	74.2	73.3	0.9	6.4	3.1	16.4	6.7	9.7
	45-	6,832	5,527	5,042	4,997	45	485	218	1,087	422	665	80.9	73.8	73.1	0.7	7.1	3.2	15.9	6.2	9.7
	50-	8,397	6,868	6,241	6,204	37	627	252	1,277	405	872	81.8	74.3	73.9	0.4	7.5	3.0	15.2	4.8	10.4
	55-	10,368	8,622	7,752	7,727	25	870	209	1,537	442	1,095	83.2	74.8	74.5	0.2	8.4	2.0	14.8	4.3	10.6
	60-	14,763	12,789	11,359	11,310	49	1,430	270	1,704	522	1,182	86.6	76.9	76.6	0.3	9.7	1.8	11.5	3.5	8.0
	65-	13,685	12,346	10,965	10,899	66	1,381	193	1,146	397	749	90.2	80.1	79.6	0.5	10.1	1.4	8.4	2.9	5.5
	70-	13,717	13,023	11,821	11,611	210	1,202	121	573	268	305	94.9	86.2	84.6	1.5	8.8	0.9	4.2	2.0	2.2
	75-	20,814	20,317	18,696	17,526	1,170	1,621	134	363	196	167	97.6	89.8	84.2	5.6	7.8	0.6	1.7	0.9	0.8
2018年	計	87,467	77,399	71,237	69,726	1,511	6,162	1,415	8,653	3,431	5,222	88.5	81.4	79.7	1.7	7.0	1.6	9.9	3.9	6.0
	15-	478	411	402	304	98	9	4	63	30	33	86.0	84.1	63.6	20.5	1.9	0.8	13.2	6.3	6.9
	20-	1,254	943	916	891	25	27	23	288	139	149	75.2	73.0	71.1	2.0	2.2	1.8	23.0	11.1	11.9
	25-	1,913	1,485	1,422	1,393	29	63	51	377	220	157	77.6	74.3	72.8	1.5	3.3	2.7	19.7	11.5	8.2
	30-	2,738	2,161	2,028	1,994	34	133	67	510	304	206	78.9	74.1	72.8	1.2	4.9	2.4	18.6	11.1	7.5
	35-	3,602	2,835	2,635	2,602	33	200	111	656	353	303	78.7	73.2	72.2	0.9	5.6	3.1	18.2	9.8	8.4
	40-	4,305	3,514	3,204	3,173	31	310	129	662	294	368	81.6	74.4	73.7	0.7	7.2	3.0	15.4	6.8	8.5
	45-	5,530	4,610	4,231	4,189	42	379	141	779	327	452	83.4	76.5	75.8	0.8	6.9	2.5	14.1	5.9	8.2
	50-	6,538	5,482	5,017	4,984	33	465	183	873	315	558	83.8	76.7	76.2	0.5	7.1	2.8	13.4	4.8	8.5
	55-	8,082	6,838	6,198	6,173	25	640	178	1,066	328	738	84.6	76.7	76.4	0.3	7.9	2.2	13.2	4.1	9.1
	60-	9,796	8,487	7,670	7,641	29	817	167	1,142	328	814	86.6	78.3	78.0	0.3	8.3	1.7	11.7	3.3	8.3
	65-	13,406	12,112	11,030	10,965	65	1,082	170	1,124	347	777	90.3	82.3	81.8	0.5	8.1	1.3	8.4	2.6	5.8
	70-	11,299	10,556	9,680	9,559	121	876	96	647	214	433	93.4	85.7	84.6	1.1	7.8	0.8	5.7	1.9	3.8
	75-	18,526	17,965	16,804	15,858	946	1,161	95	466	232	234	97.0	90.7	85.6	5.1	6.3	0.5	2.5	1.3	1.3

歳以上では80%以上となっている。また女子とは異なって漁業の陸上作業のみに従事している者は15-19歳階層以外では微々たる比重しか示していない。

② 「その他の自営業」は全年齢では7～8%であるが、若年者は少なく60歳代のピークに向けて構成比が高まっている。農業、水産加工業、その他の家族自営業部門が自営漁業同様に高齢化と後継者不足によって経営体数を減少させているために、他の就業機会を得やすい若年層はほとんどこれに従事してはいないと見られる。同じ理由で全年齢での構成比も10年間で8.4%から7.0%へと低下している。

③ 家族経営の大規模化・近代化のための有力な方策としてかつては政策的に奨励された「共同経営に出資従事」は年齢階層別の差を考慮しても1～3%台と少なく、家族経営を超えた共同化が容易ではないことを示している。親戚も含むとはいえ他の世帯員と共同経営を組むことは意思疎通等でリスクを抱える可能性があるので、それが多いのは熟練や経営力を得て親から経営権を受け継いでおり、体力的に水揚高も多い40歳前後が最もその条件を満たしやすいのか、構成比は40歳前後に向けて上昇し、その年代以降は再び単一世帯の経営に戻り、構成比を下げている。

④ 漁業雇われを第一順位にしている者は、20歳代から30歳代前半が10%を超えていて、それ以降は加齢とともに比率を下げている。200海里体制が定着するまでは10歳代後半から30歳代位までは北洋漁業のような賃金の高い遠洋漁業に従事し、自営漁業を営む父親の体力が弱体化するに連れて徐々に沿岸域での自営漁業の就業者に転じていく者が多かったのであるが、200海里体制が定着した結果として遠洋漁業が急速に縮小したために、そうした雇用機会が縮減されて今日に到っている。加齢とともに構成比を下げているのは雇用主が若年者を需要するからであり、かつてと同様の傾向といえる。

⑤ 漁業以外の一般産業での雇われは、全年齢では10年間に6.9%から6.0%へと減少している。非都市部の漁村地帯では高齢者率の高まりの下で通勤仕事が減少したことは自然な傾向であろう。年齢構成においては漁

表 2-6　漁業従事世帯員（女）の主とする就業分野別人数

（単位：人、%）

		実数										構成比									
		計	自営業					共同経営に出資従事	雇われ			自営業					共同経営に出資従事	雇われ		
			小計	自営漁業			その他の自営業		小計	漁業雇われ	漁業以外雇われ	小計	自営漁業			その他の自営業		小計	漁業雇われ	漁業以外雇われ
				小計	海上作業あり	陸上作業のみ							小計	海上作業あり	陸上作業のみ					
2008年	計	63,380	56,480	50,369	27,100	23,269	6,111	279	6,621	1,113	5,508	89.1	79.5	42.8	36.7	9.6	0.4	10.4	1.8	8.7
	15-	282	236	226	46	180	10	-	46	3	43	83.7	80.1	16.3	63.8	3.5	-	16.3	1.1	15.2
	20-	579	377	359	123	236	18	4	198	8	190	65.1	62.0	21.2	40.8	3.1	0.7	34.2	1.4	32.8
	25-	903	674	633	240	393	41	4	225	14	211	74.6	70.1	26.6	43.5	4.5	0.4	24.9	1.6	23.4
	30-	1,507	1,188	1,092	466	626	96	13	306	42	264	78.8	72.5	30.9	41.5	6.4	0.9	20.3	2.8	17.5
	35-	2,596	2,089	1,946	894	1,052	143	21	486	63	423	80.5	75.0	34.4	40.5	5.5	0.8	18.7	2.4	16.3
	40-	3,597	2,940	2,689	1,436	1,253	251	25	632	77	555	81.7	74.8	39.9	34.8	7.0	0.7	17.6	2.1	15.4
	45-	4,562	3,725	3,395	2,030	1,365	330	32	805	108	697	81.7	74.4	44.5	29.9	7.2	0.7	17.6	2.4	15.3
	50-	5,872	4,927	4,464	2,767	1,697	463	44	901	127	774	83.9	76.0	47.1	28.9	7.9	0.7	15.3	2.2	13.2
	55-	8,511	7,346	6,587	4,065	2,522	759	35	1,130	181	949	86.3	77.4	47.8	29.6	8.9	0.4	13.3	2.1	11.2
	60-	8,618	7,783	6,921	4,087	2,834	862	28	807	150	657	90.3	80.3	47.4	32.9	10.0	0.3	9.4	1.7	7.6
	65-	9,942	9,311	8,178	4,579	3,599	1,133	28	603	152	451	93.7	82.3	46.1	36.2	11.4	0.3	6.1	1.5	4.5
	70-	9,126	8,768	7,668	3,908	3,760	1,100	26	332	114	218	96.1	84.0	42.8	41.2	12.1	0.3	3.6	1.2	2.4
	75-	7,285	7,116	6,211	2,459	3,752	905	19	150	74	76	97.7	85.3	33.8	51.5	12.4	0.3	2.1	1.0	1.0
2013年	計	48,693	43,362	39,739	19,322	20,417	3,623	317	5,014	880	4,134	89.1	81.6	39.7	41.9	7.4	0.7	10.3	1.8	8.5
	15-	257	209	203	39	164	6	-	48	5	43	81.3	79.0	15.2	63.8	2.3	-	18.7	1.9	16.7
	20-	349	227	220	74	146	7	-	122	8	114	65.0	63.0	21.2	41.8	2.0	-	35.0	2.3	32.7
	25-	766	590	560	182	378	30	5	171	17	154	77.0	73.1	23.8	49.3	3.9	0.7	22.3	2.2	20.1
	30-	1,050	815	772	263	509	43	15	220	32	188	77.6	73.5	25.0	48.5	4.1	1.4	21.0	3.0	17.9
	35-	1,732	1,389	1,292	571	721	97	16	327	42	285	80.2	74.6	33.0	41.6	5.6	0.9	18.9	2.4	16.5
	40-	2,469	2,002	1,883	874	1,009	119	26	441	74	367	81.1	76.3	35.4	40.9	4.8	1.1	17.9	3.0	14.9
	45-	3,315	2,680	2,484	1,323	1,161	196	36	599	72	527	80.8	74.9	39.9	35.0	5.9	1.1	18.1	2.2	15.9
	50-	4,097	3,421	3,183	1,735	1,448	238	47	629	78	551	83.5	77.7	42.3	35.3	5.8	1.1	15.4	1.9	13.4
	55-	5,315	4,525	4,141	2,318	1,823	384	47	743	115	628	85.1	77.9	43.6	34.3	7.2	0.9	14.0	2.2	11.8
	60-	7,716	6,865	6,247	3,347	2,900	618	44	807	163	644	89.0	81.0	43.4	37.6	8.0	0.6	10.5	2.1	8.3
	65-	6,983	6,463	5,873	2,890	2,983	590	35	485	113	372	92.6	84.1	41.4	42.7	8.4	0.5	6.9	1.6	5.3
	70-	7,001	6,699	6,080	3,009	3,071	619	25	277	98	179	95.7	86.8	43.0	43.9	8.8	0.4	4.0	1.4	2.6
	75-	7,643	7,477	6,801	2,697	4,104	676	21	145	63	82	97.8	89.0	35.3	53.7	8.8	0.3	1.9	0.8	1.1
2018年	計	36,218	32,528	30,470	15,009	15,461	2,058	183	3,507	665	2,842	89.8	84.1	41.4	42.7	5.7	0.5	9.7	1.8	7.8
	15-	159	136	134	25	109	2	-	23	5	18	85.5	84.3	15.7	68.6	1.3	-	14.5	3.1	11.3
	20-	228	153	145	46	99	8	1	74	8	66	67.1	63.6	20.2	43.4	3.5	0.4	32.5	3.5	28.9
	25-	456	369	361	125	236	8	1	86	12	74	80.9	79.2	27.4	51.8	1.8	0.2	18.9	2.6	16.2
	30-	882	735	702	263	439	33	7	140	16	124	83.3	79.6	29.8	49.8	3.7	0.8	15.9	1.8	14.1
	35-	1,070	908	864	379	485	44	9	153	26	127	84.9	80.7	35.4	45.3	4.1	0.8	14.3	2.4	11.9
	40-	1,644	1,364	1,305	661	644	59	16	264	42	222	83.0	79.4	40.2	39.2	3.6	1.0	16.1	2.6	13.5
	45-	2,244	1,885	1,799	920	879	86	13	346	60	286	84.0	80.2	41.0	39.2	3.8	0.6	15.4	2.7	12.7
	50-	2,980	2,560	2,417	1,332	1,085	143	13	407	49	358	85.9	81.1	44.7	36.4	4.8	0.4	13.7	1.6	12.0
	55-	3,755	3,205	3,015	1,682	1,333	190	31	519	67	452	85.4	80.3	44.8	35.5	5.1	0.8	13.8	1.8	12.0
	60-	4,740	4,184	3,888	2,141	1,747	296	31	525	93	432	88.3	82.0	45.2	36.9	6.2	0.7	11.1	2.0	9.1
	65-	6,400	5,885	5,441	2,808	2,633	444	30	485	99	386	92.0	85.0	43.9	41.1	6.9	0.5	7.6	1.5	6.0
	70-	4,860	4,557	4,229	2,100	2,129	328	14	289	93	196	93.8	87.0	43.2	43.8	6.7	0.3	5.9	1.9	4.0
	75-	6,800	6,587	6,170	2,527	3,643	417	17	196	95	101	96.9	90.7	37.2	53.6	6.1	0.3	2.9	1.4	1.5

業雇われが加齢にともなって構成比を下げているのに対して、漁業以外雇われでは 20 歳代後半以降は 60 歳代前半までほとんど同率に推移していることがわかる。漁業雇われでは体力仕事が多いために若年者が求められるのに対して、一般産業では体力が仕事の能率を左右する傾向が弱いという違いによるのであろう。

続いて表 2-6 によって女子の就業状態をみると、以下の諸点が確認できる。

⑥　全年齢階層において自営漁業従事が第一位である者が 84.1％を占めており、他の就業機会につきやすい男子よりも自営漁業従事の度合いが高い。そのうちで海上作業にも従事している者と陸上作業だけの者は 2018 年ではほぼ同水準であるが、年齢階層別にみると 20 歳代から 30 歳代は陸上作業だけの者が顕著に多い。年齢が進行して漁業以外雇われが減少したり、出産・育児の負担が軽減するにつれて「海上作業あり」の割合が上昇し、40 歳代以降は「海上作業あり」がやや優勢でほぼ両者が拮抗した後、75 歳以上では「陸上作業のみ」が多くなるが、なお「海上作業あり」は 75 歳以上でも 37.2％を占めており、20 歳代から 30 歳代よりも高率であることが注目される。

⑦　「その他の自営業」は全年齢ではこの 10 年間に構成比を 9.6％から 5.7％へと大きく低下させており、農業を典型とする家族自営業の地位の低下がここにも表れているといえる。年齢階層別には高齢者ほど構成比が高い傾向がゆるやかに確認できるが、60 歳以上では 2008 年には 10％以上を占めていたのに対して、2018 年には６％台にとどまって比重の低下を明示している。

⑧　「共同経営に出資・従事」は男子とは異なって無視すべき構成比に過ぎない。異なる世帯が資金を出し合って個人経営とは別の経営体を作ることは、世帯にとってはリスクを高めることになるので、現在の漁村における社会通念の下では、女子の就業部門としては広がりにくいということであろう。

⑨　「漁業雇われ」は構成比が１％台と量的に限られているし、男子とは異なって遠洋・沖合漁業に従事する者はほとんどなく、養殖業（海上作業を

含む）や沿岸漁業の陸上作業が中心である。

⑩「漁業以外雇われ」は８％前後と無視できない構成比を占めているが、20 歳代前半でピークの 30％前後を示し、以後は年齢進行とともに低下し 60 歳代に入ると一段と減少して引退するに至っている。20 歳代前半期にこのタイプが多いのは、高卒時点でまずは各産業の企業に就職し、その相当部分が結婚・出産を期に勤務時間が自由になりにくい雇われ就労を辞めていくためであろう。一般の女子にあっては 40 歳代以降に一般産業の非正規型の雇用就労が増加するが、漁家世帯の女子にあっては「海上作業あり」に移行する者の方が多いことがわかる。自営業の働きやすさが、こうした変化を後押ししていると推測される。

さて、個人経営体の漁業従事世帯員は前掲表 2-4 に示されるように 2018 年の男子は 87,467 人、女子は 36,218 人であり、これは個人経営体世帯の 15 歳以上の世帯員総数（男子 108,692 人、女子 95,204 人）の 80.5％、38.0％に当たっている。したがって以上にみた就業者構成は男子については漁家世帯の性格の概要を示しているといえるが、女子にあっては自営漁業に全く関与していない世帯員が３分の２近く存在することになるので、世帯員全体の職業的特性は把握できない。

かつて、農家・漁家が一般勤労者世帯に比較して世帯員数が多かった時代においては、農業・漁業等の家族自営業を中心として世帯員の緊密な協業が見られた。これに対して、経済水準の向上に対応した多様な産業・職業の増加にともなって、家族自営業部門の相対的縮小によって家族協業が縮小して今日にいたっていることは否定できない。とはいえ個人経営体世帯の男子世帯員に占める漁業従事世帯員の多さと、漁業従事世帯員に占める自営漁業を第一の就業分野とする者の比率の高さは、農業経営世帯とは異なって、自営漁業部門がなお家族協業の性格を強く有していることを明瞭に示している。同時に、ここに示されている家族協業度の高さは、漁業経営体世帯の絶対数の顕著な縮小の下で防衛的に一すなわち家族が少しずつでも手伝わなければ高齢者の漁業従事が実現しそうもないという状況を反映した世帯員の対応として一なされていることも否定できないだろう。

（3） 基幹的漁業従事者の示すもの

1）基幹的漁業従事者の概念

自営漁業で働いている人々の統計的概念として自営漁業就業者、漁業従事世帯員という2つのカテゴリーについてみたが、今一つ「基幹的漁業従事者」という概念がセンサス報告書では用いられている。この概念の定義は2018年のセンサスでは、「個人経営体の世帯員のうち、満15歳以上で自家漁業の海上作業従事日数が最も多い者をいう」とある。この概念は個人を直接把握する漁業就業者・漁業従事世帯員とは異なって、各個人経営体に一人だけ、海上作業の中心になっている者を特定して、その個人を基幹的漁業従事者とするものであり、当該経営体の海上作業において「基幹的」な位置を占めている人物という意味を持たせている。たとえば親子2人で操業している経営体があって、70歳の父親と40歳の息子が一緒に海上作業をしている場合、これを70歳の高齢漁業者の経営体とみなすのか、40歳の壮年漁業者の経営体とみなすのかについて判断しなければならない場合がある。対外的・制度的には漁船の所有者、漁獲物の出荷名義人、漁協の組合員名義などによってその経営体を代表する人物を決めることが通例であるが、漁業センサスの場合には経営の実態を把握する必要があるので海上作業の中心になっている者をカウントするという方針にもとづいて、海上作業日数が最も多い者をこの概念で把握しているのである。

「基幹的漁業従事者」は地元の漁協の中で各経営体の実質的な中心者とみなされる者といえるが、それは操業に関わる相談ごと、たとえば休漁日・操業時間等の設定、漁獲量の上限設定など漁協内での海上作業に関わる日常的な条件を決める際の出席者となる者と通例は一致している。

2）基幹的漁業従事者の実際

表2-7は一定年次・一定年齢階層の男子・基幹的漁業従事者数が同じ年次・同じ年齢階層の男子・自営漁業就業者の何倍の人数存在するのかを表示している。ただし、基幹的漁業従事者については15歳から29歳までの者が一括して「29歳まで」と簡略表示されているので[6]、同表では自営漁業就業

者についても同様の表示方式に変更してある。これによると以下の点を読み取ることができる。

男子にあっては 45 ～ 74 歳の各階層においては基幹的漁業従事者の方が自営漁業就業者数よりもやや多くなっている[7]。これに対して 44 歳までの全階層では基幹的漁業従事者の方が少なく、年齢が上がるにつれてその開きが縮まっている。具体的には、29 歳以下では自営漁業就業者のうちほぼ３分の１だけが基幹的漁業従事者であるのに対して、30 ～ 34 歳では３分の２が、35 ～ 39 歳では 80％が、40 ～ 44 歳では 91％が、それぞれ基幹的漁業従事者となっていることが確認できる。また 45 歳以上になればその父親世代は 75 歳以上になっているので、通常は息子の側が基幹的漁業従事者と判断されることになるはずである。それゆえ同じ 75 歳以上の漁業者で自身が基幹的漁業従事者である者は、後継者を確保できずに自分の代で漁業経営を終える予定の者だろうと推定できる。

表 2-7　自営漁業就業者と基幹的漁業従事者の比較（2018 年、男子）

（単位：人、％）

	基幹的漁業従事者				自営漁業就業者 b	a/b（%）
	専業	Ⅰ兼業	Ⅱ兼業	計 a		
小計	37,580	19,322	16,149	73,051	72,932	100.2
29 歳以下	293	280	250	823	2,315	35.6
30 ～ 34	439	453	358	1,250	1,922	65.0
35 ～ 39	765	723	598	2,086	2,602	80.2
40 ～ 44	1,254	963	774	2,991	3,281	91.2
45 ～ 49	1,981	1,466	1,071	4,518	4,319	104.6
50 ～ 54	2,663	1,859	1,325	5,847	5,181	112.9
55 ～ 59	3,338	2,382	1,811	7,531	6,686	112.6
60 ～ 64	4,373	2,609	2,345	9,327	8,391	111.2
65 ～ 69	6,573	3,254	2,849	12,676	11,799	107.4
70 ～ 74	5,830	2,459	2,174	10,463	10,167	102.9
75 歳以上	10,071	2,874	2,594	15,539	16,269	95.5

注：専業・兼業の区分は基幹的漁業従事者個人の区分ではなく、彼らが所属する経営体の区分を示す。

このように30歳前後の男子がその父親と一緒に操業している場合、時間の経過とともに徐々に高齢の者から若年の者へと海上作業の主導者が交替する時期だといえる。すなわち、高齢男子が一人ないし夫婦で操業していたところへ後継者が参入して、入れ替わりに母親が海上労働を引退して父と息子の操業方式が開始されたとすると、息子が30歳代前半前後の間は70歳前後までの父親が基幹的漁業従事者である経営体がまだ多いが、息子が40歳前後になるころには操業が息子中心になされるように推移していくのである。漁協の組合員資格、出荷名義人、生産部会の出席者等がそれと並行して息子に切り替えられていくことが通例である。

ところで、父親と息子が同一の漁船で操業している父子操業タイプの漁家は、体力のある若者と漁場・技術に詳しい父親が協業している点で、同じ二人操業の夫婦操業タイプの漁家に比較して水揚高はずっと多い傾向にあることが知られているが[8]、何歳頃に経営の主導権が父親から息子へ移行するのかは、後継者を確保できるか否かに微妙に影響する事情である。というのは、基幹的漁業従事者が父親である場合、漁協組合員資格と水揚名義人（したがって販売代金を受け取る者）は父親であり、息子夫婦は父親からこづかいを受け取るという関係になりやすい。そうした漁家が多い漁村では自立した家計を持つことを志向する若者は居つかない傾向が強いと観察されている。その意味で、何歳頃に基幹的漁業従事者の位置が若い世代に移行するのかという事情は、息子が喜んで後継者になるか否かという点を測る間接的なメルクマールになると思われる。

（4）就業構造上のその他の重要事項

1）後継者確保率

個人漁業経営体のうちで「後継者あり」と回答した者の割合を示した表2-8をみよう。これによるとこの10年間にわたって後継者確保率は17％前後で横ばいであることがわかる。高齢化が確実に進み、若年の新規参入者が確実に減少しているという事実と、後継者確保率はほとんど変化していないという事実の関係は、どう解釈したらよいのだろうか。この点を検討するた

表 2-8　後継者を確保している個人経営体世帯の割合

（単位：人、％）

		2008 年		2013 年		2018 年		後継者有り（％）			b/a
		経営体数	後継者有り a	経営体数	後継者有り	経営体数	後継者有り b	2008 年	2013 年	2018 年	
全国		109,451	19,929	89,470	14,803	74,526	12,699	18.2	16.5	17.0	63.7
大海区別	北海道太平洋北区	8,356	2,957	7,388	1,992	6,364	2,036	35.4	27.0	32.0	68.9
	北海道日本海北区	5,024	962	4,226	696	3,642	928	19.1	16.5	25.5	96.5
	太平洋北区	12,656	3,315	7,977	1,997	7,828	1,963	26.2	25.0	25.1	59.2
	日本海北区	6,447	1,310	5,309	905	4,314	763	20.3	17.0	17.7	58.2
	太平洋中区	15,052	2,374	12,854	1,819	10,160	1,535	15.8	14.2	15.1	64.7
	東シナ海区	26,468	3,930	22,744	3,250	18,898	2,574	14.8	14.3	13.6	65.5
	瀬戸内海区	18,367	2,695	14,927	2,350	12,388	1,670	14.7	15.7	13.5	62.0
	太平洋南区	9,520	1,421	7,862	1,079	6,055	728	14.9	13.7	12.0	51.2
	日本海西区	7,561	965	6,183	715	4,877	502	12.8	11.6	10.3	52.0
上位８県	福島	716	244	-	-	354	166	34.1	-	46.9	68.0
	茨城	462	166	391	119	318	106	35.9	30.4	33.3	63.9
	北海道	13,380	3,919	11,614	2,688	10,006	2,964	29.3	23.1	29.6	75.6
	佐賀	1,996	507	1,790	509	1,554	449	25.4	28.4	28.9	88.6
	宮城	3,860	1,241	2,191	729	2,214	627	32.2	33.3	28.3	50.5
	青森	5,003	1,329	4,371	858	3,567	847	26.6	19.6	23.7	63.7
	大阪	634	170	561	127	493	116	26.8	22.6	23.5	68.2
	岩手	5,204	1,050	3,278	764	3,317	664	20.2	23.3	20.0	63.2
下位３県	鳥取	764	61	621	30	538	37	8.0	4.8	6.9	60.7
	大分	2,852	308	2,260	231	1,807	123	10.8	10.2	6.8	39.9
	島根	2,205	105	1,824	129	1,487	91	4.8	7.1	6.1	86.7
急変２県	東京	654	138	591	76	503	35	21.1	12.9	7.0	25.4
	京都	915	217	794	104	618	60	23.7	13.1	9.7	27.6
特異な県	沖縄	2,768	219	2,583	227	2,683	228	7.9	8.8	8.5	104.1

注：大海区は 2018 年の「後継者有り（％）」の値が高い順に並べた。

めには「後継者あり」と回答するのはどのような場合なのかを知ることが必要である。

漁業センサスの調査票では「自家漁業の後継者の有無」という設問を立てて、回答者に「いる、いない」のどちらかをマークさせる方式をとっているが、回答欄の傍らに回答者への注釈が書かれている。それは、「後継者とは、過去一年間に漁業を行った人のうち、将来自営漁業の経営主になる予定の人を言います。調査日現在（11 月 1 日)、自営漁業を行っていなくてもかまいません」とある。この説明だけでは回答者はややまごつくことがあり得るように思われる。

まごつく理由の第一は、過去一年間に漁業をしていないといけないが、それは陸上作業での数日間のアルバイトでも良いのかといった疑問である。個人経営体の世帯員という大きな条件がついているので、雇われ漁業従事でも陸上作業だけであっても将来自営漁業の経営者になる可能性が高いと判断しての条件設定であると思われるが、あまり厳格ではなく、実態よりも過大に後継者数がカウントされるように思われる。第二は、「将来経営主になる予定」を本人が了解しているか否かは条件にしておらず、自家漁業の経営者（＝センサスの回答者）の判断で記入すればよいとされていると推定される。なぜなら本人が了解していることを条件にすると、容易に結論が出ずに調査票の回収が困難になることがあり得るだろうからである。第三は、後継者とみなされる者の範囲が何歳から何歳と限定されていないので、種々の場合がありそうに思われる。職業に関することなので 15 歳以上に限定すべきかと思われるが、それは条件になっていないし、何歳までを後継者というのかは考えなくてよいのかが気になるところである。たとえば父親が海上作業をしている限り、息子は 60 歳になっても後継者なのかという疑問である。漁業者ないし漁協段階での記入においては、実質的な経営者がいる限り、その息子は後継者としてあつかわれているようであり、その意味では各地域において経営主と後継者の区別は、それなりに地域における実態を反映しているのかも知れない。

ちなみに 2015 年農林業センサスにおける「農業後継者」の定義は、「15

歳以上の者で、次の代でその家の農業経営を継承する者をいう（予定者を含む)」とされている。漁業センサスとは、① 15歳以上という限定が入ること、②経営の継承までの期間が後継者の期間であるとされているので、父親が実質的に経営者である間は年齢に関わらずに「後継者あり」となり、父親が息子に経営者の位置を譲れば（出荷名義人・組合員名の変更のような明示的なものから、農協の各種の会合への出席者が息子に変わることなど幅がある)、息子は経営者になるのだから後継者ではなくなると解釈されること、③調査前に農業に従事していたかどうかは問われていない、といった諸点で異なっている。

この点にややこだわるのは次に見るように、後継者確保率が不自然と思われる動きをしている県がいくつかあり、それが「後継者」の定義の解釈の相違と関わっている可能性を排除できないからである。

さて表2-8で漁業センサスの結果を見ると、「後継者あり」と回答した個人経営体の割合は、2008、2013、2018の間に大きな開きがなく、ほぼ個人経営体全体の17％前後である。大海区別では北海道太平洋北区の32.0％、北海道日本海北区の25.5％、太平洋北区の25.1％の3大海区が高率組、日本海西区の10.3％から日本海北区の17.7％の6大海区が低率組と区分できる。表2-2において65歳以上の自営漁業就業者の構成比が低い海区ほど後継者確保率も高いという傾向が見られるのは当然であろう。

後継者確保率の都道府県間の格差はかなり大きい。同じ表2-8によって県別の後継者確保率の高い順に上位8県を示してあるが、佐賀・大阪以外はすべて北海道と太平洋北区の諸県によって占められていることがわかる。このうち2018年については東日本大震災の被災県である福島県の後継者確保率が46.9％ととびぬけて高く、隣接する茨城県が第二位で33.3％を示している。福島県は2008年には茨城県に次いで全国で第二位の後継者確保率を示していたことからみて決して不思議な数値ではない[9]。加えて同県は、東京電力の原子力発電所の事故によって試験操業が継続している関係で操業日数が短く抑えられており、すでに後継者を得て積極的な経営姿勢を示している経営体は相対的に出漁日数が多いために漁業センサスの調査対象となっているのに対して、後継者のいない経営体は操業日数が少なく、年間30日以上操業という調査対象経営体になるための条件をクリアできなかった経営体が多かったという特殊事情も、後継者率が高く出ている一因であろうと推測される。福島・岩手・宮城という東日本大震災の被災3県とそれに隣接する青森・茨城両県が後継者率の高い県に入っている背景には、大震災による被災で後継者のいない世帯ほど廃業する経営体の割合が高かったという事情も忘れてはならないところである。

一方、同表には、後継者確保率が急減を示している京都府（23.7％→13.1％→9.7％）と東京都（21.1％→12.9％→7.0％）を示しておいたが、短期間に数値が急変している理由については、先に述べた「後継者」の定義の解釈に変化がなかったかどうかを含めて事後調査が必要であろう。さらに、特異な動きを示している県として沖縄を示しているが、同県は全国で唯一、わずかとはいえ経営体数と後継者数を増加させている上、前掲表2-3では自営漁業就業者（男）に占める49歳以下の者の割合が31.0％と最高を示しているにも関わらず、後継者確保率は下位に属しており、この点も説明を要する独特の傾向として検討されるべきであろう。可能な一つの解釈としては、たとえば30歳を過ぎた者は親が操業していても若年者の方を経営主とみなす（それによって若年者の漁業着業を奨励する）といった基準をセンサス記入の際に県が採用すれば、経営者はもはや後継者ではないのだから、後継者率の低さと若年者の多さと経営体数の維持・増加とが両立することになり得るのかも知れない。

もちろん後継者の有無は地域差によるばかりではなく、積極的な操業姿勢を有する経営体が多く存在しているかどうかにも強く規定されている。表2-9はこの関係を示しており、漁業従事世帯員が1人だけの経営体では後継者確保率が4％前後に過ぎないのに対して、漁業従事世帯員が2人以上いる経営体では後継者率が30％を超える場合が多いという明瞭な差異が示されている。その中で後継者確保率が専業経営体29.5％、第一種兼業経営体35.1％、第二種兼業経営体33.5％とあるように、兼業世帯の方が後継者確保率が高いのは、所得を増加させる可能性が漁業とそれ以外の産業との双方にあるという意識が、がんばって働けば所得が増える可能性を子弟が実感し、後継者になる気にさせるのかも知れない。その中でも、経営主が自営漁業専業である経営体のそれは、第一種兼業の世帯で42.0％、第二種兼業の世帯で50.6％に達していることは注目されるところである。同表が示すように、現に複数人の協業体制が組まれている経営体は、世代交代に際しては後継者を求めようとする内発的契機を強く有しており、後継者確保率もそれだけ高くなっていると解釈される。

ところで息子の職業選択として漁業の後継者となることを望むか否かについて

表 2-9　個人経営体世帯の後継者確保率（2018 年）

（単位：世帯、％）

	2008 年		2013 年		2018 年		後継者ありの割合		
	計	後継者あり	計	後継者あり	計	後継者あり	2008 年	2013 年	2018 年
合計	109,451	19,929	89,470	14,803	74,526	12,699	18.2	16.5	17.0
漁業従事世帯員が１人	51,404	2,164	44,490	1,668	40,728	1,887	4.2	3.7	4.6
専業	25,383	877	22,130	666	20,795	877	3.5	3.0	4.2
第一種兼業	11,260	645	9,370	427	8,445	457	5.7	4.6	5.4
第二種兼業	14,761	642	12,990	575	11,488	553	4.3	4.4	4.8
漁業従事世帯員が２人以上	58,047	17,765	44,980	13,135	33,798	10,812	30.6	29.2	32.0
専業	27,626	7,812	22,368	5,954	17,503	5,171	28.3	26.6	29.5
第一種兼業	21,034	7,390	15,570	5,110	11,219	3,942	35.1	32.8	35.1
経営主は専業	5,847	2,490	4,623	1,877	2,907	1,221	42.6	40.6	42.0
第二種兼業	9,387	2,563	7,042	2,071	5,076	1,699	27.3	29.4	33.5
経営主は専業	1,300	565	796	367	563	285	43.5	46.1	50.6

の漁業者からの聞き取りよれば、かなり以前からの傾向として、母親は息子に対して漁業外で働くことを希望するのに対して、父親は子供の自由に任せる傾向があり、息子が跡を継ぎたい意思を示せば、喜んで一緒に働く計画を立て、親子二人で操業できるように新規投資の計画も立てる傾向があるといえそうである。そうであるとすれば、現に複数の世帯員で海上作業での協業を実現している場合には、漁業による所得が順調に確保されるという条件がえられれば、投下した資本の回収の意図も含めて、若者たちが漁業後継者となる方向に背中を押すことになるといえそうである[10]。

2）漁業における新規就業者

「新規就業者」とはセンサスの調査日前の一年間に新規に漁業に従事した者を言うが、その定義は以下のようにかなり細かく定められている。

「過去一年間に漁業で恒常的な収入を得ることを目的に主として漁業に従事した者で、①新たに漁業を始めた者、②他の仕事が主であったが漁業が主となった者、③普段の状態が仕事を主としていなかったが漁業が主となった者のいずれかに該当する者をいう。なお、個人経営体の自家漁業のみに従事した者については、前述のうち海上作業に30日以上従事した者を新規就業者とした。」

この定義は、文章の前半では陸上作業だけに従事した者も「新規就業者」に含めているのに、後段では「海上作業30日以上」の条件が加わっているなど、やや戸惑うところであるが、初めて「自営漁業就業者」の要件を満たした者がそれに当たると理解しているものと思われる。

表2-10によって各センサス前の1年間ずつの新規就業者数を見ると、男子は886人から586人へ、女子は154人から117人へとそれぞれ減少している。前回センサスからの5年間で男子の自営漁業就業者は89,424人から72,932人へ16,492人（すなわち1年間平均では3,300人）減少しているから、毎年の減少者数の5分の1程度しか新規就業者によって補充されていないことになる。また、年齢階層別に参入者の人数を見ると、15-19歳ないし20-24歳時点で参入した者が他の階層よりやや多いとは言えても、圧

表 2-10　年齢階層別新規漁業就業個人経営体世帯員

（単位：人）

		計	15-19	20-24	25-29	30-34	35-39	40-49	50-59	60-64	65-
2008年	男計	886	199	140	83	69	64	90	110	66	65
	海上作業のみに従事	138	30	14	15	15	7	14	19	9	15
	海上作業と陸上作業に従事	712	148	118	65	53	57	73	91	57	50
	陸上作業のみに従事	36	21	8	3	1	-	3	-	-	-
	女計	154	21	21	12	22	12	21	16	13	16
	海上作業のみに従事	25	1	-	1	2	1	5	3	3	9
	海上作業と陸上作業に従事	66	5	10	2	8	7	12	10	9	3
	陸上作業のみに従事	63	15	11	9	12	4	4	3	1	4
2013年	男計	732	126	97	70	54	53	76	80	97	79
	海上作業のみに従事	108	19	10	3	9	12	10	11	18	16
	海上作業と陸上作業に従事	604	97	81	66	44	41	64	69	79	63
	陸上作業のみに従事	20	10	6	1	1	-	2	-	-	-
	女計	133	15	15	16	13	10	20	21	8	15
	海上作業のみに従事	16	2	1	1	-	-	4	6	-	2
	海上作業と陸上作業に従事	63	3	9	5	9	5	10	7	5	10
	陸上作業のみに従事	54	10	5	10	4	5	6	8	3	3
2018年	男計	586	98	70	59	55	46	78	59	42	79
	海上作業のみに従事	116	11	15	10	8	11	18	7	12	24
	海上作業と陸上作業に従事	461	81	55	49	45	35	59	52	30	55
	陸上作業のみに従事	9	6	-	-	2	-	1	-	-	-
	女計	117	10	10	15	11	8	19	18	13	13
	海上作業のみに従事	18	1	-	4	-	1	3	5	3	1
	海上作業と陸上作業に従事	58	5	5	7	8	4	8	6	7	8
	陸上作業のみに従事	41	4	5	4	3	3	8	7	3	4

倒的に若年層に集中しているとはいえず、むしろ各５歳階層間に平均的に分布しているというべき状況にある。農業における定年帰農と同様に、一般産業勤務者が定年後に漁業者になる事例は、地域によっては少なくないが、統計数値に反映するほどの大きな動きにはなっていないようである。行政的には若年の新規漁業参入者を支援する施策が実施されているが、その年齢制限も現実に中高年者の参入希望が相対的に多い実情に合わせて、徐々により高齢層にまで施策の対象に取り込む動きが進んできた状況である。

（5）個人経営体世帯（漁家）の性格

戦後の統計は長い間、農業センサスでも漁業センサスでも農家・漁家の世帯としての特徴を把握するために多くの質問項目を設けていた。それは行政上の課題としても、都市世帯に比較して生活様式の改善が遅れていた農家・漁家の生活を合理化・近代化することが重要と考えられており、そのための統計の必要性が認められていたためであろう。

しかし、その後の経過の中で農業・漁業の産業規模・関連住民数が減少し、さらに漁家・農家の生活が都市住民のそれに類似してくるにつれて、漁業センサスの調査項目も食料品供給産業としての経済的役割に限定される傾向が強まってきた。たとえば2018年の漁業センサスでは世帯関連の調査事項は、個人経営体の男女別の世帯員数（年齢階層２区分）だけになってしまったため、かつてのような豊富な分析は世帯についてはできなくなってしまった。とはいえ、漁村社会の高齢化が進展し、世帯数が急減している集落が増加している今日、今後を見通すような世帯の分析の必要性は高まっているとも考えられる。以下、現在得られる世帯関係統計を吟味してみよう。

まず､表2-11によって個人経営体世帯（漁家）の世帯員数についてみよう。これによると2008年からの１世帯当たり平均の世帯員数は確実に縮小しており､2018年においては３人を割って2.99人(全年齢)､2.74人(15歳以上)

表2-11　世帯員数別の個人経営体数

（単位：経営体、％）

		実数			構成比		
		2008年	2013年	2018年	2008年	2013年	2018年
個人経営体数	計	109,451	89,470	74,526	100.0	100.0	100.0
	1人	7,178	7,612	8,148	6.6	8.5	10.9
	2人	39,280	33,808	29,617	35.9	37.8	39.7
	3人	22,046	18,297	15,082	20.1	20.5	20.2
	4人～	40,947	29,753	21,679	37.4	33.3	29.1
	再掲：1～2人	46,458	41,420	37,765	42.4	46.3	50.7
平均世帯員数	計	3.36	3.18	2.99			
	15歳以上	3.02	2.89	2.74			

である。これは2008年からの10年間で平均世帯員数が11.0％（全年齢）、9.3％（15歳以上）減少したことを意味している。世帯員数が３人を割り込んでもなお、これだけの縮小を継続しているということは、世帯の再生産の不可能な単身世帯と「高齢者夫婦プラス独身男子」の世帯が増加していることを推察させるものである。ちなみに世帯員数別の漁家数の構成比で１～２人世帯を見ると、2008年においては１人＝6.6％、２人＝35.9％、合計42.4％であったものが、2018年には１人＝10.9％、２人＝39.7％、合計50.7％と急速な上昇を示している。

なお、農林業センサスで得られる農家の１世帯当たりの全年齢の世帯員数を見ると、2000年から2015年までの４回の調査で、それぞれ4.5人、4.3人、4.0人、3.7人と推移している[11]。漁業個人経営体世帯の平均世帯員数は農家に比較して相当に小さいといわなければならない。

もっともこのような世帯の小規模化は漁業特有の現象というわけではない。2015年の国勢調査によれば、全国民の１世帯平均の世帯員数は2.33人であって、漁業個人経営体世帯よりさらに小規模であり、5,333万世帯のうち１人世帯は18,418千戸、構成比は34.5％、２人世帯は14,877千戸、27.9％であって、１～２人世帯合計では62.4％を占めているのである。漁家世帯の小規模化の傾向も、親子世代の分離居住化という全国的な趨勢の中で生じている現象であって、特段重視しなければならないことではないという見方もあり得るであろう。

とはいえ家族協業をなお相当程度必要とし、そのためには親子２世代の同居が好都合である自営漁業にとっては、世帯規模零細化・親子別居の一般化という趨勢は漁業に就業する若年世代を減少させる原因となっていることが否定できない。また、一般世帯では単身世帯の方が世帯員２人の世帯数よりも多く、構成比で３分の１を超えているのに対して、漁家においては単身世帯の割合は10％をようやく超えたところであることも大きな違いである。さらに漁家の小規模世帯の世帯員は圧倒的に高齢者であるのに対して、都市部の小規模世帯は若年単身者の比重がずっと高いという相違もある。こうした点を考慮すると、世帯構造の変化に対する対応策としては、漁村においては都市部とは異なった独自の配慮が必要であることがわかる。

続いて表 2-12 によって世帯規模の地域差を見ると、単身世帯の構成比が

表 2-12　世帯員数別個人経営体数の構成比（2018 年，漁業個人経営体）

（単位：%）

	構成比					1 世帯当世帯員数（人）
	1 人	2 人	3 人	4 人～	再掲 1 ～ 2 人	
全国	10.9	39.7	20.2	29.1	50.7	2.99
高知	14.3	53.6	18.2	13.9	67.9	2.42
鹿児島	14.8	53.0	16.3	15.8	67.8	2.46
広島	15.2	51.8	16.1	16.9	67.0	2.45
山口	14.2	51.6	17.5	16.7	65.8	2.49
東京	21.7	43.3	16.5	18.5	65.0	2.42
和歌山	13.6	49.5	15.6	21.3	63.1	2.61
大分	10.4	51.2	19.4	19.0	61.6	2.65
宮崎	14.2	44.8	18.7	22.3	59.0	2.74
香川	13.0	44.4	20.0	22.7	57.3	2.71
長崎	10.9	45.0	20.8	23.3	55.9	2.83
沖縄	21.9	33.7	18.5	25.8	55.6	2.71
三重	9.7	45.7	19.3	25.2	55.4	2.84
愛媛	11.4	44.0	20.1	24.5	55.4	2.80
徳島	11.4	43.9	21.2	23.5	55.3	2.80
兵庫	13.2	40.7	18.9	27.2	53.9	2.84
岡山	11.2	42.5	19.7	26.7	53.6	2.83
大阪	18.9	34.7	17.8	28.6	53.5	2.76
島根	11.2	42.2	21.5	25.1	53.5	2.85
石川	7.9	42.2	17.8	32.1	50.1	3.16
秋田	7.6	42.4	22.9	27.1	50.0	2.95
熊本	8.6	40.0	20.7	30.6	48.6	3.15
京都	7.1	40.1	22.3	30.4	47.2	3.04
千葉	11.0	35.9	22.6	30.5	46.9	3.05
鳥取	9.5	36.6	22.5	31.4	46.1	3.11
北海道	9.4	36.2	21.2	33.2	45.6	3.14
神奈川	12.9	32.5	20.2	34.3	45.4	3.10
新潟	9.8	35.6	22.3	32.4	45.4	3.14
山形	10.7	33.9	21.0	34.3	44.6	3.21
青森	9.3	35.2	22.1	33.3	44.5	3.18
福岡	9.3	33.9	20.8	36.0	43.2	3.33
静岡	10.7	31.7	22.4	35.2	42.4	3.17
富山	9.3	31.9	19.6	39.2	41.2	3.31
愛知	6.5	32.7	20.3	40.5	39.2	3.41
福井	7.7	29.7	22.5	40.1	37.4	3.45
岩手	7.5	29.5	23.5	39.5	37.1	3.46
茨城	7.5	29.2	20.8	42.5	36.8	3.47
宮城	7.0	26.2	22.3	44.4	33.2	3.59
佐賀	3.9	23.0	19.9	53.2	27.0	4.10
福島	4.5	20.6	20.6	54.2	25.1	4.07

注：世帯員 1 ～ 2 人の個人経営体数の割合の高い順に配列した。

高いのは21％台の沖縄と東京であり、大阪18.9％、広島15.2％がこれに次いでいる。また全漁家世帯のうちで世帯員が１～２人の世帯の割合をみると、60％以上の県は７県（比率の高い順に高知・鹿児島・広島・山口・東京・和歌山・大分）、50％～60％が13県を占めているのである。他方、世帯員数の多い県としては１～２人世帯の構成比が25.1％の福島、27.0％の佐賀がある。１～２人世帯の構成比の少ない順に上位10県をとると、福島・宮城・茨城・岩手・山形・青森と東北６県のうちの５県が含まれていること、太平洋北区の５県のすべてが10位以内に含まれていることからみて、東北諸県が漁家の家族規模が相対的に大きいことが明らかである。なお、福島県は2008年にもそれ以前にも世帯規模が最も大きい県の一つであったから、2018年における同県の世帯規模の大きさも大震災の被災による住居の変化によるものではなく、伝統的な地域性の影響が強いといえるだろう。

以上のように個人経営体世帯の性格は世帯員数の減少傾向が継続しているが、それは大きな地域差を含んだ日本全体の動向と、漁業のあり方の地域差の両要因によって規定されているといえよう。

一方世帯員の男女差については、日本全体では15歳以上人口の男女比は、女子１人に対して男子は0.930人と７％だけ少ない[12]。この理由は主として女子の平均寿命が男子のそれを６歳程度超えているためである。それゆえ労働力の中心をなす20-60歳の範囲の人口はほぼ同数となっている。しかるに、同じ指標を個人漁業経営体世帯に当てはめると、表2-13に示す通り

表2-13　漁業個人経営体の世帯数と世帯員数

（単位：世帯、人）

			全国			1世帯当たり		
			2008年	2013年	2018年	2008年	2013年	2018年
世帯数			109,451	89,470	74,526	nc	nc	nc
世帯員数	男	14歳以下	19,049	13,307	9,779	0.17	0.15	0.13
		15歳以上	171,294	136,245	108,692	1.57	1.52	1.46
	女	14歳以下	18,220	12,725	9,326	0.17	0.14	0.13
		15歳以上	158,894	122,671	95,204	1.45	1.37	1.28
男÷女		14歳以下	1.045	1.046	1.049			
		15歳以上	1.078	1.111	1.142			

2018年の全国平均で1.142と男子の方が14.2%も多いし、その値が7.8%であった2008年からの10年間でその差がさらに6%以上も上積みされていることがわかる。さらに表2-14で県別の個人経営体世帯（漁家）の男女比を見ると、沖縄県1.36倍、東京都1.35倍をピークとして、1.2～1.3倍が7県、1.1～1.2倍が24県、1.0～1.1倍が6県という分布である。このような地域差の理由は女子の方が男子よりも高い比率で若年時に都市部に流出する傾向が強く、その後のUターンも少ないことによっている。これに対して男子は「あととり」の規範意識もあって親元に残ったり、Uターンしたりする傾向が相対的に強く、結果として同一年齢の男子の人数が女子の人数を大幅に上回ってしまい、漁業・農業の就業者の未婚者比率が高くなっているのである。

続いて個人経営体世帯に14歳以下の若年者がどの程度存在しており、今後に若い世帯の流出が全くなかったとした場合に、どの程度の世帯が次の世代に世帯を引き継げるのかについて考えてみよう。そこで表2-13によって14歳以下の男女それぞれが1世帯当たりに何人いるのかを見ると、全国平均では男女ともにこの10年間で0.17人から0.13人へと人数を下げていることがわかる。0-14歳の男女が合わせて100戸に26人しかいないということは、現在のままで人口の流出が全くなかったとしても、この世代が出産年齢人口の中心をしめる20年後（同世代が20-34歳になっている）には、この世代で夫婦を形成できる者が100戸に13戸しかないことになり、残りの87戸は家としては絶えることになりそうである。住民の多くが漁家世帯員である漁村的色彩の強い集落が、一般産業の勤労者が増加して混住化が進んで漁業者がまばらな集落に変わっていくか、あるいは居住者が急減する事態になるのか、いずれにしても地域の性格が大きく変わることが予想される。

もっともこの点でも地域差は非常に大きい。14歳以下世帯員数が個人経営体世帯10戸あたりで何人いるのかを表2-14で見ると、ほぼ2世帯に1人は存在している佐賀・福島・沖縄等と、10世帯に1人に過ぎない高知・和歌山などの差が大きいことが明らかである。そうであるとすれば、それぞ

表 2-14　個人経営体世帯の男女比と 14 歳以下世帯員数

（単位：人）

男÷女（15 歳以上）		10 世帯当たり 14 歳以下世帯員数	
全国	1.142	全国	2.56
沖縄	1.364	佐賀	4.62
東京	1.348	福島	4.49
高知	1.242	沖縄	4.33
宮崎	1.234	富山	4.07
鹿児島	1.225	福岡	3.66
広島	1.215	福井	3.37
神奈川	1.206	愛知	3.35
兵庫	1.205	岩手	3.33
和歌山	1.204	静岡	3.20
香川	1.189	茨城	3.02
岡山	1.175	北海道	3.01
大阪	1.171	宮城	2.87
鳥取	1.169	東京	2.84
新潟	1.163	京都	2.70
長崎	1.158	熊本	2.69
愛媛	1.155	神奈川	2.66
徳島	1.155	青森	2.64
茨城	1.152	宮崎	2.51
山口	1.151	山形	2.47
秋田	1.142	鳥取	2.47
千葉	1.142	新潟	2.43
静岡	1.140	岡山	2.38
大分	1.140	石川	2.36
京都	1.137	島根	2.27
青森	1.131	長崎	2.21
島根	1.117	千葉	2.17
愛知	1.111	兵庫	2.12
福岡	1.110	大阪	2.11
熊本	1.106	香川	2.05
岩手	1.106	鹿児島	2.05
北海道	1.106	愛媛	2.02
福島	1.103	秋田	2.02
宮城	1.101	三重	1.84
富山	1.099	徳島	1.83
福井	1.082	大分	1.59
石川	1.067	広島	1.42
三重	1.063	山口	1.41
佐賀	1.052	和歌山	1.40
山形	1.020	高知	1.20

れの地域の特性を把握した上で、必要かつ可能な地域社会のあり方を構想する必要があるであろう。

———（注）

[1] 2003年の漁業センサスまでは海上作業に年間30日以上従事した者のうち、自営漁業と雇われ漁業（共同漁業に出資・従事を含む）の両方に従事した者は、自営漁業・雇われ漁業のうち海上作業従事日数の多い方の就業者として分類されていた。これに対して2008年のセンサスからは、自営漁業・雇われ漁業の両方に従事した者は自営漁業就業者には含めないことになった。この結果、2003年までの方式による自営漁業就業者を2008年以降の方式で測定すると５%程度減少して示されることになった。

[2] 1978年の65歳以上、1988年の65歳以上はそれ以上の年齢層も含んでおり、年齢階層の幅が大きいため比較できない。

[3] より正確に言えば戦前は義務教育は小学校６年までであったが、その後に希望によって高等小学校に２～３年通う者が多かった。

[4] 紙幅の関係で示していないが、コーホート的にみた場合の追加参入者の多寡を県別に見ると、地域によって様相が大きく異なっており、当該県の自営漁業がどの年齢階層まで魅力のある産業とみなされていたのかが判断できる。

[5] 男子・自営漁業就業者のセンサス年間の減少率は2008～2013年では20.4%、2013～2018では18.4%である。

[6] その理由は29歳未満では「基幹的漁業従事者」とされる漁業者は少ないので、15歳からの３年齢階層を１階層として示した方が便宜だと判断されたのであろう。

[7] １経営体に男子２人以上が存在しうる自営漁業就業者よりも、１経営体で一人しかカウントされない基幹的漁業従事者の方が多いことは奇異に感じられるかも知れないが、例えば別々に30日未満だけ操業している複数の海上作業者が存在している経営体の場合、世帯として30日以上海上作業を行っていれば、漁業経営体としてセンサスの調査対象となり、30日以上海上作業を行う自営漁業就業者はいないが、基幹的漁業従事者は存在することになる。

[8] 加瀬和俊『沿岸漁業の担い手と後継者』成山堂書店、1988年、39頁。

[9] 福島県は東京電力の原子力発電所の事故のために操業自粛を余儀なくされたため、2013年には漁業センサスの対象とならなかった。

[10] 後継者確保率を高めることは漁業行政上の実践的課題でもあるので、有用な再

集計がなされるべきであろう。たとえば前回センサスで「後継者あり」と回答した経営体の５年後がどのようになっているのかを調査個票にもとづいて集計するだけでも、５年間に①廃業した経営体、②回答通りに後継者が経営者になったか、引き続き後継者ありと回答している経営体、③後継者無しへ回答が変化した経営体に分かれるが、どのような事情が個々の漁家の後継者のあり方に影響を与えたのかが、調査個票の他の項目を利用して推測できるであろう。同様に、５年間で「後継者無し」から「後継者あり」に転じた経営体の事情についても有力な情報が得られるはずである。

[11] 農林水産省編『2015 年農林業センサス総合分析報告書』農林統計協会、2018 年、86 頁。

[12] 2015 年の国勢調査結果より算出。

２－２．雇用乗組員と外国人

佐々木　貴文

（１）雇われ漁業就業者の現状と動向

１）主とする漁業種類別の雇われ漁業就業者

表2-15は、主とする漁業種類別の男子雇われ漁業就業者数を2008年から５年ごとに確認するとともに、2008年ならびに2013年からの５年後の増減率を確認するものとなっている。そして表2-16は女子について同様の確認をするものとなっている。

男子の雇われ漁業就業者は、５年毎に約１割の減少を続けている。この減少率を基準としてみた場合、遠洋底びき網や遠洋･近海まぐろはえ縄、さけ･ます流し網、近海かつお一本釣りといった、かつて日本の漁獲生産を支えた各種漁業が雇用力を失い衰退を続けていることが確認できる。遠洋底びき網にいたっては、５年ごとに４割以上も就業者を減らしている。

遠洋かつお一本釣り漁業も、2008年から2013年にかけて雇用者を40.4％減らした。ただ同漁業では、2013年から2018年にかけて3.8％増とわずかに増加に転じて小康を保っている。遠洋ならびに近海の１そうまきかつお・まぐろは、赤道付近の南方漁場でのかつお・まぐろ類の漁獲が堅調に推移して、漁場国への入漁料の高騰といった問題に直面しながらも、遠洋漁業でほとんど唯一といってよいほどの好調さを持続している。その結果が、2013年から2018年にかけての雇われ漁業就業者数の増加となって表れている可能性がある。

他方、同じまき網漁業でも、１そうまきその他、２そうまきはいまだ縮小トレンドにあり、とくに雇用者数の大きい１そうまきその他は減少傾向を強めている。水産庁が推進する漁業構造改革プロジェクト事業によって、東北地方などで大中型まき網漁業のミニ船団化・省力化が進んでいることが背景にある。

表 2-15　主とする漁業種類別の雇われ漁業就業者数（男子）

主とする漁業種類	男						
	雇われ漁業就業者数					増減率	
	2008 年	2013 年	2018 年			2008 → 2013	2013→2018
				漁業従事役員	漁業雇われ		
(単位)	人	人	人	人	人	%	%
計	75,446	67,693	61,254	8,519	52,735	▲ 10.3	▲ 9.5
遠洋底びき網	214	125	70	-	70	▲ 41.6	▲ 44.0
以西底びき網	55	49	-	-	-	▲ 10.9	-
沖合底びき網１そうびき	2,443	1,898	1,683	127	1,556	▲ 22.3	▲ 11.3
沖合底びき網２そうびき	420	308	283	4	279	▲ 26.7	▲ 8.1
小型底びき網	4,342	4,058	3,502	677	2,825	▲ 6.5	▲ 13.7
船びき網	7,903	6,992	6,453	1,200	5,253	▲ 11.5	▲ 7.7
１そうまき遠洋かつお・まぐろ	653	384	505	1	504	▲ 41.2	31.5
１そうまき近海かつお・まぐろ	392	367	421	10	411	▲ 6.4	14.7
１そうまきその他	2,645	2,356	1,943	99	1,844	▲ 10.9	▲ 17.5
２そうまき	411	385	347	23	324	▲ 6.3	▲ 9.9
中・小型まき網	4,493	3,920	3,182	322	2,860	▲ 12.8	▲ 18.8
さけ・ます流し網	347	202	53	3	50	▲ 41.8	▲ 73.8
かじき等流し網	119	74	62	8	54	▲ 37.8	▲ 16.2
その他の刺網	3,474	2,861	2,619	154	2,465	▲ 17.6	▲ 8.5
さんま棒受網	1,271	1,300	1,256	69	1,187	2.3	▲ 3.4
大型定置網	5,963	6,019	4,908	663	4,245	0.9	▲ 18.5
さけ定置網	4,515	4,581	3,707	1,109	2,598	1.5	▲ 19.1
小型定置網	5,060	4,027	3,112	573	2,539	▲ 20.4	▲ 22.7
その他の網漁業	2,010	1,341	1,223	87	1,136	▲ 33.3	▲ 8.8
遠洋まぐろはえ縄	1,901	1,354	990	77	913	▲ 28.8	▲ 26.9
近海まぐろはえ縄	972	688	561	96	465	▲ 29.2	▲ 18.5
沿岸まぐろはえ縄	267	214	158	23	135	▲ 19.9	▲ 26.2
その他のはえ縄	1,122	756	761	46	715	▲ 32.6	0.7
遠洋かつお一本釣	570	340	353	17	336	▲ 40.4	3.8
近海かつお一本釣	710	624	475	41	434	▲ 12.1	▲ 23.9
沿岸かつお一本釣	296	298	283	31	252	0.7	▲ 5.0
遠洋いか釣	18	-	-	-	-	-	-
近海いか釣	753	492	394	22	372	▲ 34.7	▲ 19.9
沿岸いか釣	1,019	965	654	46	608	▲ 5.3	▲ 32.2
ひき縄釣	139	98	135	18	117	▲ 29.5	37.8
その他の釣	920	833	787	92	695	▲ 9.5	▲ 5.5
小型捕鯨	24	31	23	1	22	29.2	▲ 25.8
潜水器漁業	688	655	460	66	394	▲ 4.8	▲ 29.8
採貝・採藻	1,184	1,376	1,053	87	966	16.2	▲ 23.5
その他の漁業	2,373	2,238	2,139	252	1,887	▲ 5.7	▲ 4.4
ぎんざけ養殖	149	222	374	13	361	49.0	68.5
ぶり類養殖	2,176	2,004	2,057	364	1,693	▲ 7.9	2.6
まだい養殖	1,314	1,050	1,388	206	1,182	▲ 20.1	32.2
ひらめ養殖	286	230	125	32	93	▲ 19.6	▲ 45.7
くろまぐろ養殖	352	584	874	87	787	65.9	49.7
とらふぐ養殖	…	…	324	81	243	} ▲ 4.0	} ▲ 11.2
その他の魚類養殖	631	606	214	35	179		
ほたてがい養殖	2,555	2,564	2,942	162	2,780	0.4	14.7
かき類養殖	1,418	1,342	1,413	263	1,150	▲ 5.4	5.3
その他の貝類養殖	238	149	188	30	158	▲ 37.4	26.2
くるまえび養殖	353	362	312	55	257	2.5	▲ 13.8
ほや類養殖	28	21	74	2	72	▲ 25.0	252.4
その他の水産動物類養殖	48	55	18	2	16	14.6	▲ 67.3
こんぶ類養殖	284	297	362	21	341	4.6	21.9
わかめ類養殖	765	1,307	1,180	43	1,137	70.8	▲ 9.7
のり類養殖	3,958	3,693	3,736	959	2,777	▲ 6.7	1.2
その他の海藻類養殖	320	366	403	20	383	14.4	10.1
真珠養殖	806	581	647	92	555	▲ 27.9	11.4
真珠母貝養殖	79	51	68	8	60	▲ 35.4	33.3

注：1）本数値は、主とする漁業種類別経営体に雇われた漁業就業者の結果である。
2）2018 年調査において「漁業雇われ」から「漁業従事役員」を分離して新たに調査項目として設定しており、2008 年、2013 年値は「漁業雇われ」に「漁業従事役員」を含んでいる。
3）2008 年及び 2013 年の「くろまぐろ養殖」の数値は「まぐろ類養殖」として調査した結果である。
4）2008 年と 2013 年の「とらふぐ養殖」の「…」は調査を欠くことを意味し、その数値は「その他の魚類養殖」に含まれる。

この他の漁船漁業では、さんま棒受網が2008年から2013年にかけて微増であったものが、2013年から2018年では減少に転じる変化をみせた。2016年漁期のさんま漁が過去40年で最低を記録し、翌2017年漁期も同様の不漁にみまわれ、経営環境が悪化していることが要因にあげられる。

漁村共同体を基礎として生産活動が展開される傾向のある定置網と各種の養殖業であるが、近年はそれぞれ異なる変化をみせてきた。

小型定置網が2008年から2013年にかけて２割以上も就業者を減らす一方、この間、大型定置網やさけ定置網は現状を維持した。しかし2013年からの５年間では、各定置網が足並みをそろえるように２割程度の減少となった。北海道や東北地方でのさけの不漁が知られるところであるが、これ以外でも多くの魚種の全国的な不漁が続いており、経営体の収益が低迷している。水温の上昇といった海洋環境の変化への柔軟な対応は、漁具・漁場を固定する定置網にとっては難しく、今後も就業者の減少が継続する可能性がある。歴史的に雇われ漁業就業者の多い漁業種類だけに、地域経済にとっても懸念は大きい。

対して養殖業は、全体でみれば就業者を増やす方向にある。大手水産資本が参入するなど成長が期待されているくろまぐろ養殖や、地方活性化に資することが期待されているぎんざけ養殖は、2008年から2018年まで一貫して大きく雇われ漁業就業者を増加させ、全漁業種類で１、２を争う増加率となっている。

まだい養殖やぶり類養殖も、2008年から2013年にかけては減少したものの、2013年から2018年では増加に転じた。特にまだい養殖で顕著な変化がみられ、20.1％減から32.2％増へとＶ字回復をみせた。家族経営体が減少する一方で雇用労働力に依存する大規模経営体が増加していることが要因にある。

貝類養殖でも増加傾向が持続、もしくは増加に転じるトレンド変化が確認できる。前者としては北海道を主産地とするほたてがい養殖があり、後者としては瀬戸内地方を主産地とするかき類養殖などがある。企業的な生産が展開されることを特徴としたのり類養殖と真珠養殖でも、雇用労働者数が増加

表 2-16　主とする漁業種類別の雇われ漁業就業者数（女子）

主とする漁業種類	女						
	雇われ漁業就業者数					増減率	
	2008 年	2013 年	2018 年	漁業従事役員	漁業雇われ	2008 → 2013	2013 → 2018
（単位）	人	人	人	人	人	%	%
計	5,409	4,045	3,504	207	3,297	▲ 25.2	▲ 13.4
遠洋底びき網	-	-	-	-	-	-	-
以西底びき網	-	-	-	-	-	-	-
沖合底びき網１そうびき	5	1	1	1	-	▲ 80.0	0.0
沖合底びき網２そうびき	-	-	-	-	-	-	-
小型底びき網	116	115	91	3	88	▲ 0.9	▲ 20.9
船びき網	188	134	113	15	98	▲ 28.7	▲ 15.7
１そうまき遠洋かつお・まぐろ	-	-	-	-	-	-	-
１そうまき近海かつお・まぐろ	-	-	-	-	-	-	-
１そうまきその他	3	-	2	-	2	-	-
２そうまき	-	-	1	-	1	-	-
中・小型まき網	60	28	22	-	22	▲ 53.3	▲ 21.4
さけ・ます流し網	-	4	-	-	-	-	-
かじき等流し網	-	-	1	-	1	-	-
その他の刺網	225	160	186	4	182	▲ 28.9	16.3
さんま棒受網	3	9	6	4	2	200.0	▲ 33.3
大型定置網	47	61	37	10	27	29.8	▲ 39.3
さけ定置網	48	44	41	10	31	▲ 8.3	▲ 6.8
小型定置網	155	101	75	7	68	▲ 34.8	▲ 25.7
その他の網漁業	76	55	57	1	56	▲ 27.6	3.6
遠洋まぐろはえ縄	-	-	1	-	1	-	-
近海まぐろはえ縄	-	-	3	3	-	-	-
沿岸まぐろはえ縄	8	2	2	-	2	▲ 75.0	0.0
その他のはえ縄	38	14	39	1	38	▲ 63.2	178.6
遠洋かつお一本釣	-	-	-	-	-	-	-
近海かつお一本釣	-	-	-	-	-	-	-
沿岸かつお一本釣	1	2	1	-	1	100.0	▲ 50.0
遠洋いか釣	-	-	-	-	-	-	-
近海いか釣	-	-	-	-	-	-	-
沿岸いか釣	33	19	17	1	16	▲ 42.4	▲ 10.5
ひき縄釣	17	7	2	-	2	▲ 58.8	▲ 71.4
その他の釣	46	38	35	1	34	▲ 17.4	▲ 7.9
小型捕鯨	-	-	-	-	-	-	-
潜水器漁業	39	9	15	2	13	▲ 76.9	66.7
採貝・採藻	211	244	193	2	191	15.6	▲ 20.9
その他の漁業	131	129	108	3	105	▲ 1.5	▲ 16.3
ぎんざけ養殖	5	1	2	-	2	▲ 80.0	100.0
ぶり類養殖	194	129	150	32	118	▲ 33.5	16.3
まだい養殖	144	88	95	19	76	▲ 38.9	8.0
ひらめ養殖	106	42	19	3	16	▲ 60.4	▲ 54.8
くろまぐろ養殖	29	28	26	-	26	▲ 3.4	▲ 7.1
とらふぐ養殖	…	…	37	5	32	} ▲ 38.1	} ▲ 5.8
その他の魚類養殖	139	86	44	4	40		
ほたてがい養殖	636	413	441	9	432	▲ 35.1	6.8
かき類養殖	503	433	372	14	358	▲ 13.9	▲ 14.1
その他の貝類養殖	125	73	74	-	74	▲ 41.6	1.4
くるまえび養殖	88	59	44	2	42	▲ 33.0	▲ 25.4
ほや類養殖	4	1	10	-	10	▲ 75.0	900.0
その他の水産動物類養殖	25	9	18	-	18	▲ 64.0	100.0
こんぶ類養殖	31	41	24	-	24	32.3	▲ 41.5
わかめ類養殖	63	261	99	1	98	314.3	▲ 62.1
のり類養殖	700	463	291	27	264	▲ 33.9	▲ 37.1
その他の海藻類養殖	63	22	22	-	22	▲ 65.1	0.0
真珠養殖	989	661	613	21	592	▲ 33.2	▲ 7.3
真珠母貝養殖	115	59	74	2	72	▲ 48.7	25.4

注：1）本数値は、主とする漁業種類別経営体に雇われた漁業就業者の結果である。
2）2018 年調査において「漁業雇われ」から「漁業従事役員」を分離して新たに調査項目として設定しており、2008 年、2013 年値は「漁業雇われ」に「漁業従事役員」を含んでいる。
3）2008 年及び 2013 年の「くろまぐろ養殖」の数値は「まぐろ類養殖」として調査した結果である。
4）2008 年と 2013 年の「とらふぐ養殖」の「…」は調査を欠くことを意味し、その数値は「その他の魚類養殖」に含まれる。

に転じる様子が確認できる。

他方、くるまえび養殖では2008年から2013年の微増が一転、2013年から2018年は全体の平均を上回る13.8%のマイナスとなった。実数としては大きな変化とはいえないが、発展が期待される一方で病害発生に脆弱な養殖種類であるので、今後の推移を見守る必要がある。

女子については、表2-16をみると、減少幅を縮小させているとはいえ、男子を上回る減少幅で推移している。2008年からの5年間では25.2%減、2013年からの5年間では13.4%減となった。

女子の特徴としては、各種養殖業への従事が大きな位置を占めていることがあげられる。2008年では73.2%、2013年では70.9%、2018年では70.1%が各種養殖業への従事であった。各種養殖業に限定してみた場合の増減率は、2008年からの5年間でマイナス27.5%、2013年からではマイナス14.4%となって減少幅を縮めてきている。

個別の養殖業の実態をみると、のり類養殖やくるまえび養殖、ひらめ養殖では、2008年から2013年、2013年から2018年ともに大きく減少する養殖種類があることがわかる。その一方で、実数ではそれほど顕著な増加とはいえないものの、ぶり類養殖やまだい養殖、ほたてがい養殖といったところでは、2008年から2013年の大幅減から反転し、2013年から2018年にかけて増加に転じるようになった養殖種類もある。

貝類養殖では、ほたてがい養殖で増加への反転がみられたものの、かき類養殖では減少傾向が継続しており、また真珠養殖も同様の傾向を示している。

養殖業以外では、採貝・採藻や小型定置網を中心とした各定置網漁業に従事する者が一定程度みられるが、全体的にみれば減少する方向が明確になってきているといえる。また漁船漁業をみると、小型底びき網や船びき網での縮小傾向が確認できる。その反面、その他の刺網、その他の網漁業、その他のはえ縄では減少傾向に歯止めがかかった様子もうかがえる。ただ、いずれも実数は限られるためトレンドの判定は難しい。

（２）外国人労働力の現状と動向

日本漁業・水産加工業は、少子・高齢化社会が到来するなかで外国人労働力への依存を拡大してきた。遠洋・沖合漁業、そして養殖業や定置網漁業といった沿岸漁業では外国人労働力が産業の維持に重要な役割を果たしている。拡大過程を歴史的にみれば、遠洋漁業へのマルシップ船員の配乗が外国人導入の先鞭をつけ、それに沖合漁業への技能実習生の導入が追従したかたちとなった。外国人への依存要因としては、200 カイリ体制下での経営環境の悪化から人件費圧縮の必要性に迫られた遠洋漁業の苦境や、労働力の供給源であった漁村の疲弊を背景とした沖合漁業での人材不足などがあった。漁船漁業の労働環境や賃金水準が、他産業との人材獲得面での競争力を失っていったことも要因にあげられる。

養殖業ではかき類養殖への導入がはやかった。かき類養殖ではむき身作業の負担が大きく、家族労働ではまかなえない部分を外部労働力に頼ってきたが、域内での確保が困難となるなかで技能実習生（当初は研修生）を中心に外国人労働力の導入をはやいペースで進めてきた。これに現在、ほたてがい養殖への技能実習生の導入拡大が北海道などで進み、貝類養殖での外国人依存をより深化させるようになっている。

水産加工業では、技能実習生の他、2018 年末に新設された在留資格「特定技能」を有する者や日系人、日本人の配偶者である外国人などが働いており、一般的に経営体力に余力のとぼしい水産加工業の存続に貢献している。量的規模は漁業を大きく上回っており、不可欠な労働力として地域経済を支えているといってよい。

漁業センサスを見る場合、こうした導入拡大の推移を確認することになるが、統計調査の方法に起因して在留資格などが把握されておらず、漁船漁業であればマルシップ船員なのか外国人技能実習生なのか、水産加工業では技能実習生であるのかそれ以外であるのかといった分析ができない。

それでも、今日の日本経済を足元から支える存在となった外国人労働者の就業構造を知ることは大きな意義が認められる。漁業種類ごとの動向だけでなく、漁船規模・養殖規模・加工場規模ごとの動向、さらには都道府県・市町村別の様子を把握することは、これからの日本漁業・水産加工業の姿を考察するうえで閑却することはできない。

1）11月1日現在の海上作業従事者数における外国人比率

表2-17は、11月1日現在の海上作業従事者数における外国人比率を、漁船トン数別や各種定置網漁業、各種養殖業などについてみたものとなっている。2008年から5年ごとの推移を確認するとともに、2008年ならびに2013年からの5年後の増減率も示している。

外国人数の総数は、2008年から2013年はほぼ横ばいであったけれども、2013年から2018年にかけては400人以上の増加がみられた。この変化について、沿岸漁業層、海面養殖層、中小漁業層、大規模漁業層のそれぞれの推移から全体動向を分析すると、海面養殖層と中小漁業層での外国人依存が拡大する半面、大規模漁業層での導入規模縮小がみられたことがわかる。ここからは、大きなトレンドとして、技能実習生の増加とマルシップ船員の減少が続いていると言い換えることができる。

2008年から2013年にかけて、総数に変化が小さかった理由は、大規模漁業層での減少（マルシップ船員の減少）と海面養殖層での増加（技能実習生の増加）が相殺する関係にあったためであるが、2013年から2018年にかけての総数の増加局面では、大規模漁業層での減少を海面養殖層での増加で補いつつ、さらに中小漁業層での増加（技能実習生の増加）があって純増となったことが読み取れる。

こうしたトレンドについてより詳細をみると、例えば動力漁船使用階層における外国人比率は、10－20トン層を除けばトン数が大きくなればなるほど増加していることがわかる。その10－20トン漁船は各種沖合漁業で多用されることから、外国人数・外国人比率は双方堅調に増加している。

動力漁船使用階層の外国人比率については、50－100トン層での2013年から2018年における増加が7ポイント以上となり、顕著な変化をみせている。実数も伸びている。沖合底びき網漁業などでの外国人技能実習生の導入拡大が後景にある。また、この間の漁業構造改革プロジェクト事業によっ

表 2-17 経営体階層別漁業種類別 11 月 1 日現在の海上作業従事者数における外国人比率

		2008 年			2013 年			2018 年			2008-2013	2013-2018
		従事者数	外国人数	外国人比率	従事者数	外国人数	外国人比率	従事者数	外国人数	外国人比率	外国人比率増減率	外国人比率増減率
(単位)		人	人	%	人	人	%	人	人	%	%	%
計		217,107	6,170	2.8	177,728	6,206	3.5	155,692	6,644	4.3	18.6	18.2
漁船非使用階層		2,099	-	-	1,587	-	-	1,562	-	-	-	-
漁船使用	無動力漁船のみ	132	-	-	126	-	-	57	-	-	-	-
	船外機付漁船	22,641	-	-	18,331	1	0.0	16,259	6	0.0	-	85.2
動力漁船使用	1トン未満	3,287	-	-	2,498	-	-	1,910	-	-	-	-
	1 - 5	19,133	-	-	14,119	2	0.0	11,205	2	0.0	-	20.6
	3 - 5	33,562	3	0.0	26,013	2	0.0	21,090	8	0.0	-16.3	79.7
	5-10	17,880	23	0.1	14,987	46	0.3	13,473	68	0.5	58.1	39.2
	10-20	14,536	567	3.9	12,065	696	5.8	11,024	796	7.2	32.4	20.1
	20-30	3,252	15	0.5	2,930	37	1.3	2,461	45	1.8	63.5	30.9
	30-50	3,730	118	3.2	3,655	159	4.4	3,124	236	7.6	27.3	42.4
	50-100	4,397	220	5.0	3,587	182	5.1	2,929	365	12.5	1.4	59.3
	100-200	5,062	255	5.0	4,986	515	10.3	4,679	704	15.0	51.2	31.4
	200-500	3,709	748	20.2	2,544	466	18.3	1,881	389	20.7	-10.1	11.4
	500-1,000	3,088	978	31.7	2,672	722	27.0	2,091	687	32.9	-17.2	17.8
	1,000-3,000	6,242	2,777	44.5	4,813	2,221	46.1	4,312	1,707	39.6	3.6	-16.6
	3,000 トン以上	824	409	49.6	560	280	50.0	402	214	53.2	0.7	6.1
海面漁業	大型定置網	6,222	15	0.2	6,258	39	0.6	5,116	95	1.9	61.3	66.4
	さけ定置網	4,801	-	-	5,074	37	0.7	3,832	3	0.1	-	-831.4
	小型定置網	9,406	-	-	7,428	5	0.1	5,659	15	0.3	-	74.6
海面養殖	計	53,104	42	0.1	43,495	796	1.8	42,626	1,304	3.1	95.7	40.2
	魚類養殖計	8,432	0	0.0	6,901	22	0.3	7,062	41	0.6	100.0	45.1
	ぎんざけ養殖	290	-	-	233	4	1.7	521	15	2.9	-	40.4
	ぶり類養殖	3,333	-	-	2,840	14	0.5	2,676	14	0.5	-	5.8
	まだい養殖	2,653	-	-	1,799	-	-	1,967	11	0.6	-	-
	ひらめ養殖	562	-	-	354	1	0.3	161	-	-	-	-
	とらふぐ養殖	…	…	…	…	-	-	494	-	-	nc	nc
	くろまぐろ養殖	408	-	-	673	-	-	896	-	-	nc	nc
	その他の魚類養殖	1,186	-	-	1,002	3	0.3	347	1	0.3	-	-3.9
	ほたてがい養殖	10,080	-	-	8,648	9	0.1	8,910	202	2.3	-	95.4
	かき類養殖	6,329	40	0.6	5,323	747	14.0	5,615	1,035	18.4	95.5	23.9
	その他の貝類養殖	703	1	0.1	494	-	-	481	-	-	-	-
	くるまえび養殖	484	-	-	465	-	-	365	2	0.5	-	-
	ほや類養殖	421	-	-	74	-	-	335	3	0.9	-	-
	その他の水産動物類養殖	173	-	-	157	-	-	115	-	-	-	-
	こんぶ類養殖	2,253	-	-	1,811	-	-	1,773	-	-	-	-
	わかめ類養殖	4,189	-	-	4,269	-	-	3,802	8	0.2	-	-
	のり類養殖	14,675	1	0.0	11,643	16	0.1	10,333	11	0.1	95.0	-29.1
	その他の海藻類養殖	944	-	-	817	-	-	1,090	2	0.2	-	-
	真珠養殖	3,561	-	-	2,393	2	0.1	2,271	-	-	-	-
	真珠母貝養殖	860	-	-	500	-	-	474	-	-	-	-
沿岸漁業層計		172,267	83	0.0	139,916	928	0.7	122,789	1,501	1.2	92.7	45.7
海面養殖層計		53,104	42	0.1	43,495	796	1.8	42,626	1,304	3.1	95.7	40.2
上記以外の沿岸漁業層計		119,163	41	0.0	96,421	132	0.1	80,163	197	0.2	74.9	44.3
中小漁業層計		37,774	2,901	7.7	32,439	2,777	8.6	28,189	3,222	11.4	10.3	25.1
大規模漁業層計		7,066	3,186	45.1	5,373	2,501	46.5	4,714	1,921	40.8	3.1	-14.2

注：1）本数値は、経営体階層別経営体及び漁業層別経営体の 11 月 1 日現在の海上作業従事者及び雇われた外国人の結果である。
2）2008 年及び 2013 年の「くろまぐろ養殖」の数値は「まぐろ類養殖」として調査した結果である。
3）2008 年と 2013 年の「とらふぐ養殖」の「…」は調査を欠くことを意味し、その数値は「その他の魚類養殖」に含まれる。

て、代船建造時の省力化・省エネ漁船の導入が進み、動力漁船全体のなかでのこの層の厚みが増したことが要因として考えられる。

また、100 － 200 トン層でも同じ理由からと思われる 5 ポイント程度の上昇と実数の増加がみられ、大規模漁業層の中核をなしていた 1,000 － 3,000 トン層の比率・実数の低下と対をなす変化を示している。遠洋漁業の縮小と、沖合漁業での外国人依存拡大を跡付けるものといえよう。2018 年時点でも、遠洋まぐろはえ縄漁船を中核とする 1,000 － 3,000 トン層は、外国人数において動力漁船使用層で最大のボリュームゾーンであることから、引き続きこの層の変化・縮小の影響が漁船漁業全体に及ぶだろう。

定置網漁業では、大型定置網での外国人雇用が拡大傾向をみせている。現状、実数の規模では全体動向に大きな影響を及ぼすほどにはないけれども、今後の導入拡大が予見される変化となっている。特に 2013 年から 2018 年では、従事者数が減少するなかでの外国人数・比率の増加であり、今後の推移は注目されよう。

また、海面養殖での外国人数・外国人比率の伸びは、かき類養殖とほたてがい養殖で顕著となっており、従来よりかき類養殖が大部分を占めつつも、2013 年以降にほたてがい養殖で外国人労働力の導入が本格化していることがわかる。北海道でのほたて稚貝生産や成貝生産に、外国人技能実習生が積極的に雇用されるようになったことが背景にある。

2）主とする漁業種類別・経営体組織別の雇われ外国人数

表 2-18 は、2008 年から 2018 年までの主とする漁業種類別の雇われ外国人数の推移を確認する。2018 年については、経営体組織別の雇われ外国人数も示している。

全体としては、2008 年から 2013 年までは大きな変化はなく、2018 年となって 400 人以上の増加がみてとれる。全体動向に影響を及ぼす顕著な変化は、遠洋まぐろはえ縄での減少や、かき類・ほたてがい養殖での増加となっている。

遠洋まぐろはえ縄の増減率を確認すると、2008 年から 2013 年、2013

表 2-18　主とする漁業種類別・経営組織別の雇われ外国人数

主とする漁業種類	2008年外国人数	2013年外国人数	2018年外国人数 計	個人経営体	会社	漁業協同組合	漁業生産組合	共同経営	その他	増減率 2008→2013	増減率 2013→2018
(単位)	人	人	人	人	人	人	人	人	人	%	%
計	6,170	6,206	6,644	1,793	4,655	22	108	65	1	0.6	7.1
遠洋底びき網	85	55	32	-	32	-	-	-	-	▲35.3	▲41.8
以西底びき網	61	47	-	-	-	-	-	-	-	▲23.0	-
沖合底びき網１そうびき	55	76	212	69	132	-	11	-	-	38.2	178.9
沖合底びき網２そうびき	49	97	99	13	86	-	-	-	-	98.0	2.1
小型底びき網	14	54	94	78	13	-	3	-	-	285.7	74.1
船びき網	-	4	10	5	4	-	-	1	-	-	150.0
１そうまき遠洋かつお・まぐろ	576	313	164	27	137	-	-	-	-	▲45.7	▲47.6
１そうまき近海かつお・まぐろ	-	-	12	-	8	-	4	-	-	-	-
１そうまきその他	26	41	143	-	143	-	-	-	-	57.7	248.8
２そうまき	8	11	50	13	37	-	-	-	-	37.5	354.5
中・小型まき網	-	5	103	4	62	-	12	25	-	-	1960.0
さけ・ます流し網	-	-	-	-	-	-	-	-	-	-	-
かじき等流し網	-	10	23	10	11	-	2	-	-	-	130.0
その他の刺網	-	3	13	8	5	-	-	-	-	-	333.3
さんま棒受網	7	20	6	-	6	-	-	-	-	185.7	▲70.0
大型定置網	15	39	95	6	66	1	-	22	-	160.0	143.6
さけ定置網	-	37	3	-	3	-	-	-	-	-	▲91.9
小型定置網	-	5	15	8	7	-	-	-	-	-	200.0
その他の網漁業	-	-	11	7	4	-	-	-	-	-	-
遠洋まぐろはえ縄	3,592	2,733	2,216	58	2,117	-	41	-	-	▲23.9	▲18.9
近海まぐろはえ縄	1,003	1,115	1,013	367	638	-	4	4	-	11.2	▲9.1
沿岸まぐろはえ縄	52	52	38	27	11	-	-	-	-	0.0	▲26.9
その他のはえ縄	-	3	18	6	12	-	-	-	-	-	500.0
遠洋かつお一本釣	294	225	369	33	299	21	16	-	-	▲23.5	64.0
近海かつお一本釣	149	234	235	13	222	-	-	-	-	57.0	0.4
沿岸かつお一本釣	14	46	71	29	42	-	-	-	-	228.6	54.3
遠洋いか釣	35	-	126	14	103	-	9	-	-	-	-
近海いか釣	82	130	-	-	-	-	-	-	-	58.5	-
沿岸いか釣	9	42	113	71	42	-	-	-	-	366.7	169.0
ひき縄釣	-	-	-	-	-	-	-	-	-	-	-
その他の釣	-	3	2	2	-	-	-	-	-	-	▲33.3
小型捕鯨	-	-	-	-	-	-	-	-	-	-	-
潜水器漁業	-	-	2	2	-	-	-	-	-	-	-
採貝・採藻	-	-	3	3	-	-	-	-	-	-	-
その他の漁業	2	10	49	28	21	-	-	-	-	400.0	390.0
ぎんざけ養殖	-	4	15	-	15	-	-	-	-	-	275.0
ぶり類養殖	-	14	14	1	13	-	-	-	-	-	0.0
まだい養殖	-	-	11	-	10	-	-	-	1	-	-
ひらめ養殖	-	1	-	-	-	-	-	-	-	-	-
くろまぐろ養殖	-	-	-	-	-	-	-	-	-	-	-
とらふぐ養殖	…	…	-	-	-	-	-	-	-	-	-
その他の魚類養殖	-	3	1	1	-	-	-	-	-	-	▲66.7
ほたてがい養殖	-	9	202	182	20	-	-	-	-	-	2144.4
かき類養殖	40	747	1,035	693	332	-	6	4	-	1767.5	38.6
その他の貝類養殖	1	-	-	-	-	-	-	-	-	-	-
くるまえび養殖	-	-	2	-	2	-	-	-	-	-	-
ほや類養殖	-	-	3	3	-	-	-	-	-	-	-
その他の水産動物類養殖	-	-	-	-	-	-	-	-	-	-	-
こんぶ類養殖	-	-	-	-	-	-	-	-	-	-	-
わかめ類養殖	-	-	8	8	-	-	-	-	-	-	-
のり類養殖	1	16	11	2	-	-	-	9	-	1500.0	▲31.3
その他の海藻類養殖	-	-	2	2	-	-	-	-	-	-	-
真珠養殖	-	2	-	-	-	-	-	-	-	-	-
真珠母貝養殖	-	-	-	-	-	-	-	-	-	-	-

注：1）本数値は主とする漁業種類別・経営組織別経営体に雇われた外国人の結果である。
2）2008年及び2013年の「くろまぐろ養殖」の数値は「まぐろ類養殖」として調査した結果である。
3）2008年外国人数と2013年外国人数の「とらふぐ養殖」の「…」は調査を欠くことを意味し、その数値は「その他の魚類養殖」に含まれる。

年から 2018 年ともマイナス 20％前後となっている。近海まぐろはえ縄も、2008 年から 2013 年は 11.2 ポイントの増加であったが、2013 年から 2018 年は 9.1 ポイントの減少に転じている。世界的なまぐろ資源の管理体制強化や操業コストの増加などが、経営体の減少を招いていると考えられる。

遠洋や近海といった規模の大きなかつお一本釣やまき網では、大きなトレンドは形成されていない一方、沿岸かつお一本釣と中・小型まき網では、一定程度の増加傾向がみられるようになっている。規模の小さな漁業での増加トレンドは、底びき網漁業やいか釣漁業でもみられ、小型底びき網や沿岸いか釣で外国人数の増加がみてとれる。ただ底びき網漁業は、沖合底びき網でも増加の方向にあることが異なる。

大型定置網の 5 年ごとの増減率は、150％前後の高い数値を維持し、外国人に頼る構造になりつつあることがわかる。また養殖では、かき類養殖に続いてほたてがい養殖が拡大局面に入っていることがわかる。

2018 年について経営組織別でみると、個人経営体に雇われる外国人は 27.0％であり、多くが会社組織に雇われていることがわかる。漁業協同組合には極めて少数の 22 人が雇われている。詳細は不明であるものの、例えば、枕崎市漁業協同組合が自営船となる遠洋かつお一本釣漁船を保有していることなどの要因が考えられる。

３）海面養殖層における販売金額規模別の雇われ外国人数（2018 年）

表 2-19 は、2018 年について、海面養殖層における漁獲物・収獲物の販売金額規模別で雇われている外国人数をみたものとなる。

全体では 1,304 人の外国人が雇われており、販売金額規模別では 5,000 − 1 億円未満の階層が 514 人（39.4％）で最も大きな階層となっている。これに続くのが 2,000 − 5,000 万円未満の階層で 423 人（32.4％）となり、この二つの階層で 7 割を超えている。そして 1 億− 2 億未満の階層 137 人（10.5％）を加えると、実に 8 割以上をこれらの階層で占めていることがわかる。

全体の 79.4％を雇用して全体動向に影響を及ぼしているかき類養殖の場

表 2-19　海面養殖層における販売金額規模別の雇われ外国人数（2018 年）

（単位：人）

海面養殖の収獲物の販売金額規模	海面養殖層計	ぎんざけ養殖	ぶり類養殖	まだい養殖	ひらめ養殖	とらふぐ養殖	くろまぐろ養殖	その他の魚類養殖	ほたてがい養殖	かき類養殖
計	1,304	15	14	11	-	-	-	1	202	1,035
販売金額なし	-	-	-	-	-	-	-	-	-	-
100 万円未満	-	-	-	-	-	-	-	-	-	-
100 ～ 300 万円未満	10	-	-	-	-	-	-	-	-	10
300 ～ 500 万円未満	15	-	-	3	-	-	-	1	-	11
500 ～ 800 万円未満	7	-	-	-	-	-	-	-	-	7
800 ～ 1,000 万円未満	23	-	-	-	-	-	-	-	1	22
1,000 ～ 1,500 万円未満	34	-	-	-	-	-	-	-	2	32
1,500 ～ 2,000 万円未満	68	-	1	-	-	-	-	-	8	57
2,000 ～ 5,000 万円未満	430	-	-	-	-	-	-	-	75	346
5,000 ～ 1 億円未満	504	1	-	2	-	-	-	-	87	410
1 億～ 2 億円未満	135	-	-	-	-	-	-	-	29	101
2 億～ 5 億円未満	42	-	1	2	-	-	-	-	-	33
5 億～ 10 億円未満	32	14	12	-	-	-	-	-	-	6
10 億円以上	4	-	-	4	-	-	-	-	-	-

海面養殖の収獲物の販売金額規模	その他の貝類養殖	くるまえび養殖	ほや類養殖	その他の水産動物類養殖	こんぶ類養殖	わかめ類養殖	のり類養殖	その他の海藻類養殖	真珠養殖	真珠母貝養殖
計	-	2	3	-	-	8	11	2	-	-
販売金額なし	-	-	-	-	-	-	-	-	-	-
100 万円未満	-	-	-	-	-	-	-	-	-	-
100 ～ 300 万円未満	-	-	-	-	-	-	-	-	-	-
300 ～ 500 万円未満	-	-	-	-	-	-	-	-	-	-
500 ～ 800 万円未満	-	-	-	-	-	-	-	-	-	-
800 ～ 1,000 万円未満	-	-	-	-	-	-	-	-	-	-
1,000 ～ 1,500 万円未満	-	-	-	-	-	-	-	-	-	-
1,500 ～ 2,000 万円未満	-	-	2	-	-	-	-	-	-	-
2,000 ～ 5,000 万円未満	-	2	1	-	-	1	3	2	-	-
5,000 ～ 1 億円未満	-	-	-	-	-	1	3	-	-	-
1 億～ 2 億円未満	-	-	-	-	-	-	5	-	-	-
2 億～ 5 億円未満	-	-	-	-	-	6	-	-	-	-
5 億～ 10 億円未満	-	-	-	-	-	-	-	-	-	-
10 億円以上	-	-	-	-	-	-	-	-	-	-

注：1）　本数値は、海面養殖層における販売金額規模別経営体に雇われた外国人の結果である。

2）「販売金額なし」には海面養殖を営んでいない経営体及び漁獲物・収獲物の販売金額の調査項目に回答が得られなかった経営体を含む。

合、5,000 − 1 億円未満の階層が 414 人（40.0％）、2,000 − 5,000 万円未満の階層で 339 人（32.8％）となり、やはりこの二つの階層で 7 割を超えている。そして 1 億− 2 億未満の 102 人（9.9％）や 1,500 − 2,000 万円未満の 57 人（5.5％）が続く。

202 人を雇用してかき類養殖に次ぐ雇用規模にあるほたてがい養殖も、基本的な動向は同じであるものの、5,000 − 1 億円未満の階層が 46.5％、1 億− 2 億未満の階層が 14.4％を占め、かき類養殖より販売金額の大きな階層の割合が一段大きくなる様子がうかがえる。

なお、のり類養殖では 1 − 2 億円未満の階層が最も大きなボリュームとなり、また、ぎんざけ養殖やぶり類養殖といった魚類養殖の場合、10 億円以上で外国人の雇用が活発になる傾向がある。魚類養殖ではかき類養殖とは明らかな差異がみてとれる。

4）雇われ外国人数の多い都道府県・市町村（2018 年の上位 20）

表 2-20 は、2008 年から 5 年ごとの海上作業従事者について、都道府県別の日本人数と雇われ外国人数を示し、かつ外国人比率を併記したものとなっている。そのうえで、2018 年の外国人数の多い順で上位 20 位の都道府県を示している。

2018 年の外国人数が 851 人で 1 位の広島県は、日本人の海上作業従事者を減らすなかで雇われ外国人数が増加しており、外国人数だけでなく外国人比率も全国 1 位となっている。かき類養殖業が盛んであることで、膨大なむき身作業を外国人技能実習生に依存するようになっていることが背景にある。

730 人で 2 位の宮城県は、外国人比率が 10％前後で推移しているものの、日本人・外国人ともに海上作業従事者が減少する傾向がみられる。宮城県はまぐろはえ縄漁業といった遠洋漁業の根拠地であることで、そうした漁業経営体の減少の影響が表出している。

3 位の鹿児島県も、いちき串木野市にまぐろはえ縄漁業経営体が多く所在していることから、宮城県と同様の理由で日本人・外国人を減らしている。

表 2-20　雇われ外国人数の多い都道府県（2018 年の上位 20）

都道府県	2008 年海上作業従事者			2013 年海上作業従事者			2018 年海上作業従事者		
	日本人 (a)	外国人 (b)	外国人比率 (b/a+b)	日本人 (a)	外国人 (b)	外国人比率 (b/a+b)	日本人 (a)	外国人 (b)	外国人比率 (b/a+b)
（単位）	人	人	%	人	人	%	人	人	%
広島県	4,579	40	0.9	3,784	662	14.9	3,227	851	20.9
宮城県	9,334	946	9.2	6,430	315	11.2	6,525	730	10.1
鹿児島県	8,208	894	9.8	6,923	728	9.5	5,961	579	8.9
高知県	4,719	552	10.5	3,741	403	9.7	3,166	508	13.8
静岡県	6,462	654	9.2	5,580	487	8.0	4,800	504	9.5
宮崎県	3,382	433	11.3	2,682	477	15.1	2,181	459	17.4
神奈川県	2,374	312	11.6	2,079	206	9.0	1,744	318	15.4
沖縄県	3,459	177	4.9	2,911	256	8.1	3,614	312	7.9
北海道	32,518	66	0.2	30,020	101	0.3	24,724	288	1.2
三重県	9,262	419	4.3	6,864	305	4.3	5,929	279	4.5
岩手県	9,179	366	3.8	5,935	238	3.9	5,954	233	3.8
富山県	1,591	194	10.9	1,438	214	13.0	1,214	190	13.5
兵庫県	6,792	11	0.2	5,885	57	1.0	5,143	151	2.9
青森県	10,504	140	1.3	8,873	132	1.5	8,077	140	1.7
石川県	3,364	98	2.8	2,713	135	4.7	2,217	125	5.3
茨城県	1,599	48	2.9	1,405	34	2.4	1,177	117	9.0
千葉県	5,411	38	0.7	4,146	64	1.5	3,507	109	3.0
岡山県	2,005	-	-	1,588	60	3.6	1,303	105	7.5
鳥取県	1,668	1	0.1	1,223	27	2.2	1,037	90	8.0
長崎県	16,604	75	0.4	12,959	77	0.6	11,139	84	0.7

注：1）本数値は 11 月 1 日現在の海上作業従事者の結果であり、2018 年結果の外国人数が多い順に上位 20 都道府県を並べたものである。

５位の静岡県も遠洋まぐろはえ縄漁業の有力地であるので基本的なトレンドは同様であるものの、海外まき網漁業などの安定した勢力が残存していることから、2013 年から 2018 年にかけて外国人数・外国人比率を回復する様子もみられる。

静岡県と同様に４位の高知県でも、やはり一貫した日本人海上作業従事者の減少がみられる一方で、2013 年から 2018 年にかけて、外国人数を 2008 年に近い水準にまで戻してきている。沖合で操業するかつお一本釣漁業の動向が影響しているものと考えられる。

かつお一本釣漁業が盛んな県として、宮崎県が６位に入っている。かつお一本釣漁業は、多くの乗組員を必要とすることから伝統的に外国人労働者への依存度が高く、その結果が 17.4％（2018 年）という高い外国人比率に表れている。

７位の神奈川県、８位の沖縄県は、まぐろはえ縄漁業が盛んで、前者は遠洋、後者は近海で操業する漁船を多く擁している。

９位の北海道は、288 人の雇われ外国人がいる。ほたてがい養殖で多くが雇われているものと考えられるが、その他にもいか釣りやかにかごなどの各種漁船漁業を支えている外国人がいる。北海道は日本で最も漁業が盛んな地域であることから、日本人従事者が極めて多く、外国人比率は 2018 年でも 1.2％と低い。しかし、日本人の減少は歩調を速めており、他方で外国人の従事者を増加させるようになっている。今後、高齢化や後継者不足を背景に、外国人への依存を本格化させることも考えられ、元々のボリュームが大きい地域だけに影響も大きくなることが想定される。

表 2-21 は、表 2-20 と同様の分析を市町村単位で実施したものである。いちき串木野市や気仙沼市、焼津市、三浦市、那覇市など遠洋・近海まぐろはえ縄漁業の盛んな地域が上位にきている。まぐろはえ縄漁業の有力地で、かつ近海かつお一本釣漁業も盛んである日南市も上位にある。

遠洋漁業では一般に、高い混乗率が認められるマルシップ制度に基づいて外国人を雇用しているため、こうした地域での外国人比率は高くなる傾向がある。いちき串木野市の外国人比率は 68.4％にも達しているし、那覇市も

表 2-21　雇われ外国人数の多い市町村（2018 年の上位 20）

市町村（都道府県）	2008 年海上作業従事者			2013 年海上作業従事者			2018 年海上作業従事者		
	日本人 (a)	外国人 (b)	外国人比率 (b/a+b)	日本人 (a)	外国人 (b)	外国人比率 (b/a+b)	日本人 (a)	外国人 (b)	外国人比率 (b/a+b)
（単位）	人	人	%	人	人	%	人	人	%
いちき串木野市（鹿児島県）	584	828	58.6	354	662	65.2	235	509	68.4
気仙沼市（宮城県）	1,788	834	31.8	1,421	715	33.5	1,419	453	24.2
焼津市（静岡県）	596	447	42.9	627	368	37.0	654	353	35.1
三浦市（神奈川県）	722	311	30.1	564	204	26.6	457	299	39.6
日南市（宮崎県）	323	83	20.4	666	320	32.5	510	253	33.2
江田島市（広島県）	753	-	-	723	196	21.3	622	224	26.5
廿日市市（広島県）	348	40	10.3	326	169	34.1	249	211	45.9
釜石市（岩手県）	1,297	175	11.9	869	150	14.7	854	186	17.9
土佐市（高知県）	212	121	36.3	115	114	49.8	103	148	59.0
呉市（広島県）	1,320	-	-	895	96	9.7	791	146	15.6
石巻市（宮城県）	3,204	68	2.1	2,154	64	2.9	1,935	141	6.8
那覇市（沖縄県）	190	122	39.1	181	179	49.7	157	132	45.7
八戸市（青森県）	1,169	140	10.7	941	131	12.2	758	127	14.4
尾鷲市（三重県）	525	179	25.4	382	145	27.5	373	127	25.4
広島市（広島県）	551	-	-	509	107	17.4	367	121	24.8
高岡市（富山県）	103	78	43.1	94	90	48.9	65	120	64.9
八雲町（北海道）	822	-	-	748	7	0.9	739	114	13.4
塩竈市（宮城県）	382	44	10.3	213	17	7.4	296	105	26.2
糸満市（沖縄県）	95	8	7.8	91	1	1.1	142	95	40.1
神栖市（茨城県）	456	32	6.6	400	34	7.8	403	92	18.6

注：1）本数値は 11 月 1 日現在の海上作業従事者の結果であり、2018 年結果の外国人数が多い順に上位 20 市町村を並べたものである。

45.7％と高い。三浦市も 39.6％となっており、いずれも高い比率となる。

ただ、遠洋まぐろはえ縄漁業は長期の衰退局面にあることから、この間、いちき串木野市や気仙沼市では、日本人と外国人の双方で従事者数を減らしている。まき網や底びき網など、堅調に推移する沖合漁業がある地域で、かつ高齢化などで後継者確保難に直面する地域では、外国人技能実習制度を積極的に活用するようになっていることから、日本人数の減少と外国人数の増加が相まって外国人比率を高めている。石巻市や塩竈市はそうした地域といえる。

遠洋・沖合漁業が盛んな地域に加え、貝類養殖業が盛んな地域も上位にくる。江田島市、廿日市市、呉市、広島市はかき類養殖業が盛んで、いずれの地域でも外国人の従事者数は増加傾向を持続している。北海道で唯一ランクインした八雲町は、成貝生産をおこなうほたてがい養殖（垂下式）で、外国人労働力の本格導入がみられる。その結果、2013 年の外国人数７人、外国人比率 0.9％が、2018 年には 114 人、13.4％にまで増加した。

５）水産加工場の従事者規模別の外国人数・主とする加工種類別の外国人数

表 2-22 は、2008 年からの５年ごとについて、水産加工場の従事者規模別の外国人数を沿海市区町村と非沿海市区町村とに分けてみたものとなる。

外国人数は、2008 年の１万 1,629 人から 2018 年には１万 7,339 人へと約 1.5 倍に増加している。この間、日本人・外国人を合わせた全従業員数は 21 万３千人水準から 17 万１千人水準へと約２割減となっているので、外国人比率は 5.5％から 10.1％へと倍増する結果となっている。

外国人比率は、基本的に加工場規模が大きくなるにつれて上昇する傾向がある。ただ 2008 年の段階では、10 人以上の工場規模で外国人比率は５％水準であったものが、2018 年になると 10 人以上であれば軒並み 10％程度の高い比率となり、従業者数が 10 人未満の零細な工場を除けば、どのような規模の工場でも外国人なくしては安定操業が難しい状況になっている。

工場規模が大きくなりやすい、非沿海市区町村に立地する水産加工場に見られる特徴としては、従事者規模が大きくなるにつれて外国人比率が上昇す

表 2-22　水産加工場の従業者規模別の外国人数

	従業者規模	2008年			2013年			2018年		
		従業者数計	うち、外国人	外国人比率	従業者数計	うち、外国人	外国人比率	従業者数計	うち、外国人	外国人比率
	（単位）	人	人	%	人	人	%	人	人	%
沿海市区町村	計	185,918	10,346	5.6	161,570	1[illegible],854	7.3	148,868	15,688	10.5
	1人	236	1	0.4	192	1	0.5	216	2	0.9
	2人	1,508	-	-	1,186	5	0.4	1,004	6	0.6
	3人	1,872	6	0.3	1,524	20	1.3	1,278	11	0.9
	4人	2,616	20	0.8	2,156	23	1.1	1,592	19	1.2
	5～9人	15,640	455	2.9	12,597	465	3.7	10,419	391	3.8
	10～29人	46,659	2,532	5.4	41,111	3,109	7.6	34,998	3,408	9.7
	30～49人	27,281	1,582	5.8	23,593	2,025	8.6	22,566	2,536	11.2
	50～99人	38,702	2,853	7.4	33,115	2,908	8.8	30,403	3,915	12.9
	100～299人	37,956	2,114	5.6	34,783	2,730	7.8	32,168	3,842	11.9
	300人以上	13,448	783	5.8	11,313	568	5.0	14,224	1,558	11.0
非沿海市区町村	計	27,241	1,283	4.7	26,665	[illegible],604	6.0	22,486	1,648	7.3
	1人	54	-	-	40	-	-	38	-	-
	2人	302	-	-	268	-	-	250	-	-
	3人	345	-	-	348	1	0.3	279	-	-
	4人	432	-	-	388	-	-	220	4	1.8
	5～9人	1,688	3	0.2	1,448	16	1.1	1,109	1	0.1
	10～29人	4,284	104	2.4	3,829	98	2.6	3,217	109	3.4
	30～49人	2,621	92	3.5	2,712	110	4.1	2,126	115	5.4
	50～99人	4,994	215	4.3	4,587	219	4.8	3,880	249	6.4
	100～299人	9,300	706	7.6	8,464	539	6.4	7,932	663	8.4
	300人以上	3,221	161	5.0	4,581	621	13.6	3,435	507	14.8

る傾向は沿海市区町村と同様であるものの、2013年以降、最大階層となる従業員300人以上の工場で13.6％（2013年）や14.8％（2018年）というかなり高い比率を示すようになっていることがあげられる。外国人労働力を前提とした生産活動が活発に展開されていることがうかがえる。

なお、主とする加工種類別の外国人数を2008年からの5年ごとについてみた表2-23からは、その他の食用加工品を除けば、生鮮冷凍水産物がいずれの年でも最も多くの外国人が製造に従事する加工種類となっていることがわかる。外国人比率も、2008年の7.5％が2013年には10.3％、そして2018年には15.6％と確実な伸びをみせる。生鮮冷凍水産物を製造する加工場では、従事者数の合計が減少するなかで、外国人の存在感が増していることがわかる。

これに次ぐのが冷凍食品であり、やはりその比率を着実に高め、2018年には12.8％になっている。そして、かまぼこ類を中心としたねり製品が続く。さらに外国人数では塩干品が続くが、その外国人比率は冷凍食品やねり製品を上回って推移していることが特徴となっている。2018年には14.0％にもなる。

塩干品の外国人数に続くのが塩蔵品であるが、こちらの2018年の外国人比率は、最も高い生鮮冷凍水産物の外国人比率とほぼ同じ15.5％となっている。塩干品や塩蔵品では、日本人従事者が減るなかで外国人への依存を強めていることがうかがえる。

表 2-23　加工種類別の外国人数

主とする加工種類		2008年			2013年			2018年		
		従事者数計	外国人	比率	従事者数計	外国人	比率	従事者数計	外国人	比率
(単位)		人	人	%	人	人	%	人	人	%
計		213,159	11,629	5.5	188,235	13,458	7.1	171,354	17,336	10.1
生鮮冷凍水産物		35,455	2,648	7.5	24,796	2,550	10.3	21,270	3,308	15.6
缶・びん詰		5,930	211	3.6	5,086	501	9.9	4,654	506	10.9
焼・味付のり		9,306	105	1.1	8,089	138	1.7	7,974	265	3.3
寒天		885	-	-	329	-	-	783	-	-
油脂		78	-	-	17	-	-	-	-	-
ねり製品	計	34,547	1,336	3.9	33,370	1,652	5.0	29,993	2,246	7.5
	かまぼこ類	31,935	1,109	3.5	30,530	1,460	4.8	27,603	2,118	7.7
	魚肉ハム・ソーセージ類	2,612	227	8.7	2,840	192	6.8	2,390	128	5.4
冷凍食品		20,467	1,794	8.8	21,340	2,151	10.1	20,467	2,626	12.8
素干し品		3,597	64	1.8	2,737	74	2.7	1,887	103	5.5
塩干品		18,041	1,695	9.4	13,769	1,706	12.4	11,548	1,614	14.0
煮干し品		11,018	285	2.6	9,990	386	3.9	8,818	500	5.7
塩蔵品		11,118	628	5.6	10,914	952	8.7	9,070	1,407	15.5
くん製品		1,519	38	2.5	1,011	39	3.9	1,295	89	6.9
節製品		7,510	390	5.2	6,944	547	7.9	6,179	513	8.3
その他の食用加工品	計	51,782	2,368	4.6	48,000	2,668	5.6	45,707	4,090	8.9
	いか塩辛	…	…	-	1,[illegible]66	41	3.5	1,320	55	4.2
	水産物漬物	6,845	266	3.9	7,014	251	3.6	6,437	379	5.9
	こんぶつくだ煮	…	…	-	6,613	489	7.4	5,852	344	5.9
	乾燥・焙焼・揚げ加工品（いか製品）	…	…	-	3,[illegible]71	228	7.2	2,578	207	8.0
	その他	44,937	2,102	4.7	30,036	1,659	5.5	29,520	3,105	10.5
飼肥料		1,906	67	3.5	1,843	94	5.1	1,709	69	4.0

注：1）2008年の「いか塩辛」「こんぶつくだ煮」「乾燥・焙焼・揚げ加工品（いか製品）」の「…」は調査を欠くことを意味し、その数値は「その他の食用加工品」の「その他」に含まれる。

6）地区別の水産加工場従事者数における外国人数・比率（2018年の上位40）

最後に、水産加工場従事者数における外国人数・外国人比率を、地区別として表2-24に示した。表2-24では、2018年についてみた外国人数にもとづいて、上位から40地区を抽出するとともに、2013年から2018年の増減率を示した。

この表からは、外国人数トップの千葉県銚子市や、2位の静岡県焼津市は、2013年比で外国人数が減少していること、そしてこれに対して、3位の下関市から7位の神栖市までは、外国人数・外国人比率がともに増加していることがわかる。

2018年の外国人比率に注目すると、5割にせまろうとしている千葉県いすみ市（48.2％）や、約4割にもなる千葉県九十九里町（39.4％）などがあることもわかる。

全体的には、かつお節産地（焼津市や枕崎市など）やほたて産地（紋別市や森町など）、そしてさんま漁業の根拠地（釧路市や根室市など）やまき網漁業の根拠地（銚子市や浜田市など）、ひき網漁業の根拠地（下関市や稚内市、大洗市など）といったところに多くの外国人が働いていることが確認できる。大規模な漁業が存在し、その漁業が生産した漁獲物を処理する加工場が集積しているためである。同様の理由で、べにずわいがに漁業の根拠地となっている境港市や、いか釣り漁業が有名な函館市や八戸市なども外国人が多くみられる。

（3）まとめ

漁業・水産加工業における外国人労働者は、すでに産業の持続性を左右するまでにその存在感を高めている。

漁業であれば、遠洋漁業で働くマルシップ船員は産業規模が縮小するなかで減少傾向にあるものの、沖合漁業では外国人技能実習生への依存度を着実に深めている。技能実習生については、労働集約的な貝類養殖業での依存度も伝統的に大きく、さらに近年では大型定置網漁業にも導入が見られるようになってきた。

表 2-24　地区別の外国人水産加工場従事者数（2018 年の上位 40）

2018年順位	地区		2018年			2013年			増減率		
			従事者数計（人）	外国人（人）	外国人比率（%）	従事者数計（人）	外国人（人）	外国人比率（%）	従事者数計（人）	外国人（人）	外国人比率（%）
1	千葉県	銚子市	2,000	592	29.6	2,375	602	25.3	▲18.8	▲1.7	14.4
2	静岡県	焼津市	3,625	516	14.2	4,161	711	17.1	▲14.8	▲37.8	▲20.0
3	山口県	下関市（東シナ海区）	3,235	461	14.3	2,846	216	7.6	12.0	53.1	46.7
4	福岡県	北九州市（東シナ海区）	1,261	357	28.3	1,066	32	3.0	15.5	91.0	89.4
5	宮城県	塩竈市	2,377	328	13.8	2,421	191	7.9	▲1.9	41.8	42.8
6	千葉県	船橋市	812	301	37.1	868	208	24.0	▲6.9	30.9	35.4
7	茨城県	神栖市	976	285	29.2	1,028	258	25.1	▲5.3	9.5	14.1
8	茨城県	大洗町	1,026	283	27.6	977	296	30.3	4.8	▲4.6	▲9.8
9	茨城県	ひたちなか市	974	281	28.9	1,131	206	18.2	▲16.1	26.7	36.9
10	宮城県	石巻市	2,498	273	10.9	2,129	130	6.1	14.8	52.4	44.1
11	静岡県	沼津市	1,109	267	24.1	1,372	378	27.6	▲23.7	▲41.6	▲14.4
12	鹿児島県	枕崎市	1,144	262	22.9	1,154	241	20.9	▲0.9	8.0	8.8
13	北海道	根室市	1,307	237	18.1	1,523	172	11.3	▲16.5	27.4	37.7
14	宮城県	気仙沼市	2,249	234	10.4	1,439	13	0.9	36.0	94.4	91.3
15	北海道	釧路市	1,769	233	13.2	1,478	31	2.1	16.4	86.7	84.1
16	千葉県	いすみ市	469	226	48.2	423	142	33.6	9.8	37.2	30.3
17	北海道	紋別市	1,116	222	19.9	1,436	212	14.8	▲28.7	4.5	25.8
18	山口県	長門市	1,355	222	16.4	1,503	138	9.2	▲10.9	37.8	44.0
19	北海道	稚内市	936	208	22.2	1,403	216	15.4	▲49.9	▲3.8	30.7
20	北海道	函館市	2,650	191	7.2	3,026	136	4.5	▲14.2	28.8	37.6
21	広島県	広島市	2,153	185	8.6	3,211	127	4.0	▲49.1	31.4	54.0
22	石川県	七尾市	1,050	184	17.5	847	91	10.7	19.3	50.5	38.7
23	三重県	津市	638	177	27.7	626	156	24.9	1.9	11.9	10.2
24	北海道	森町	1,004	175	17.4	1,523	141	9.3	▲51.7	19.4	46.9
25	北海道	雄武町	461	167	36.2	450	133	29.6	2.4	20.4	18.4
26	北海道	白糠町	871	162	18.6	809	71	8.8	7.1	56.2	52.8
27	福岡県	福岡市	1,919	157	8.2	2,419	148	6.1	▲26.1	5.7	25.2
28	鳥取県	境港市	1,710	149	8.7	1,753	149	8.5	▲2.5	0.0	2.5
29	兵庫県	西宮市	811	142	17.5	700	32	4.6	13.7	77.5	73.9
30	静岡県	静岡市	2,399	140	5.8	2,341	293	12.5	2.4	▲109.3	▲114.5
31	島根県	浜田市	636	139	21.9	816	169	20.7	▲28.3	▲21.6	5.2
32	北海道	北斗市	1,341	137	10.2	1,091	58	5.3	18.6	57.7	48.0
33	広島県	福山市	1,183	134	11.3	1,124	86	7.7	5.0	35.8	32.5
34	新潟県	新潟市	2,369	127	5.4	2,160	35	1.6	8.8	72.4	69.8
35	青森県	八戸市	3,235	123	3.8	3,498	25	0.7	▲8.1	79.7	81.2
36	福島県	いわき市	1,141	121	10.6	1,097	16	1.5	3.9	86.8	86.2
37	北海道	小樽市	1,874	117	6.2	1,646	29	1.8	12.2	75.2	71.8
38	千葉県	九十九里町	297	117	39.4	404	148	36.6	▲36.0	▲26.5	7.0
39	広島県	呉市	648	113	17.4	642	108	16.8	0.9	4.4	3.5
40	岩手県	釜石市	641	112	17.5	641	31	4.8	0.0	72.3	72.3

水産加工業では、漁業よりもはるかに多くの外国人労働力を確保して、彼ら・彼女らの存在を前提とした生産計画がつくられ、生産活動が展開されている。すでに、外国人労働力なくしては、日本の水産加工業は存立が難しいといっても過言ではない状況がうまれている。

こうした外国人労働力への依存や、導入拡大トレンドは簡単には転換せず、引き続き外国人労働力の存在を前提とした産業構造が形成され、固定化されていくことになろう。こうした点をどう評価するのか、産業の持続性や、労働力を送り出してきた漁村の役割変化など、多面的に考察していく必要があろう。

外国人への依存は、今般のコロナ問題に起因した出入国制限による産地の混乱からも明らかであるが、小さくないリスクを包含している。漁業は労働環境が良好とはいいがたく、外国人が安心して就業することができる職場を構築していく努力が必要となっているし、水産加工業も経営体の体力が必ずしも十分ではなく、安定的に外国人労働力を確保するための方策を見つけていかなければならなくなっている。

つまり水産業は、外国人労働者に「選ばれる」ための環境の整備を一歩一歩進めていく必要に直面しているといえる。多面的考察や現状分析を踏まえた環境整備に際しては、漁業センサスのデータは極めて重要となる。大きな役割を背負った漁業センサスの充実を期待したい。

―――（参考文献）

佐々木貴文　「水産業における外国人労働力の導入実態と今後の展望」、東京水産振興会『水産振興』、2020 年 10 月、1 ～ 45 頁。

佐々木貴文　「日本漁業の〝生命線〟になる外国人－外国人漁船員の技能に注目した共生に関する一考察」、成蹊大学アジア太平洋研究センター『アジア太平洋研究』（第 44 号）、2019 年 12 月、23 ～ 44 頁。

佐々木貴文　「漁業における労働力不足と人材確保策－外国人依存を深める漁業のこれからを考える－」地域漁業学会『地域漁業研究』（第 59 巻第 1 号）、2019 年 5 月、31 ～ 41 頁。

第３章　魚市場・冷凍冷蔵工場・水産加工場の動向

工藤　貴史

３－１．水産物の国内供給量と産地流通の動向

本章では、漁業センサス第８巻・第９巻「流通加工業に関する統計」を用いて魚市場、冷凍・冷蔵工場、水産加工場の動向について分析する。まずは、これらを取り巻く環境の変化について把握するために、近年における水産物の供給量と産地流通の動向について確認しておこう。

図 3-1 に、国内総生産量、輸入量、水産食用加工品と生鮮冷凍水産物の生産量の動向を示した。国産総生産量と水産食用加工品生産量は 1995 年から現在に至るまで一貫して減少傾向にある。輸入量は 2001 年をピークに減少傾向となっており、2010 年以降は微減となっている。一方、生鮮冷凍水産

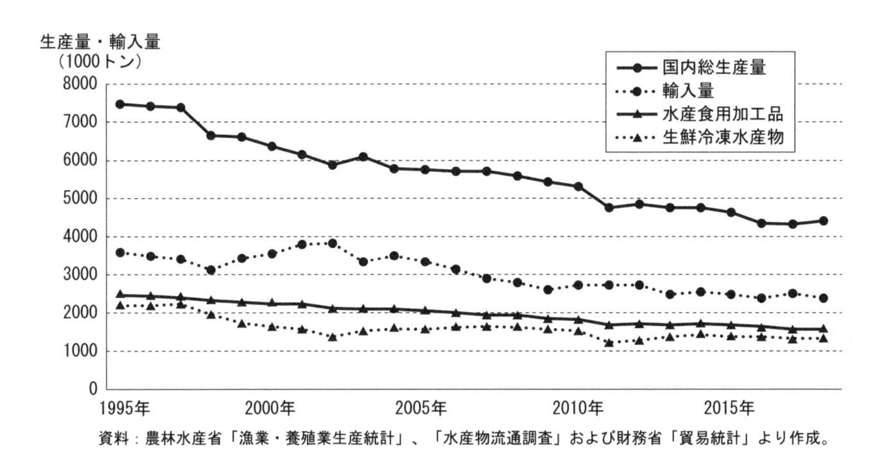

図 3-1 国内総生産量・輸入量・加工生産量の推移

物生産量は 2011 年を底に下げ止まり、その後は微増している。この間、冷凍いわし類、冷凍さば類、冷凍ほたてがいの生産量が増加傾向にあり、これによって全体の生産量が微増となっている。これはマイワシとサバ類の資源増加に加えて、輸出量の増加も要因として考えられる。

表 3-1 に海面漁業における主な出荷先別経営体数の動向を示した。2003 年から 2018 年にかけて主な出荷先が「漁協の市場又は荷さばき所」とする経営体数が最も多く、この構成割合は 70％前後を横ばいに推移している。「流通業者・加工業者」を主な出荷先とする経営体の割合は、この間、若干増加する傾向がみられる。下段の「小売業者」、「生協」、「自家販売」、「その他」を主な出荷先としている経営体数はいずれも減少傾向にあり、それらを合計

表 3-1　主な出荷先別経営体数とその構成割合

（単位：経営体、％）

	年	経営体数合計	漁協の市場又は荷さばき所	漁協以外の卸売市場	流通業者・加工業者
経営体数	2003	132,417	92,514	18,979	6,803
	2008	115,196	82,159	15,434	6,063
	2013	94,507	66,764	12,309	5,296
	2018	79,067	55,883	11,066	4,638
構成割合（％）	2003	100.0	69.9	14.3	5.1
	2008	100.0	71.3	13.4	5.3
	2013	100.0	70.6	13.0	5.6
	2018	100.0	70.7	14.0	5.9

	年	小売業者	生協	外食産業	直売所	自家販売	その他
経営体数	2003	3,098	15	-	534	6,140	4,334
	2008	2,608	31	-	715	4,983	3,203
	2013	2,255	18	-	869	4,381	2,615
	2018	1,788		305	3,856		1,531
構成割合（％）	2003	10.7					
	2008	10.0					
	2013	10.7					
	2018	9.5					

注：1）2018 年の「直売所」と「自家販売」の合算値は「消費者に直接販売」の数値である。

した経営体数の構成比についても 2013 年から 2018 年にかけて減少傾向となっている（2003 年 10.7％→ 2018 年 9.5％）。近年、産地においては漁業者による直接販売等の取り組みが活発化しているといわれているが、主な出荷先については依然として産地市場の占める割合が高く、直接販売等は伸びていないことがわかる。

以上の近年の動向を踏まえて、それぞれ以下の点に注目してその動向を分析することとしたい。魚市場については、水揚量が減少傾向にある中で市場統合等によって魚市場数がどのように変化しているか、それから高度衛生化の動きにも注目する。冷凍・冷蔵工場については、魚市場同様に水揚量が減少傾向にある産地が多いと考えられるが、マイワシやサバ類など一部の多獲性魚類の資源が増加傾向となっており、これらの主産地における冷凍冷蔵能力の変化について注目する。加工場については、消費者の簡便化志向への対応状況すなわち高次加工品や冷凍品の動向について注目する。

３－２．魚市場

（１）魚市場数の推移

表 3-2 に種類別・開設者別の魚市場数の動向を示した。魚市場数の合計は 2008 年の 921 市場から 2018 年 803 市場に減少している。種類別に見ると「その他」の魚市場数の減少が顕著である。2008 年には「その他」の市場数が最も多かったが、2013 年からは地方卸売市場のほうが多くなっている。開設者別に見ると、漁業協同組合を開設者とする魚市場が最も多く、このなかには種類別の「その他」に区分されるものが多いと考えられる。漁業協同組合連合会を開設者とする魚市場が大幅に減少しているが、これは県一漁協合併にともなう漁連解散によるところが大きいのではないかと考えられる。

（２）水産物の取り扱いと品質・衛生管理機器の導入状況

表 3-3 に魚市場における取扱数量と取扱金額の推移を示した。取扱数量総計は 2008 年の 719.6 万トンから 2018 年の 504.3 万トンに減少してい

表 3-2　種類別・開設者別の魚市場数

（単位：市場）

年	合計	種類別魚市場数		
		中央 卸売市場	地方 卸売市場	その他
2008	921	38	426	457
2013	859	34	418	407
2018	803	32	410	361
2018/2008	0.87	0.84	0.96	0.79

年	開設者別魚市場数				
	地方 公共団体	漁業協同 組合	漁業協同 組合連合会	会社	個人
2008	97	694	17	108	5
2013	97	641	11	108	2
2018	93	603	9	96	2
2018/2008	0.96	0.87	0.53	0.89	0.40

る。内訳を見ると水揚量と搬入量とも減少しているが、搬入量の減少が著しい。これは、水揚量が減少するなかで他の魚市場へ出荷する量が少なくなっていることや地産地消の取り組みによって産地流通が活性化していることなどが要因になっている可能性がある。活魚の取扱数量が増加傾向にあること、また輸入品の搬入量が減少していることも注目される。後者については輸入量自体が減少傾向にあるといった事情もあるが、輸入品は市場経由ではなく商社等を経由して末端ユーザーに供給される割合が高まっていると考えられる。取扱金額は 2008 年の３兆 3,067 億円から 2018 年の２兆 6,347 億円へと減少している。

表 3-4 に年間取扱金額規模別の魚市場数の動向を示した。2008 年から 2018 年にかけて最大階層は１－５億円階層となっているが、この階層の魚市場数は減少傾向にあり、下層に移動している魚市場が多いと考えられる。それがこの間の 1,000-5,000 万円階層の魚市場数の増加に結びついている可能性が高い。同じく 1,000 万円未満の魚市場数が増加しているが、これも 1,000-5,000 万円階層から下層へ移動したことによるものである可能性

表 3-3　魚市場の取扱数量と取扱金額

区分	年	取扱数量（千トン）				
		総計	うち活魚	水揚量	搬入量	うち輸入品
数量	2008	7,196	195	4,102	3,094	385
	2013	5,870	219	3,465	2,405	283
	2018	5,043	228	3,148	1,895	148
構成割合（%）	2008	100.0	2.7	57.0	43.0	5.4
	2013	100.0	3.7	59.0	41.0	4.8
	2018	100.0	4.5	62.4	37.6	2.9

区分	年	取扱金額（億円）		
		総額	うち活魚	うち輸入品
数量	2008	33,067	1,877	2,716
	2013	27,626	1,867	2,745
	2018	26,347	2,316	1,774
構成割合（%）	2008	100.0	5.7	8.2
	2013	100.0	6.8	9.9
	2018	100.0	8.8	6.7

表 3-4　年間取扱金額規模別魚市場数

（単位：市場数）

		2008 年	2013 年	2018 年
年間取扱金額規模別魚市場数	計	921	859	803
	1,000 万円未満	18	25	32
	1,000-5,000 万円	73	99	100
	5,000 万 - 1 億円	107	85	66
	1 - 5 億円	296	280	252
	5 -10 億円	138	117	101
	10-20 億円	105	94	89
	20-30 億円	45	29	37
	30-50 億円	40	30	38
	50-100 億円	36	39	36
	100 億円以上	63	61	52

が高い。2013 年から 2018 年にかけて 20-30 億円階層と 30-50 億円階層の魚市場数が増加している。これも上層階層からの移動による可能性が高いが、先述したマイワシやサバ類の水揚げ増加によって一部の魚市場では販売金額が増加している可能性もある。

表 3-5 に市場種類別の品質衛生管理機器の導入状況を示した。中央卸売市場は全体の市場数が減少となるなかで、2013 年から 2018 年にかけてはすべての機器において導入市場数が減少している。一方、地方卸売市場を見ると「その他」を除くすべての機器において導入魚市場数が増加しており、衛生管理が進展している状況がうかがえる。「その他」の魚市場は、中央卸売

表 3-5　市場種類別の水産物品質衛生管理機器導入状況

（単位：市場）

市場の種類	年	市場数	導入市場数	海水殺菌装置	砕氷・製氷機
中央卸売市場	2008	38	35	10	27
	2013	34	33	12	28
	2018	32	28	6	25
地方卸売市場	2008	426	342	169	249
	2013	418	346	177	258
	2018	410	347	184	268
その他	2008	457	309	105	255
	2013	407	307	101	261
	2018	361	289	98	249

市場の種類	年	脱臭装置、排ガス処理装置	水産加工機器	その他
中央卸売市場	2008	2	10	10
	2013	4	8	11
	2018	2	5	6
地方卸売市場	2008	3	21	81
	2013	5	28	82
	2018	12	45	48
その他	2008	3	20	55
	2013	3	25	60
	2018	3	23	30

市場と同様に 2013 年から 2018 年にかけてすべての機器において導入市場数が減少している。

（３）卸売業者・買受人の状況

表 3-6 に卸売業者数別と水産物買受人数別の魚市場数の動向を示した。卸売業者数別に見ると１業者の魚市場が圧倒的に多い。５業者以上の魚市場数は 2008 年から 2013 年に増加したものの 2013 年から 2018 年にかけては減少している。買受人数別の魚市場数を見ると、20-50 業者の魚市場の数が最も多い。2013 年から 2018 年にかけて５業者未満と 20-50 業者の階層において魚市場数が増加しているが、これはそれぞれ上層からの移動によるものであると考えられる。

表 3-6　卸売業者数別・買受人数別の魚市場数

区分	年	卸売業者数別魚市場数				
		１業者	２業者	３業者	４業者	５業者以上
数量	2008	832	69	12	5	3
	2013	761	63	15	3	17
	2018	712	63	11	4	13
構成割合（%）	2008	90.3	7.5	1.3	0.5	0.3
	2013	88.6	7.3	1.7	0.3	2.0
	2018	88.7	7.8	1.4	0.5	1.6

区分	年	水産物買受人数別魚市場数				
		５業者未満	5-10業者	10-20業者	20-50業者	50業者以上
数量	2008	50	103	185	320	263
	2013	59	96	188	283	233
	2018	69	80	171	288	195
構成割合（%）	2008	5.4	11.2	20.1	34.7	28.6
	2013	6.9	11.2	21.9	32.9	27.1
	2018	8.6	10.0	21.3	35.9	24.3

（4）都道府県の状況

表 3-7 に 2008 年と 2018 年における都道府県別の魚市場数（地方卸売市場＋その他）・水揚量・卸売市場を主な出荷先とする経営体数割合を示した。魚市場は、39 都道府県中 29 で減少しており、とりわけ三重県、岡山県、山口県の減少が著しい。魚市場が増加しているのは３県であり、なかでも沖縄は７市場も増加している。水揚量は、39 都道府県中 31 で減少している。卸売市場を主な出荷先とする経営体数割合は 39 都道府県中 25 で増加している。この割合が大幅に減少した福岡県、兵庫県、広島県はいずれも直売所による販売に積極的に取り組んでいる県であり、その結果、卸売市場を主な出荷先とする経営体数の割合が低下している可能性がある。

表 3-7　都道府県における魚市場数・水揚量・市場出荷経営体数割合

都道府県	魚市場数 地方卸売市場＋その他			水揚量（トン）			卸売市場を主な出荷先とする 経営体数割合（％）		
	2008年	2018年	増減	2008年	2018年	増減	2008年	2018年	増減
北海道	90	89	-1	1,229,143	910,234	-318,909	99.2	98.9	-0.2
青森	40	39	-1	221,090	148,251	-72,839	96.2	97.8	1.6
岩手	13	13	0	163,974	97,366	-66,608	99.0	98.0	-1.0
宮城	10	9	-1	335,682	240,261	-95,421	86.9	85.0	-1.9
秋田	10	10	0	9,262	5,544	-3,718	90.6	92.4	1.8
山形	3	3	0	6,709	7,968	1,259	95.2	98.6	3.4
福島	12	5	-7	49,296	9,887	-39,409	96.0	99.2	3.2
茨城	11	11	0	62,276	41,918	-20,358	98.7	98.0	-0.8
千葉	38	37	-1	340,628	319,800	-20,828	81.6	86.0	4.5
東京	5	4	-1	18,722	857	-17,865	79.1	87.5	8.4
神奈川	11	8	-3	37,027	19,178	-17,849	73.4	76.5	3.1
新潟	18	17	-1	22,260	12,123	-10,137	80.6	86.7	6.1
富山	8	7	-1	22,210	28,977	6,767	96.6	97.2	0.6
石川	11	12	1	43,585	56,646	13,061	81.7	86.0	4.3
福井	7	6	-1	15,190	13,455	-1,735	79.0	81.7	2.7
静岡	32	24	-8	252,766	196,726	-56,040	87.3	93.2	5.9
愛知	23	19	-4	58,697	55,776	-2,921	65.7	70.5	4.9
三重	60	45	-15	105,817	91,083	-14,734	87.8	88.9	1.1
京都	5	4	-1	19,260	16,695	-2,565	83.1	84.1	1.0
大阪	11	10	-1	1,681	8,399	6,718	59.3	61.3	2.0
兵庫	47	38	-9	43,275	28,273	-15,002	85.0	79.2	-5.8
和歌山	40	44	4	63,859	21,109	-42,750	83.4	84.4	1.0
鳥取	8	8	0	122,056	121,269	-787	90.1	94.4	4.3
島根	14	8	-6	35,337	32,381	-2,956	94.1	92.4	-1.7
岡山	25	14	-11	16,038	4,467	-11,571	67.9	72.7	4.8
広島	12	12	0	18,593	2,055	-16,538	44.9	39.1	-5.8
山口	40	28	-12	50,541	25,766	-24,775	87.6	88.8	1.2
徳島	12	8	-4	13,507	2,888	-10,619	78.3	73.4	-4.9
香川	15	10	-5	18,315	1,787	-16,528	79.6	79.7	0.1
愛媛	30	29	-1	45,986	36,271	-9,715	72.4	69.9	-2.6
高知	43	35	-8	48,904	38,490	-10,414	80.9	81.5	0.6
福岡	12	9	-3	34,726	28,022	-6,704	83.5	72.6	-10.9
佐賀	9	7	-2	38,869	32,055	-6,814	78.3	77.6	-0.8
長崎	27	20	-7	228,376	187,795	-40,581	83.1	85.3	2.2
熊本	22	15	-7	20,616	19,517	-1,099	83.5	83.8	0.4
大分	18	18	0	26,004	27,059	1,055	76.4	82.2	5.8
宮崎	18	17	-1	69,987	58,632	-11,355	94.9	91.9	-3.0
鹿児島	46	43	-3	177,288	182,224	4,936	82.3	80.3	-2.0
沖縄	23	30	7	14,197	16,523	2,326	72.3	68.9	-3.4

注：1）卸売市場を主な出荷先とする経営体数は「漁協の市場又は荷さばき所」と「漁協以外の卸売市場」を主な出荷先としている経営体数の合計値である。

3－3．冷凍・冷蔵工場

（1）工場数と従事者数の推移

表3-8に経営組織別および営んだ事業区分別の冷凍・冷蔵工場数の動向を示した。工場数計は2008年の5,869工場から2018年の4,904工場へと減少している。上段の経営組織別の工場数を見ると、軒並み減少傾向となっているが、会社の工場数は他よりも減少が緩やかである。下段の営んだ事業区分別の工場数を見ると、水産加工業を営んでいる工場数が最も多く、次いで冷蔵倉庫業、水産物小売業となっている。工場数が減少している事業が多いが、水産物卸売業の工場数は増加傾向にある。これは産地において冷凍・冷蔵工場が減少するなかで、その機能を補完すべく水産物卸売業者が工場を新設している可能性がある。

表3-9に冷凍・冷蔵工場の従事者数と従事者数別の工場数の動向を示した。従事者数は2008年の16.5万人から2018年の14.2万人にまで減少している。男女別の従事者数を見ると、女子の人数が多いが、男子よりも著しく減少していることがわかる。こうした労働力不足を解消するために外国人労働

表3-8　経営組織別および営んだ事業区分別の冷凍・冷蔵工場数

年	計	個人	会社	組合			その他
				漁協漁連生産組合	水産加工組合加工連	その他	
2008年	5,869	710	4,398	634	55	52	20
2013年	5,357	667	4,021	555	46	43	25
2018年	4,904	561	3,731	507	42	39	24
2018/2008	0.84	0.79	0.85	0.80	0.76	0.75	1.20

年	冷蔵倉庫業	水産加工業	漁業・養殖業	水産物卸売業	水産物仲卸（買）業	水産物小売業	その他
2008年	1,767	4,020	300	984	860	1,257	976
2013年	1,441	3,775	282	1,003	705	1,164	727
2018年	1,448	3,440	265	1,086	532	1,126	656
2018/2008	0.82	0.86	0.88	1.10	0.62	0.90	0.67

表 3-9　冷凍・冷蔵工場における従事者数と従事者数別工場数

年	従事者数			
	計	うち外国人	男	女
2008 年	164,564	8,897	72,371	92,193
2013 年	150,559	10,154	68,916	81,643
2018 年	141,546	14,016	67,148	74,398
2018/2008	0.86	1.58	0.93	0.81

年	従事者数別工場数						
	計	9 人以下	10-29 人	30-49 人	50-99 人	100-299 人	300 人以上
2008 年	5,869	2,260	2,122	630	551	272	34
2013 年	5,357	2,050	1,963	588	493	237	26
2018 年	4,904	1,865	1,752	552	467	238	30
2018/2008	0.84	0.83	0.83	0.88	0.85	0.88	0.88

力の導入が進んでおり、その従事者数はこの 10 年間で大幅に増加している。従事者数別の工場数を見ると、一様に減少傾向にあるが 2013 年から 2018 年にかけては 100-299 人と 300 人以上階層が微増しており、従事者数の多い工場は残存している。

（2）冷蔵能力・凍結能力の推移

表 3-10 に冷蔵能力規模別冷蔵工場数と冷蔵能力（T）の推移を示した。工場数は 2008 年から 2018 年にかけて減少しているが、冷蔵能力（T）は

表 3-10　冷蔵能力規模別工場数と冷蔵能力の推移

年	冷蔵能力規模別工場数						冷蔵能力（T）
	計	1,000 トン未満	1,000-2,000 トン	2,000-5,000 トン	5,000-1 万トン	1 万トン以上	
2008 年	5,738	4,013	466	602	343	314	11,729,414
2013 年	5,164	3,646	366	527	296	329	11,325,714
2018 年	4,682	3,297	305	451	301	328	11,535,740

2013年から2018年にかけて増加に転じている。これは5,000-1万トンの階層が増加したことによるものであると考えられる。最上層の1万トン以上階層の工場数も2013年から2018年にかけて微減に留まっている。2,000-5,000トン階層よりも下層の工場数は軒並み減少傾向になっている。

表3-11に1日あたりの凍結能力別の工場数と凍結能力計を示した。工場数計は減少傾向にあるものの1日当たり凍結能力計は増加傾向となっており、残存する工場の凍結能力が強化されていることがうかがえる。1日当たり凍結能力別の工場数を見ると、50トン以上階層以外は減少傾向にある。50トン以上工場数の増加と50トン以上の工場における凍結能力の強化が全体の凍結能力の上昇に結びついていると考えられる。

表3-11　1日当たり凍結能力別工場数

年	1日当たり凍結能力別工場数（工場）						1日当たり凍結能力（t）
	計	5トン未満	5～10	10～30	30～50	50トン以上	
2008年	3,815	1,197	635	1,071	384	528	150,403
2013年	3,641	1,132	543	1,036	308	622	212,672
2018年	3,465	1,116	468	934	296	651	243,604

（3）都道府県と市町村別の状況

表3-12に都道府県別の冷蔵能力と1日当たりの凍結能力の変化を示した。冷蔵能力は、2008年から2018年にかけて47都道府県中34で減少している。とりわけ、産地においては水揚量の減少にともない冷蔵能力は低下しており、こうしたストック機能の低下は水揚げ処理能力の低下にも結び付いている可能性がある。この間、埼玉県、神奈川県、愛知県、福岡県といった都市部では冷蔵能力が増加している地域が見られるが、東京都と大阪府では減少しており、消費地においても冷蔵能力は縮小傾向を基調としていると見てよいだろう。一方、1日あたり凍結能力は47都道府県中34で増加しており、全体的に凍結能力は強化される方向に進んでいる。とりわけ、北海道、千葉県、静岡県で顕著に増加しており、これはマイワシとサバ類の水揚げ増加、生鮮冷凍水産物生産量の回復、輸出量の増加などが要因として考えられ

表 3-12　都道府県における冷凍・冷蔵工場の冷蔵能力と凍結能力

都道府県	冷蔵能力（T）				1日当たり凍結能力（t）			
	2008年	2013年	2018年	2018/2008	2008年	2013年	2018年	2018/2008
北海道	1,125,129	1,142,266	1,101,470	0.98	11,937	13,530	33,951	2.84
青森	349,313	333,510	307,545	0.88	2,990	6,318	7,752	2.59
岩手	168,428	144,650	172,902	1.03	2,718	3,680	2,430	0.89
宮城	689,749	494,183	503,434	0.73	5,550	6,551	10,409	1.88
秋田	18,876	17,631	10,136	0.54	251	377	284	1.13
山形	25,717	18,139	16,609	0.65	878	2,661	184	0.21
福島	109,759	80,000	78,847	0.72	1,439	10,402	8,892	6.18
茨城	227,375	276,169	221,815	0.98	4,100	5,339	6,425	1.57
栃木	47,350	32,458	16,261	0.34	599	1,504	469	0.78
群馬	26,063	6,886	7,253	0.28	1,043	830	807	0.77
埼玉	124,669	133,876	322,762	2.59	606	372	19,450	32.10
千葉	710,621	648,447	638,608	0.90	8,591	43,757	19,413	2.26
東京	1,361,425	1,390,484	1,283,471	0.94	1,616	2,641	2,254	1.39
神奈川	934,130	853,565	1,195,735	1.28	2,205	2,662	3,201	1.45
新潟	107,545	97,107	113,705	1.06	1,740	7,908	9,045	5.20
富山	75,141	86,421	71,754	0.95	217	628	1,405	6.47
石川	72,382	59,106	31,698	0.44	103	113	586	5.69
福井	27,668	27,921	24,284	0.88	229	126	1,113	4.86
山梨	18,156	16,326	16,326	0.90	90	79	79	0.88
長野	38,595	35,644	18,369	0.48	782	1,042	10,519	13.45
岐阜	15,719	10,507	8,522	0.54	652	453	786	1.21
静岡	599,437	605,426	610,793	1.02	3,561	17,234	19,637	5.51
愛知	499,514	522,500	545,155	1.09	1,920	2,566	2,664	1.39
三重	112,736	103,484	108,174	0.96	3,536	3,600	3,860	1.09
滋賀	34,257	28,423	25,213	0.74	1,480	734	8,214	5.55
京都	55,505	58,297	115,563	2.08	41,154	9,811	1,532	0.04
大阪	962,438	945,719	937,464	0.97	1,111	1,333	1,459	1.31
兵庫	687,665	688,242	620,600	0.90	4,669	6,728	4,149	0.89
奈良	5,880	5,855	5,718	0.97	43	2	52	1.21
和歌山	48,976	37,239	39,617	0.81	1,379	1,371	1,691	1.23
鳥取	116,678	122,982	89,873	0.77	2,039	2,240	4,283	2.10
島根	47,715	37,459	50,405	1.06	1,446	1,698	1,567	1.08
岡山	78,470	85,682	59,932	0.76	838	10,779	10,045	11.99
広島	158,703	146,115	142,686	0.90	2,376	2,397	1,627	0.68
山口	178,951	169,518	139,972	0.78	1,394	1,874	7,192	5.16
徳島	50,651	48,582	44,879	0.89	439	745	951	2.17
香川	129,229	139,650	124,685	0.96	990	4,529	4,623	4.67
愛媛	165,973	170,947	137,798	0.83	9,164	7,247	7,673	0.84
高知	43,605	33,618	39,070	0.90	829	3,213	3,026	3.65
福岡	613,529	612,229	620,517	1.01	2,934	4,274	2,261	0.77
佐賀	237,056	220,218	260,215	1.10	1,548	2,734	1,917	1.24
長崎	192,129	205,222	189,804	0.99	3,694	4,367	4,886	1.32
熊本	96,123	56,495	57,614	0.60	1,661	1,920	656	0.39
大分	75,047	78,994	54,006	0.72	6,755	3,576	1,537	0.23
宮崎	65,883	63,705	143,957	2.19	2,701	2,221	3,509	1.30
鹿児島	152,359	183,165	160,827	1.06	3,016	3,165	2,439	0.81
沖縄	47,095	50,652	49,697	1.06	1,390	1,341	2,700	1.94

る[1)]。

表 3-13 に主たる市町村における冷凍・冷蔵工場の冷蔵能力の変化を示した。市町村によって変化の傾向は一様ではないことがわかる。2008 年→ 2013 年→ 2018 年と全て前回センサス時から減少しているのは、函館市、八戸市、女川町、銚子市、大田区である。このうち、函館市と八戸市はスルメイカの主要水揚地であり、資源の著しい減少が主な要因として考えられる。女川町は東日本大震災によって壊滅的な被害を受けたことが主な要因である。ただし、同じく被災地である大船渡市、気仙沼市、石巻市、塩竈市、いわき市はいずれも 2013 年から 2018 年にかけて冷蔵能力が増加しており、女川町の復旧の遅れが顕著である。また、被災地の中では大船渡市が唯一震災前よりも冷蔵能力が強化されているが、それ以外の市町村では冷蔵能力が 2008 年よりも 2018 年の方が低い値になっており完全復旧には至っていない。銚子市の冷蔵能力は減少傾向にあるものの、近隣の神栖市や旭市の冷蔵能力によって補完されており、これらを合わせて地域全体としては冷蔵能力が維持されているものと考えられる。この間、一貫して増加しているのは先に挙げた大船渡市の他に、焼津市と松浦市である。前者は遠洋漁業（冷凍まぐろ・かつお）の、後者は大中型まき網（いわし類・あじ類・さば類）の水揚げ港である。また、九州内陸部に位置する鳥栖市と都城市において 2013 年から 2018 年にかけて冷蔵能力が著しく増強されていることが特徴的である。鳥栖市と都城市は、高速道路の整備にともなって九州の物流拠点に発展している。

表 3-14 に主たる市町村における 1 日当たり凍結能力の変化を示した。2008 年→ 2013 年→ 2018 年と減少傾向にあるのは、銚子市、長崎市、枕崎市であり、逆にこの間増加しているのは根室市、小樽市、神栖市、新潟市、焼津市、境港市、松浦市、佐世保市となっている。八戸市、大船渡市、気仙沼市、石巻市、いわき市、唐津市は 2008 年から 2013 年にかけて増加するものの 2018 年には減少に転じている。被災地においては、冷凍能力が復旧した後に、工場の廃業等によって冷凍能力が低下している可能性がある。

表 3-13　主たる市町村における冷蔵能力（T）の変化

（単位：T）

都道府県	市町村	2008 年	2013 年	2018 年	2018/2013	2018/2008
北海道	釧路市	82,021	59,789	82,784	1.38	1.01
北海道	函館市	118,716	104,795	102,380	0.98	0.86
北海道	札幌市	122,885	179,766	156,913	0.87	1.28
北海道	小樽市	180,582	210,468	195,452	0.93	1.08
青森県	八戸市	293,822	280,132	264,369	0.94	0.90
岩手県	大船渡市	47,530	47,604	52,081	1.09	1.10
宮城県	気仙沼市	161,970	61,430	101,941	1.66	0.63
宮城県	石巻市	156,351	112,549	121,234	1.08	0.78
宮城県	女川町	51,022	22,529	14,486	0.64	0.28
宮城県	塩竈市	73,089	58,236	68,904	1.18	0.94
宮城県	仙台市	228,095	229,057	183,838	0.80	0.81
福島県	いわき市	44,676	29,671	31,447	1.06	0.70
茨城県	神栖市	118,689	144,505	132,042	0.91	1.11
千葉県	銚子市	204,305	183,522	180,170	0.98	0.88
千葉県	船橋市	315,812	284,953	314,772	1.10	1.00
東京都	中央区	215,484	217,733	178,517	0.82	0.83
東京都	大田区	857,903	852,745	778,546	0.91	0.91
神奈川県	川崎市	496,035	479,328	742,124	1.55	1.50
神奈川県	横浜市	290,719	217,825	303,305	1.39	1.04
静岡県	焼津市	229,218	293,851	325,531	1.11	1.42
大阪府	大阪市	838,733	817,248	836,307	1.02	1.00
鳥取県	境港市	93,714	97,992	66,910	0.68	0.71
山口県	下関市	114,652	118,041	108,350	0.92	0.95
福岡県	福岡市	417,953	436,213	438,903	1.01	1.05
佐賀県	唐津市	84,911	72,294	76,425	1.06	0.90
佐賀県	鳥栖市	64,043	63,492	85,774	1.35	1.34
長崎県	松浦市	46,315	47,806	52,130	1.09	1.13
長崎県	長崎市	71,861	79,049	74,832	0.95	1.04
宮崎県	都城市	2,975	1,450	96,874	66.81	32.56
鹿児島県	鹿児島市	68,493	85,959	66,237	0.77	0.97
沖縄県	那覇市	34,789	38,732	34,290	0.89	0.99

表 3-14　主たる市町村における１日当たり凍結能力（t）の変化

（単位：T）

都道府県	市町村	2008 年	2013 年	2018 年	2018/2013	2018/2008
北海道	釧路市	693	641	663	1.03	0.96
北海道	根室市	1,146	1,204	2,525	2.10	2.20
北海道	小樽市	392	813	964	1.19	2.46
北海道	森町	854	844	926	1.10	1.08
青森県	八戸市	1,804	2,161	1,780	0.82	0.99
岩手県	大船渡市	805	1,237	568	0.46	0.71
宮城県	気仙沼市	1,447	1,566	1,410	0.90	0.97
宮城県	石巻市	1,992	3,967	3,807	0.96	1.91
宮城県	女川町	816	405	2,641	6.52	3.24
宮城県	塩竈市	535	443	722	1.63	1.35
福島県	いわき市	706	9,765	7,510	0.77	10.64
茨城県	神栖市	2,083	2,125	2,795	1.32	1.34
千葉県	銚子市	3,639	3,408	3,402	1.00	0.93
新潟県	新潟市	536	1,991	2,273	1.14	4.24
静岡県	焼津市	1,109	2,716	2,727	1.00	2.46
鳥取県	境港市	1,719	1,733	3,632	2.10	2.11
佐賀県	唐津市	756	911	638	0.70	0.84
長崎県	松浦市	554	556	619	1.11	1.12
長崎県	佐世保市	422	500	520	1.04	1.23
長崎県	長崎市	1,364	791	738	0.93	0.54
鹿児島県	枕崎市	912	549	500	0.91	0.55

３－４．水産加工場

（１）工場数と従事者数の推移

表 3-15 に経営組織別の加工場数の動向を示した。加工場数計は 2008 年の 10,097 工場から 2018 年の 7,289 工場へと減少しており、経営組織別にみると個人の工場数の減少が著しいことがわかる。個人の小規模加工業者は後継者が確保されずに廃業となるケースが多いのではないかと考えられる。漁協・漁連・生産組合そして水産加工組合・加工連は工場数は少ないものの、会社と比較して減少が緩やかである。漁協・漁連の加工事業は、事業利益は

表 3-15　経営組織別加工場数

（単位：工場）

年	計	個人	会社	組合			その他
				漁協漁連生産組合	水産加工組合加工連	その他	
2008 年	10,097	3,349	6,261	345	25	54	63
2013 年	8,514	2,553	5,511	335	19	39	57
2018 年	7,289	1,916	4,969	301	21	31	51
2018/2008	0.72	0.57	0.79	0.87	0.84	0.57	0.81

大きいものではないものの、組合員の所得向上を第一義の目的としている場合が多く、継続的に事業が行われていることがうかがえる[2)]。

表 3-16 に水産加工場における販売金額規模別の工場数を示した。2008 年から 2018 年にかけて、殆どの階層において工場数が減少傾向にある。

表 3-16　年間製品販売金額規模別加工場数

（単位：工場）

区分	年	計	100 万円未満	100-500 万円	500-1,000 万円	1,000-5,000 万円
実数	2008	10,097	441	680	870	2,434
	2013	8,514	350	733	840	2,224
	2018	7,289	282	629	651	1,791
構成割合（%）	2008	100.0	4.4	6.7	8.6	24.1
	2013	99.9	4.1	8.6	9.9	26.1
	2018	100.0	3.9	8.6	8.9	24.6

区分	年	5,000 万 - 1 億円	1 - 5 億円	5 -10 億円	10 億円以上
実数	2008	1,688	2,351	828	805
	2013	1,151	1,929	590	697
	2018	925	1,761	582	668
構成割合（%）	2008	16.7	23.3	8.2	8.0
	2013	13.5	22.6	6.9	8.2
	2018	12.7	24.2	8.0	9.2

2008年から2013年にかけて100-500万円階層の工場数が増加しているが、これは500-1,000万円あるいは100万円未満からの移動によるものであると考えられる。1－5億円階層から上層の合計構成割合は2008年の39.5％から41.4％へと上昇している。販売金額が少ない水産加工場は、地元の水産物を原料としていることが多く、こうした水産加工場が減少することによって産地の市場条件が劣悪化し、それが漁業経営に悪影響を及ぼすといった負の連鎖が起きている可能性がある。

表3-17に水産加工場における原材料の仕入れ先別の工場数と原材料に占める国産品の割合別工場数の推移を示した。仕入れ先別の工場数を見ると、その他（漁業者・漁業協同組合以外）から国産原材料を仕入れている工場数が多いが、半数以上の工場が漁業協同組合から原材料を仕入れている。原材料に占める国産品の割合別の工場数は、「全て国産品」の工場数が最も多いが著しく減少している。とはいえ、「全て輸入品」の工場数にしても同様に減少している。また国産品の割合が30-50％と30％未満の工場が比較的減少が緩やかとなっている。輸入原料への依存度が高く、安定した原料調達に

表3-17　原材料の仕入れ先別・国産品の割合別の工場数

（単位：工場）

年	国産原材料の仕入れ先別工場数			
	計	漁業者	漁業協同組合	その他
2008年	9,644	1,859	5,152	5,782
2013年	8,154	1,709	4,343	4,719
2018年	6,992	1,507	3,792	4,288
2018/2008	0.73	0.81	0.74	0.74

年	原材料に占める国産品の割合別工場数						
	計	全て輸入品	30％未満	30-50％	50-70％	70％以上	全て国産品
2008年	10,097	453	994	463	801	1,949	5,437
2013年	8,514	360	978	548	657	1,375	4,596
2018年	7,289	297	937	476	570	1,237	3,772
2018/2008	0.72	0.66	0.94	1.03	0.71	0.63	0.69

表 3-18　加工場の従事者数と従事者別工場数

（単位：人）

年	従事者数			
	計	外国人	男	女
2008 年	213,159	11,629	77,989	135,170
2013 年	188,235	13,458	72,057	116,178
2018 年	171,354	17,336	68,357	102,997
2018/2008	0.80	1.49	0.88	0.76

（単位：工場）

年	従事者数別工場数						
	計	9 人以下	10-29 人	30-49 人	50-99 人	100-299 人	300 人以上
2008 年	10,097	5,261	3,052	791	637	316	40
2013 年	8,514	4,295	2,668	693	549	277	32
2018 年	7,289	3,566	2,268	647	506	261	41
2018/2008	0.72	0.68	0.74	0.82	0.79	0.83	1.03

よって安定した経営を行っている階層が維持されていると考えられる。

表 3-18 に水産加工場における従事者数と従事者数別の工場数の変化を示した。従事者数は、2008 年の 21.3 万人から 2018 年の 17.1 万人へと減少しており、男女別に見ると女子の減少が著しい。この間、外国人の従事者数は 11,629 人から 17,336 人へと増加している。従事者数別の工場数を見ると、9 人以下の工場数が最も多いが、この階層の減少が著しい。その一方で、最上階層である 300 人以上の工場数は 2013 年から 2018 年にかけて増加している。人口が少ない地域に立地する水産加工場では、労働力不足が慢性的な問題となっており、外国人労働力や省人化機器の導入などによって対応を図っている。

（2）加工種類別の状況

表 3-19 に水産加工場における営んだ加工種類別の工場数の推移を示した。油脂と冷凍食品以外は工場数が減少しており、ねり製品と素干し品を営んだ工場数は他の加工種類よりも著しく工場数が減少している。

油脂を営んだ工場数は 2013 年から 2018 年にかけて増加しており、生産

表 3-19　営んだ加工種類別の工場数と生産量

区分	年	缶・びん詰	焼・味付のり（万枚）	寒天	油脂	飼肥料
工場数	2008 年	195	389	44	27	192
	2013 年	155	355	42	23	141
	2018 年	161	312	30	27	114
	2018/2008	0.83	0.80	0.68	1.00	0.59
生産量（t）	2008 年	115,840	78,822	900	36,221	475,296
	2013 年	125,630	70,037	565	27,144	391,639
	2018 年	104,258	65,584	751	50,125	401,354
	2018/2008	0.90	0.83	0.83	1.38	0.84

区分	年	ねり製品	冷凍食品	素干し品	塩干品	煮干し品
工場数	2008 年	1,764	804	843	2,263	1,371
	2013 年	1,432	883	742	1,922	1,280
	2018 年	1,143	919	550	1,645	1,049
	2018/2008	0.65	1.14	0.65	0.73	0.77
生産量（t）	2008 年	560,003	312,896	25,647	222,847	69,511
	2013 年	528,438	256,935	13,466	166,714	64,316
	2018 年	509,569	255,888	7,051	139,569	59,031
	2018/2008	0.91	0.82	0.27	0.63	0.85

区分	年	塩蔵品	くん製品	節製品	その他の食用加工品	生鮮冷凍水産物
工場数	2008 年	988	269	736	3,322	1,880
	2013 年	842	206	641	2,769	1,580
	2018 年	770	215	528	2,442	1,400
	2018/2008	0.78	0.80	0.72	0.74	0.74
生産量（t）	2008 年	206,612	11,521	106,037	429,233	1,657,821
	2013 年	197,845	8,178	90,623	389,409	1,382,604
	2018 年	181,630	6,843	79,595	347,628	1,397,203
	2018/2008	0.88	0.59	0.75	0.81	0.84

量の増加も顕著である。油脂の主産地である北海道では生産量が 12,045 トンから 18,434 トンに増加しており、これは原料となるマイワシの水揚量の増加に対応する動きである。北海道の道東沖で漁獲されるマイワシは油脂と

ともに魚粉（フィッシュミール）が生産されるが、これを主原料とする飼肥料の生産量も2013年から2018年に増加している。

この間、工場数が増加しているのは冷凍食品である。その内訳を見ると2013年から2018年にかけて魚介類（その他）の冷凍食品の工場数が384工場から429工場、水産物調理食品が491工場から508工場へと増加している。魚介類（その他）が増加しているのは北海道（68→89）、水産物調理食品が増加しているのは宮城県（24→43）となっている（カッコ内は2013年工場数→2018年工場数）。このように高次加工を生産する工場の数は増加傾向にある。

素干しは工場数、生産量ともに著しく減少している。2013年から2018年にかけて生産量が著しく減少しているが、これは「するめ」の生産量が6,855トンから2,244トンへの減少したことが主な要因であり、スルメイカの資源減少によるものである。

生鮮冷凍水産物は、工場数は一貫して減少傾向にあるものの、生産量は2013年から2018年にかけて増加している。この間、生産量が増加しているのは、冷凍かつお類（13,030トン→17,884トン）、冷凍いわし類（287,759トン→345,009トン）、冷凍さば類（255,618トン→458,239トン）、冷凍ほたてがい（93,182トン→102,871トン）である（カッコ内は2013年生産量→2018年生産量）。冷凍いわし類と冷凍さば類は資源増加、冷凍さば類と冷凍ほたてがいは輸出増加が主な要因として考えられる。

（3）都道府県と市町村の状況

表3-20に都道府県別の加工場数・従業員数・生産冷凍水産物生産量の変化を示した。2008年から2018年にかけて加工場数は、山形県と山梨県を除いて全て減少傾向となっている。工場数の減少が顕著なのは（2018/2008が0.7未満）、消費地の東京都・埼玉県・長野県・岐阜県・大阪府、被災地の宮城県、水産加工業の集積地（工場数が多い）である千葉県、静岡県、三重県、山口県、鹿児島県が挙げられる。従事者数についても減少傾向となっている都道府県が多いが、山形県、山梨県、京都府、鳥取県、宮崎県、沖縄

表 3-20　都道府県別の加工場数と生鮮冷凍水産物生産量

	加工場数			従事者数（人）			生鮮冷凍水産物生産量（トン）		
	2008 年	2018 年	2018/2008	2008 年	2018 年	2018/2008	2008 年	2018 年	2018/2008
北海道	1,163	869	0.75	35,816	26,800	0.75	474,860	304,965	0.64
青森	208	147	0.71	7,202	5,308	0.74	67,241	47,623	0.71
岩手	178	135	0.76	5,314	3,377	0.64	108,241	72,829	0.67
宮城	439	291	0.66	14,015	9,964	0.71	255,757	162,391	0.63
秋田	67	50	0.75	755	499	0.66	2,784	1,272	0.46
山形	58	58	1.00	537	554	1.03	1,364	54	0.04
福島	135	102	0.76	2,532	2,079	0.82	15,438	9,454	0.61
茨城	247	192	0.78	5,181	4,462	0.86	141,890	118,792	0.84
栃木	31	28	0.90	674	608	0.90	231	111	0.48
群馬	19	16	0.84	1,017	788	0.77	200	x	-
埼玉	46	31	0.67	2,217	1,215	0.55	1,038	2,086	2.01
千葉	420	277	0.66	8,164	6,868	0.84	140,413	194,810	1.39
東京	272	151	0.56	2,795	1,607	0.57	3,456	116	0.03
神奈川	169	136	0.80	4,146	3,131	0.76	6,722	2,056	0.31
新潟	145	117	0.81	5,297	5,146	0.97	1,769	1,354	0.77
富山	129	94	0.73	1,820	1,631	0.90	3,828	5,005	1.31
石川	103	77	0.75	2,035	2,021	0.99	6,091	3,392	0.56
福井	122	66	0.54	1,995	1,088	0.55	943	366	0.39
山梨	10	10	1.00	384	561	1.46	-	x	-
長野	106	72	0.68	1,285	1,057	0.82	41	22	0.54
岐阜	71	43	0.61	1,504	894	0.59	18	125	7.07
静岡	810	556	0.69	13,038	10,378	0.80	1,863	677	0.36
愛知	273	209	0.77	5,455	4,963	0.91	8,108	8,480	1.05
三重	308	212	0.69	4,667	3,235	0.69	82,551	108,705	1.32
滋賀	111	92	0.83	1,917	1,173	0.61	369	153	0.41
京都	135	117	0.87	2,241	2,447	1.09	5,440	5,099	0.94
大阪	154	72	0.47	4,914	2,959	0.60	9,102	1,993	0.22
兵庫	312	245	0.79	8,513	8,297	0.97	13,044	3,190	0.24
奈良	17	12	0.71	480	103	0.21	4	-	-
和歌山	175	138	0.79	1,935	1,630	0.84	3,508	724	0.21
鳥取	115	80	0.70	2,409	2,452	1.02	57,850	73,470	1.27
島根	169	131	0.78	2,525	1,832	0.73	14,784	11,611	0.79
岡山	61	45	0.74	2,249	1,841	0.82	685	877	1.28
広島	194	151	0.78	6,982	5,608	0.80	5,330	7,137	1.34
山口	275	181	0.66	6,350	6,341	1.00	7,317	1,834	0.25
徳島	146	86	0.59	1,517	1,055	0.70	1,478	1,653	1.12
香川	135	91	0.67	2,459	2,039	0.83	851	482	0.57
愛媛	318	225	0.71	6,567	5,100	0.78	7,691	9,112	1.18
高知	228	171	0.75	2,423	2,165	0.89	312	486	1.56
福岡	251	195	0.78	7,061	6,572	0.93	9,386	7,209	0.77
佐賀	136	108	0.79	4,000	3,550	0.89	43,868	43,327	0.99
長崎	583	426	0.73	6,670	5,230	0.78	70,434	97,250	1.38
熊本	206	155	0.75	2,856	2,353	0.82	3,026	3,125	1.03
大分	146	108	0.74	2,030	1,601	0.79	25,245	25,344	1.00
宮崎	144	134	0.93	1,969	2,250	1.14	16,736	32,943	1.97
鹿児島	450	301	0.67	5,993	5,038	0.84	34,311	22,567	0.66
沖縄	107	86	0.80	1,254	1,484	1.18	2,204	2,839	1.29

注：1）表中の「x」は、個人又は法人その他の団体に関する秘密を保護するため、統計数値を公表しないものである。

県では従事者数が増加している。生鮮冷凍水産物の生産量が増加しているのは、沿海地区では千葉県、富山県、愛知県、三重県、鳥取県、岡山県、広島県、徳島県、愛媛県、高知県、長崎県、熊本県、大分県、宮崎県、沖縄県である。各県によって地域固有の増加要因があるが、いわし類とさば類の水揚げ増加、輸出仕向の増加などが主な要因として考えられる。九州地区は生鮮冷凍水産物の生産量が顕著に増加しており、地区全体に共通する要因が存在することが推察される。製品別に見ると、冷凍かつおは宮城県、冷凍いわし類は北海道、青森県、岩手県、宮城県、茨城県、千葉県、三重県、冷凍さば類は宮城県、茨城県、千葉県、鳥取県、長崎県、冷凍ほたてがいは北海道、青森県において増加している。

表3-21に主たる市町村における工場数と従事者数の推移を示した。2008年から2018年にかけて全ての市町村において工場数が減少しているが、従事者数は7市町村において増加している。工場数・従事者数とも減少が著しいのは、根室市、函館市、石巻市、女川町、沼津市である。原料となる水産物の資源減少が著しい根室市（サンマ・さけます類）と函館市（スルメイカ）、震災からの復旧が遅れている石巻市（スルメイカの減少もあり）と女川町（サンマの減少もあり）、主産物である塩干品の需要が低迷している沼津市と、その要因は様々である。一方、工場数は減少しているものの従事者数が増加している市町村には、小樽市（その他の食用加工品）、新潟市（その他の食用加工品）、境港市（生鮮冷凍水産物）、下関市（その他の食用加工品）、宇和島市（ねり製品）、松浦市（煮干し品）、延岡市（生鮮冷凍水産物）がある（カッコ内は主たる加工種類）。これらの市町村では、この間、水揚げ条件の変化や加工製品の転換（伝統的加工品から高次調理加工品へ）によって産地再編を遂げている可能性がある。

表 3-21　主たる市町村における工場数・従事者数の変化

都道府県	市町村	加工場数			従事者数			主たる加工種類（営んだ工場数が最も多い加工種類）
		2008年	2018年	2018年/2008年	2008年	2018年	2018年/2008年	
北海道	函館市	123	78	0.63	4,003	2,650	0.66	その他の食用加工品
北海道	小樽市	55	41	0.75	1,853	1,874	1.01	その他の食用加工品
北海道	根室市	50	33	0.66	2,075	1,307	0.63	生鮮冷凍水産物
北海道	釧路市	54	37	0.69	1,774	1,769	1.00	生鮮冷凍水産物・塩蔵品
青森県	八戸市	88	59	0.67	3,872	3,235	0.84	生鮮冷凍水産物
岩手県	大船渡市	31	30	0.97	1,202	868	0.72	生鮮冷凍水産物
宮城県	気仙沼市	96	72	0.75	3,417	2,249	0.66	その他の食用加工品
宮城県	石巻市	115	69	0.60	3,868	2,498	0.65	その他の食用加工品
宮城県	女川町	32	13	0.41	1,199	400	0.33	生鮮冷凍水産物
宮城県	塩竈市	108	71	0.66	2,554	2,377	0.93	ねり製品
福島県	いわき市	80	48	0.60	1,471	1,141	0.78	塩干品
茨城県	大洗町	44	31	0.70	1,170	1,026	0.88	塩干品
茨城県	神栖市	34	28	0.82	1,158	976	0.84	冷凍水産物
千葉県	銚子市	107	73	0.68	2,708	2,000	0.74	塩干品
新潟県	新潟市	27	24	0.89	2,284	2,369	1.04	その他の食用加工品
静岡県	沼津市	132	83	0.63	1,639	1,109	0.68	塩干品
静岡県	焼津市	196	141	0.72	4,474	3,625	0.81	節製品
愛知県	豊橋市	33	25	0.76	1,312	1,136	0.87	その他の食用加工品
鳥取県	境港市	51	35	0.69	1,686	1,710	1.01	生鮮冷凍水産物
山口県	下関市（東シナ海）	83	62	0.75	2,617	3,235	1.24	その他の食用加工品
山口県	長門市	82	44	0.54	1,567	1,355	0.86	素干し品
愛媛県	宇和島市	86	55	0.64	1,134	1,145	1.01	ねり製品
福岡県	福岡市	83	60	0.72	2,230	1,919	0.86	その他の食用加工品
佐賀県	唐津市	60	46	0.77	1,788	1,267	0.71	その他の食用加工品
長崎県	松浦市	37	24	0.65	509	594	1.17	煮干し品
長崎県	佐世保市	77	68	0.88	940	717	0.76	煮干し品
長崎県	長崎市	125	96	0.77	2,015	1,825	0.91	ねり製品
熊本県	天草町	71	61	0.86	782	685	0.88	節製品
大分県	佐伯市	64	45	0.70	1,013	802	0.79	塩干品
宮崎県	延岡市	48	43	0.90	609	676	1.11	生鮮冷凍水産物
鹿児島県	枕崎市	82	61	0.74	1,232	1,144	0.93	節製品

３－５．小括

以上、魚市場、冷凍・冷蔵工場、水産加工場の動向について見てきた。国内総生産量が減少傾向となるなかで、魚市場、冷凍・冷蔵工場、水産加工場とも全体としては縮小傾向にある。とはいえ、国内消費の低迷と海外需要の拡大といった市場条件の変化とそれに対する多様な産地対応（輸出対応、地産地消、付加価値向上、高次加工）が存在しており、都道府県や市町村を単位として見るならばその動向は一様ではない。

水産物の価値実現において、魚市場、冷凍・冷蔵工場、水産加工場が必要不可欠であることはいうまでもない。そして、その総体としての産地機能（集分荷機能・価格形成力・ストック機能・水揚げ処理能力）が低下・変質しており、このことが漁業経営、漁業生産力そして水産物流通に多様な影響を及ぼしている。一方、消費地においても冷凍・冷蔵工場の冷蔵能力は低下する傾向にあり、物流の効率化が今後も進展していくものと考えられる。

また、水産加工品の生産量は軒並み減少傾向にあり、工場数・従事者数とも減少傾向にあるが、その中で生鮮冷凍水産物の生産量が微増しており、凍結能力が増強されている地域が多い。鮮魚流通の縮小、産地段階での高次加工、総菜化など消費者や小売店・飲食店のニーズの変化に対応する動きは今後も活発化していくであろう。

――― （注）

[1] 近年における中核産地の需給構造と機能変化については、以下の調査事業を参照されたし。水産物安定供給推進機構（2016）、同（2018）、同（2019）。

[2] 漁協による加工事業の実態については、農林中金総合研究所（2020）を参照されたし。

――― （引用文献）

農林中金総合研究所（2020）『漁協による加工事業の実態調査』2019 基礎研 No.3,pp1-49.（https://www.nochuri.co.jp/skrepo/pdf/sr20200401.pdf）

水産物安定供給推進機構（2016）『事業実施水産物の需給動向等の把握（マアジ、マイワシ）』平成 27 年度需給変動調整事業関係調査事業報告書 .（https://www.fishfund.or.jp/data/pdf/H27report.pdf）

水産物安定供給推進機構（2018）『多獲性大衆魚の中核的産地における機能の動向と現状把握』平成 29 年度漁業経営等安定水産物供給平準化事業関係調査事業報告書 .（https://www.fishfund.or.jp/data/pdf/H29reportheijyun.pdf）

水産物安定供給推進機構（2019）『中核的産地における機能の動向及び国産水産物 の需給調整に関連した取組事例』平成 30 年度特定水産物供給平準化事業関係調査事業報告書 .（https://www.fishfund.or.jp/data/pdf/H30report.pdf）

トピックス④
国際的な水産物需要の増加と我が国の水産物輸出について

日本国内の水産物市場が縮小する一方で、世界では魚介類の消費量が増加し続けている。世界の１人当たりの食用水産物の消費量は過去半世紀で２倍以上に増加。そのペースは衰えをみせていない。近年では特にアジア圏を中心に水産物のマーケットが急速な拡大を見せている。

日本の水産物輸出額は、2008年のリーマンショックや2011年の東日本大震災と東京電力福島第一原子力発電所の事故の影響による諸外国の輸入規制の影響を受けたものの、2012年以降は概ね増加傾向となっている。

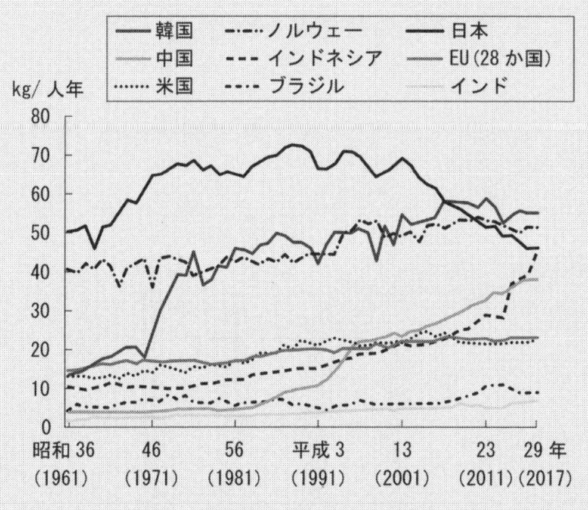

主な輸出相手国・地域は中国、米国、香港であり、これら３ヵ国・地域への輸出額が輸出金額の約６割を占めている。品目別の輸出金額を見ると、中国等向けに輸出されるホタテガイ、主に香港向けに輸出される真珠やナマコ調整品の割合が高くなっている。

また、近年においては、北米向け養殖ブリの消費拡大に伴う輸出額の増加が見られるほか、東南アジアやアフリカ各国のような途上国向けには冷凍サバのような、比較的低価格な水産物の輸出も拡大しているなど、海外の幅広いマーケットにおける日本産水産物の需要増加が顕著である。

一方で、2013年に「和食」がユネスコ無形文化遺産に登録されたことを契機に、世界中で日本食ブームが続いている。日本食の食材として使用する高品質・高鮮度な水産物を現地で調達することは難しいため、現地日本食レストラン等に向けてコスト度外視で高級鮮魚やウニ、マグロ類等を空輸するビジネスも活況である。

日本の漁業者や加工・流通関係者等の所得向上を図り、水産業を持続的に発展させていくためには、国内販路の回復と併せて日本産水産物の輸出拡大を図り、世界のマーケットを獲得していくことが必要である。

こうした状況を受け、日本政府は2020年、農林水産物・食品の輸出拡大実行戦略を策定。ホタテガイや真珠、ブリなど27品目を重点品目と決め、生産体制強化への集中支援を盛り込んだ。品目別の輸出目標額に加え、狙いを定める国・地域も明記し、官民一体で2030年までに農林水産物・食品の輸出額を５兆円に引き上げる目標達成を目指すという。水産物輸出の拡大に向けた動きは、今後もしばらく継続するものと考えられる。

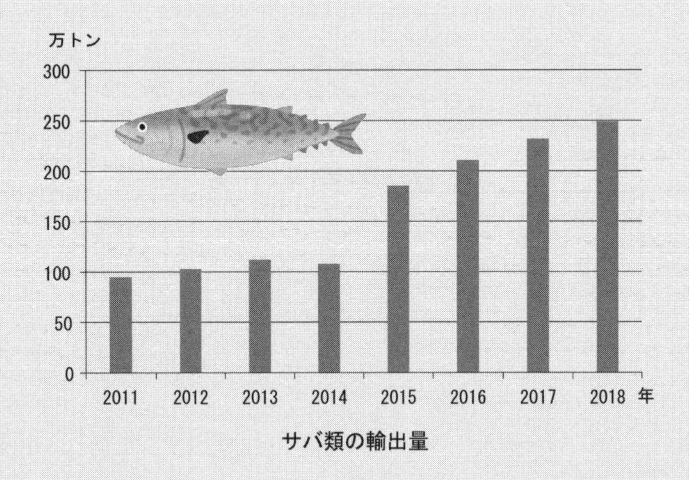

サバ類の輸出量

トピックス⑤
新型コロナウイルスの国内水産業界への影響

2019 年末に発生した新型コロナウイルスは、今日もなお世界中で猛威を振るっている。新型コロナウイルスは国内の各産業へ大きな影響を及ぼしており、水産業もその例外ではない。

国内において新型コロナウイルスの感染が拡大し始めた 2020 年４月～５月には、全国に緊急事態宣言が発令され、“３密回避”、“外出自粛”などの感染対策が講じられた。同時に、ウイルスの国内流入防止のため、海外からの入国制限が実施された。

緊急事態宣言を始めとした“外出自粛”に伴い、国民の外食機会は大幅に減少した。家計消費における食料品・外食支出額の構成比をみると、2020 年４月は前年と比較して、外食に係る支出額が約 11％減少している。このことから、料亭や寿司店等へ仕向けられていた水産物の荷動きが鈍化した。また、海外からの入国制限により、インバウンドの流入数も大きく減少した。国民の外食機会減少に加え、インバウンドの流入が減少したことから、各地で水産物の需要減少が目立った。こうした水産物の荷動きの停滞は、魚価の下落へとつながった。外食産業における需要が減少した一方で、外出自粛による“巣ごもり需要”の増大がみられた。その結果、缶詰等の長期保存が可能な加工品や、魚価の下落によってお手頃価格となったマグロなど、一部の水産商品について、量販店における消費量が増加した。

また、カキやホタテなどの産地においては、新型コロナウイルスの感染拡大を受けて、一度自国へ帰国した外国人技能実習生が、国内へ入国できず、産地の処理能力低下が大きな問題となっている。

新型コロナウイルスの終息は未だ見通しが立たず、今後も新たな販路開拓や魚価の安定など、あらゆる対策が求められる。

第４章　地域・漁業管理

西村　絵美

４－１．はじめに

我が国の漁村地域の動向を捉える際、漁業センサスにおいて１つの集計単位となっているのが「漁業地区」である。2018 年漁業センサスでは、「市区町村の区域内において、共通の漁業条件及び共同漁業権を中心とした地先漁業の利用等に係る社会経済活動の共通性に基づいて漁業が行われる地区」と定義されている。我が国の漁業地区は、立地や自然・社会・経済的条件の違いによって極めて多様な姿が見られる。各地の地域漁業の実態を統計的に捉えようとすれば、「漁業地区」単位で現状を把握することは有効である。近年、資源の減少、担い手の減少と高齢化、生産コストの上昇、魚価安など地域漁業をとりまく環境が悪化する中で、漁業を基盤とする漁業地区の存続が厳しさを増している。本章では、2018 年漁業センサスの漁業地区別の集計結果を整理し、資源管理・漁場改善および地域活性化の取組状況と合わせて日本の漁業地区の実態把握を試みたい。

４－２．漁業地区の現状

（1）漁業地区の全体像

まずは、漁業地区の全体像を見よう。表 4-1 は、漁業経営体数の規模別に漁業地区を整理したものである。全国の漁業地区数 2,182 のうち、漁業経営体が存在する漁業地区は 2,068 である。そのうち、漁業経営体数 10 ～ 19 の漁業地区が最多で 21.3％、次いで 30 ～ 49 の地区が 20.2％、20 ～ 29 の地区が 18.5％となっている。漁業経営体数 29 以下の漁業地区が全体の半数を超えている（56.3％）。漁業経営体数49以下の漁業地区で見れば、全体の8割弱（76.5％）になる。

一方、漁業経営体が存在しない漁業地区は114あった。このうち、約3分の1に当たる34地区が非沿海地区である。今次センサスで漁業経営体が存在しないことが確認された114地区のうち、直近の2013年センサス時点までは漁業経営体が存在していたのは19地区で、これらの地区では高齢化による漁業者の退出に伴い漁業生産力を維持できなくなってしまった可能性がある。他方、2003年（第11次）漁業センサス以降の長期的な動きを捉えると、2013年以前からすでに漁業経営体がいない状態が続いている地区が太宗を占めているのが現状である。

表4-1　漁業経営体数規模別にみた漁業地区数とその構成比（2018年）

漁業経営体数	地区数（地区）	構成比（％）
1～9	342	16.5
10～19	441	21.3
20～29	382	18.5
30～49	418	20.2
50～99	350	16.9
100～199	111	5.4
200～	24	1.2
計	2,068	100.0

注：1）地区数は、漁業地区2,182地区のうち、漁業経営体が存在する2,068地区について集計した。

（2）漁業経営体でみる漁業地区

①漁業経営体数

次に、漁業経営体の動向に着目してみたい。今日、全国的に漁業経営体数の減少が進んでいる。2008年から2018年までの過去10年間で漁業経営体が減少した地区について、それを減少率ごとに整理してみたものが表4-2である。過去10年間で漁業経営体が減少した地区は、全体の8割以上を占めている（84.4％）。表4-2によると、2008年を基準として漁業経営体数の減少率が30％台の地区が最も多く、同20％台の地区と合わせると全体の4割を占める。一方、過去10年間の漁業経営体数の減少率が50％を超え

表 4-2　漁業経営体の減少率別にみた漁業地区数（2018 年）

		地区数（地区）	構成比（%）
漁業地区計		2,182	100.0
経営体数が増加した地区		197	9.0
増減なしの地区		144	6.6
経営体数が減少した地区		1,841	84.4
減少率（2018/2008）	10%未満	104	5.6
	10%台	256	13.9
	20%台	365	19.8
	30%台	374	20.3
	40%台	309	16.8
	50%台	222	12.1
	60%台	99	5.4
	70%台	47	2.6
	80%台	23	1.2
	90%台	7	0.4
	100%	35	1.9
	小計	1,841	100.0

注：1）地区数は、漁業経営体が存在しない地区を含めた 2,182 地区について集計した。

る地区が２割強ほど見られる（23.5％）。2008 年から 2018 年で漁業経営体数が０になった地区も 35 地区あった（うち、非沿海地区が３地区）。漁業経営体数の減少率が高い地区は、将来的に漁業地区としての存続が難しくなる恐れがある。

②経営規模

沿岸の漁船漁業を営む個人経営体の経営規模は大小様々である。しかし、その平均漁労所得は 186 万円である（2018 年）[1)]。販売金額 300 万円未満層は 65 歳以上の高齢漁業者に多いが、今日の沿岸漁業者の高齢化の進展に伴い、漁業地区の中でこの層が厚く存在しているのが全国的な傾向と考えられる。そこで、販売金額 300 万円未満の漁業経営体数の割合別に漁業地区を整理したのが表 4-3 である。2018 年をみると、販売金額 300 万円未満層が 50％以上を占める漁業地区が全体の約 65％、中でも同層が 70％以上を占める漁業地区が 41.3％と多い。また、販売金額 300 万円未満層が

表 4-3　販売金額 300 万円未満の漁業経営体数の割合別にみた漁業地区数の構成比推移

		地区数（地区）	0～29%	30%～49%	50%～69%	70%以上
地区数（地区）	2008 年	2,002	419	392	520	671
	2013 年	1,964	278	302	502	882
	2018 年	1,919	345	332	449	793
構成比（%）	2008 年	100.0	20.9	19.6	26.0	33.5
	2013 年	100.0	14.2	15.4	25.6	44.9
	2018 年	100.0	18.0	17.3	23.4	41.3

注：1）地区数は、漁業経営体が存在しない地区を含めた 2,182 地区について集計した。
　　2）四捨五入の関係上、合計が一致しないことがある。
　　3）販売金額なしの漁業経営体を含む。

70%以上を占める漁業地区の数は、2013 年よりは減っているが、2008 年と比べると 122 地区の増加となった。

一方、これを都道府県別に見てみると、各県によっても状況は異なる。表 4-4 に都道府県別の結果をまとめた。北海道は、全国の動向とは異なり、販売金額 300 万円未満層が 3 割未満の漁業地区が全体の半数以上存在する

表 4-4　販売金額 300 万円未満の
漁業経営体数の割合別に見た地区数の分布状況（2018 年）

（単位：%）

	地区数（地区）	0～29%	30～49%	50～69%	70%以上
全国	1,919	18.0	17.3	23.4	41.3
北海道	132	54.5	26.5	15.2	3.8
青森県	51	33.3	19.6	21.6	25.5
岩手県	37	10.8	24.3	27.0	37.8
宮城県	57	40.4	26.3	15.8	17.5
秋田県	19	-	5.3	26.3	68.4
山形県	8	-	12.5	25.0	62.5
福島県	14	21.4	14.3	50.0	14.3
茨城県	11	36.4	9.1	18.2	36.4
千葉県	50	42.0	16.0	18.0	24.0
東京都	26	11.5	19.2	23.1	46.2
神奈川県	36	5.6	22.2	36.1	36.1
新潟県	53	1.9	13.2	24.5	60.4
富山県	18	33.3	27.8	16.7	22.2
石川県	36	2.8	11.1	25.0	61.1

福井県	13	-	7.7	38.5	53.8
静岡県	50	10.0	16.0	32.0	42.0
愛知県	35	22.9	20.0	25.7	31.4
三重県	113	10.6	22.1	31.0	36.3
京都府	24	-	4.2	12.5	83.3
大阪府	21	38.1	9.5	9.5	42.9
兵庫県	62	33.9	17.7	19.4	29.0
和歌山県	49	8.2	8.2	22.4	61.2
鳥取県	22	4.5	13.6	27.3	54.5
島根県	47	2.1	2.1	25.5	70.2
岡山県	25	32.0	28.0	12.0	28.0
広島県	60	13.3	16.7	16.7	53.3
山口県	104	2.9	10.6	28.8	57.7
徳島県	32	15.6	12.5	34.4	37.5
香川県	48	27.1	20.8	29.2	22.9
愛媛県	82	20.7	25.6	12.2	41.5
高知県	67	14.9	29.9	11.9	43.3
福岡県	73	31.5	13.7	13.7	41.1
佐賀県	46	34.8	15.2	19.6	30.4
長崎県	144	9.0	15.3	29.9	45.8
熊本県	68	4.4	10.3	25.0	60.3
大分県	34	5.9	29.4	29.4	35.3
宮崎県	27	7.4	25.9	44.4	22.2
鹿児島県	77	3.9	6.5	27.3	62.3
沖縄県	48	4.2	14.6	22.9	58.3

注：1）漁業経営体数の総数が0の地区（「-」）、および販売金額別の漁業経営体数が秘匿処理（「x」）の地区を除いて集計した。
2）販売金額なしの漁業経営体を含む。

(54.5%)。千葉や宮城においても、こうした漁業地区が全体の4割と高い割合を占める。しかし、大半の都道府県では販売金額300万円未満層が70%以上を占める漁業地区が最も多く存在している。中でも、販売金額300万円未満層が70%を超える地区が全体の6割以上に達している県は、京都府(83.3%)、島根県（70.2%）、秋田県（68.4%）、山形県（62.5%）、鹿児島県（62.3%）、和歌山県（61.2%）、石川県（61.1%）、新潟県（60.4%）、熊本県（60.3%）である。特に京都府は、全漁業地区の8割で販売金額300万円未満層が70%以上存在し、概して漁業の経営規模の小ささが窺える。

（3）漁業就業者でみる漁業地区

さらに、漁業就業者の動向から漁業地区を見てみよう。表 4-5 は、65 歳以上の高齢漁業者の割合別に漁業地区数の分布を示したものである。2008 年から 2018 年にかけて 65 歳以上の高齢漁業者の割合が「0～29%」、「30～49%」の漁業地区数が減少する一方で、同「50～69%」、「70%以上」の地区数は増加していることが分かる。2018 年では、65 歳以上の高齢漁業者が 30～49%の漁業地区数が最も多く、全体の 34.9%を占めている。次いで高齢漁業者が 50～69%の漁業地区数が全体の 3 割存在している。高齢漁業者が 70%以上と高齢化がかなり進んだ地区も 1 割程度あり、こうした地区では新規就業者の確保ができない場合、あと 10 年も経てば多くの漁業者が引退すると考えられる。将来的に漁業地区としての存続が危惧される。

都道府県別の集計結果を表 4-6 に示した。65 歳以上の高齢漁業者が 3 割未満（0～29%）の地区が最も多く、それが全漁業地区の 5 割以上を占めている県は、沿岸域でのモズク類・クルマエビの養殖や近海でのカツオ・マグロ漁が盛んな沖縄県（62.5%）、島嶼漁業が中心の東京都（50.0%）である。大阪府（47.6%）、北海道（46.2%）、茨城県（45.5%）、富山県（44.4%）、福島県（42.9%）、宮崎県（40.7%）も 4 割を超えている。一方、新潟県、山口県、秋田県、石川県は、高齢漁業者が 70%以上の地区が全漁業地区の約 4 割を占める。高齢漁業者が 70%以上を占める漁業地区は、新規就業者が確保できない場合、その存続が非常に厳しい局面に立たされる可能性が高い。

表 4-5　漁業就業者数に占める 65 歳以上の割合別にみた漁業地区数の構成比推移

		地区数	0～29%	30%～49%	50%～69%	70%以上
実数	2008 年	2,002	593	792	488	129
	2013 年	1,964	524	728	517	195
	2018 年	1,918	415	669	569	265
構成比（%）	2008 年	100.0	29.6	39.6	24.4	6.4
	2013 年	100.0	26.7	37.1	26.3	9.9
	2018 年	100.0	21.6	34.9	29.7	13.8

注：1）漁業地区数は、漁業就業者数が 0 の地区（「-」）および秘匿処理（「x」）の地区を除いて集計した。

表4-6　65歳以上の漁業就業者数の割合別にみた地区数の分布状況

（単位：%）

	地区数	0～29%	30～49%	50～69%	70%以上
全国	1,918	21.6	34.9	29.7	13.8
北海道	132	46.2	35.6	15.9	2.3
青森県	51	13.7	52.9	31.4	2.0
岩手県	37	5.4	56.8	27.0	10.8
宮城県	57	29.8	33.3	35.1	1.8
秋田県	19	-	21.1	42.1	36.8
山形県	8	12.5	12.5	62.5	12.5
福島県	14	42.9	42.9	14.3	-
茨城県	11	45.5	18.2	18.2	18.2
千葉県	50	20.0	24.0	42.0	14.0
東京都	26	50.0	26.9	23.1	-
神奈川県	36	30.6	41.7	16.7	11.1
新潟県	53	13.2	15.1	32.1	39.6
富山県	18	44.4	33.3	16.7	5.6
石川県	36	13.9	16.7	33.3	36.1
福井県	13	7.7	76.9	7.7	7.7
静岡県	50	24.0	42.0	28.0	6.0
愛知県	34	14.7	41.2	41.2	2.9
三重県	113	11.5	34.5	32.7	21.2
京都府	24	12.5	41.7	33.3	12.5
大阪府	21	47.6	33.3	14.3	4.8
兵庫県	62	33.9	41.9	16.1	8.1
和歌山県	49	14.3	32.7	36.7	16.3
鳥取県	22	22.7	13.6	50.0	13.6
島根県	47	12.8	17.0	44.7	25.5
岡山県	25	28.0	44.0	16.0	12.0
広島県	60	8.3	30.0	40.0	21.7
山口県	104	2.9	12.5	47.1	37.5
徳島県	32	3.1	40.6	46.9	9.4
香川県	48	12.5	41.7	27.1	18.8
愛媛県	82	18.3	35.4	32.9	13.4
高知県	67	23.9	38.8	22.4	14.9
福岡県	73	24.7	32.9	30.1	12.3
佐賀県	46	34.8	47.8	13.0	4.3
長崎県	144	15.3	41.7	30.6	12.5
熊本県	68	10.3	33.8	36.8	19.1
大分県	34	17.6	23.5	41.2	17.6
宮崎県	27	40.7	37.0	22.2	-
鹿児島県	77	20.8	51.9	23.4	3.9
沖縄県	48	62.5	35.4	2.1	-

注：1）漁業就業者数が0の地区「－」および秘匿処理（「x」）の地区を除いて集計した。

（4）漁業後継者でみる漁業地区

①後継者確保の状況

最後は、漁業後継者[2)]の確保状況である。漁業地区が安定的に存続していくには、漁家の再生産が重要である。漁業者の高齢化が進行する中、新規就業者の確保は進んでいない。多くの地域で後継者を確保して漁家漁業の担い手を育てていくことが大きな課題となっている。表4-7に後継者ありの漁業経営体数の割合別に漁業地区数の分布を示した。これによると、全体として後継者の確保率は低い。全国では、後継者ありの漁業経営体数が10％未満の漁業地区の割合が最も多く、全地区の45.8％を占める。後継者ありの漁業経営体数が30％以上の地区はわずか1割強しかない。

表4-7　後継者ありの漁業経営体数の割合別漁業地区数の分布状況

（単位：％）

	地区数	10％未満	10％台	20％台	30％以上
全国	1917	45.8	24.5	16.6	13.0
北海道	132	13.6	24.2	26.5	35.6
青森県	51	13.7	31.4	27.5	27.5
岩手県	37	18.9	48.6	16.2	16.2
宮城県	56	17.9	25.0	19.6	37.5
秋田県	19	68.4	15.8	10.5	5.3
山形県	8	37.5	50.0	12.5	-
福島県	14	14.3	-	35.7	50.0
茨城県	11	27.3	9.1	36.4	27.3
千葉県	50	44.0	22.0	20.0	14.0
東京都	26	50.0	34.6	11.5	3.8
神奈川県	36	22.2	36.1	25.0	16.7
新潟県	53	34.0	30.2	20.8	15.1
富山県	18	44.4	11.1	22.2	22.2
石川県	36	55.6	27.8	13.9	2.8
福井県	13	53.8	23.1	23.1	-
静岡県	50	28.0	32.0	20.0	20.0
愛知県	35	40.0	31.4	25.7	2.9
三重県	113	60.2	15.9	15.0	8.8
京都府	24	66.7	16.7	12.5	4.2
大阪府	21	33.3	19.0	14.3	33.3
兵庫県	61	49.2	24.6	14.8	11.5
和歌山県	49	42.9	26.5	20.4	10.2
鳥取県	22	68.2	22.7	9.1	-

島根県	47	76.6	14.9	6.4	2.1
岡山県	25	36.0	24.0	24.0	16.0
広島県	60	40.0	20.0	30.0	10.0
山口県	104	76.0	17.3	2.9	3.8
徳島県	32	43.8	34.4	15.6	6.3
香川県	48	60.4	16.7	8.3	14.6
愛媛県	82	45.1	26.8	25.6	2.4
高知県	67	50.7	16.4	19.4	13.4
福岡県	73	28.8	32.9	19.2	19.2
佐賀県	46	32.6	19.6	19.6	28.3
長崎県	144	59.0	30.6	5.6	4.9
熊本県	68	36.8	35.3	16.2	11.8
大分県	34	67.6	23.5	8.8	-
宮崎県	27	48.1	22.2	22.2	7.4
鹿児島県	77	68.8	18.2	9.1	3.9
沖縄県	48	77.1	16.7	4.2	2.1

注：1）漁業経営体数が0の地区（「-」）および秘匿処理（「x」）の地区を除いて集計した。

都道府県別に見ても、後継者ありの漁業経営体数が10％未満の漁業地区の割合が最も多く、それが全地区の半数以上を占める県も多い。一方で、後継者ありの漁業経営体数が30％以上の地区が多く存在する県もある。福島県は後継者ありの漁業経営体数が30％以上の地区が全体の半数程度存在する。また、宮城県（37.5％）、北海道（35.6％）、大阪府（33.3％）もそれが全地区の3割を超えている。

②後継者確保率の高い地区

漁業後継者の確保率は地区によってかなりのバラつきがある。漁業の生産条件・販売条件は各々異なると考えられるが、後継者の確保率が高い地区に共通する特性はあるのだろうか。北海道を一つの例として、センサス統計で確認できる特徴を可能な限り見てみよう。

後継者の確保率が高い地区は、「後継者ありの漁業経営体数の割合が50％以上」の地区とした。

道内の該当する地区を抜き出して、漁業種類、販売金額、就業者の年齢層、就業形態を比較したものが表4-8である。北海道において、全132地区のうち「後継者ありの漁業経営体数の割合が50％以上」の地区は16地区（地区Ａ～Ｐ）あった。これは全体の12.1％に当たる。地区Ａ～Ｐについて、漁業経営体数は 15 ～ 366 までと幅がある。販売金額 1 位の漁業種類別割合でこれらの地区の主な漁業種類をみると、ほたてがい養殖を主体とする地域が多い。また、漁業では定置網と小型底びき網や刺網などが営まれている。平均販売金額は、下は 15（百万円）から上は 632（百万円）まで開きがあるが、道全体の平均販売金額を下回る地区であっても後継者確保率

表 4-8　北海道における後継者確保率の高い地区の漁業種類、販売金額、就業動向

	漁業経営体数	後継者あり経営体割合（%）	主な漁業種類（販売金額 1 位の種類別経営体数割合）	販売金額別経営体数割合（%）				平均販売金額（百万円）	漁業就業者			
				300 万円未満	300 ～ 500 万円	500 ～ 1,000 万円	1,000 万円以上		就業者数	40 歳未満就業者割合（%）	65 歳以上就業者割合（%）	就業形態（%）
道全体	11,089	29.6	-	26.8	15.1	22.0	36.1	24	24,378	25.5	26.8	①自：44.5 ②役：9.9 ③雇：45.6
地区 A	49	50.0	その他の刺網（32.7%） 小型底びき網（28.6%） その他の漁業（20.4%） さけ定置網（8.2%）	8.2	2.0	18.4	71.4	24	113	30.1	20.4	①自：47.8 ②役：5.3 ③雇：46.9
地区 B	65	50.9	ほたてがい養殖（72.3%） さけ定置網（10.8%） その他の刺網（10.8%）	9.2	1.5	3.1	86.2	46	220	22.3	21.4	①自：36.8 ②役：9.5 ③雇：53.6
地区 C	195	51.5	ほたてがい養殖（77.4%） 小型定置網（11.3%）	2.1	15.4	32.8	49.7	25	684	36.4	13.5	①自：46.1 ②役：5.7 ③雇：48.2
地区 D	163	51.5	ほたてがい養殖（33.1%） その他の刺網（19.0%） 小型底びき網（16.0%） その他の漁業（13.5%）	12.3	9.2	14.7	63.8	26	338	33.7	17.8	①自：57.7 ②役：0.0 ③雇：42.3
地区 E	366	52.8	採貝・採藻（77.6%） その他の刺網（6.3%） その他の漁業（5.5%） さけ定置網（4.4%）	4.1	11.7	50.8	33.3	17	801	29.3	21.6	①自：50.1 ②役：6.7 ③雇：43.2
地区 F	82	53.7	ほたてがい養殖（89.0%） その他の刺網（8.5%） さけ定置網（2.4%）	4.9	4.9	8.5	81.7	44	293	24.9	19.1	①自：64.2 ②役：0.0 ③雇：35.8
地区 G	15	54.5	ほたてがい養殖（66.7%） 小型底びき網（13.3%） その他の漁業（13.3%） 小型定置網（6.7%）	6.7	6.7	0.0	86.7	130	47	29.8	8.5	①自：19.1 ②役：6.4 ③雇：74.5
地区 H	97	55.8	ほたてがい養殖（41.2%） さけ定置網（18.6%） 小型定置網（13.4%）	7.2	1.0	10.3	81.4	140	463	54.0	9.5	①自：7.8 ②役：9.3 ③雇：82.9
地区 I	202	56.5	その他の漁業（58.4%） 小型底びき網（23.8%） 採貝・採藻（11.4%）	12.4	11.4	20.8	55.4	52	378	38.4	19.6	①自：35.2 ②役：36.2 ③雇：28.6
地区 J	115	59.4	ほたてがい養殖（87.8%） 小型定置網（6.1%）	0.9	0.0	0.0	99.1	116	327	41.0	9.2	①自：44.0 ②役：5.5 ③雇：50.5
地区 K	42	61.5	さけ定置網（64.3%） 小型底びき網（14.3%） その他の刺網（9.5%） 大型定置網（7.1%）	2.4	2.4	11.9	83.3	80	321	31.5	15.3	①自：0.9 ②役：28.0 ③雇：71.0
地区 L	27	61.9	小型底びき網（33.3%） 採貝・採藻（22.2%） その他の漁業（22.2%） さけ定置網（14.8%）	7.4	3.7	14.8	74.1	40	124	29.0	8.9	①自：1.6 ②役：16.1 ③雇：82.3

地区Ｍ	317	62.6	その他の漁業（45.7%） 小型定置網（24.0%） 採貝・採藻（7.6%） さけ定置網（7.3%）	34.4	20.5	13.6	31.5	39	828	39.5	11.5	①自：2.3 ②役：37.1 ③雇：60.6
地区Ｎ	175	63.5	小型底びき網（36.0%） 小型定置網（21.1%） さけ定置網（17.7%） その他の刺網（12.6%） 採貝・採藻（9.7%）	50.3	10.9	10.9	28.0	15	519	17.7	20.4	①自：7.9 ②役：80.7 ③雇：11.4
地区Ｏ	80	65.9	小型定置網（27.5%） その他の漁業（22.5%） さけ定置網（20.0%） 採貝・採藻（16.3%）	21.3	17.5	28.8	32.5	18	257	38.1	7.8	①自：9.3 ②役：20.6 ③雇：70.0
地区Ｐ	16	71.4	その他の漁業（31.3%） さけ定置網（25.0%） 小型底びき網（12.5%） 小型定置網（12.5%） その他のはえ縄（12.5%）	25.0	6.3	6.3	62.5	632	109	49.5	12.8	①自：4.6 ②役：27.5 ③雇：67.9

注：1）就業形態の①「自」は「個人経営体の自家漁業のみ」、②「役」は「漁業従事役員」、③「雇」は「漁業雇われ」を表す。

が高い地区が存在していることがわかる。

一方、販売金額別に漁業経営体数の割合をみると、全体的に300万円未満層の占める割合が少なく、1,000万円以上層が厚く存在している地区が多い。そして、1,000万円以上層が８割以上を占める地区（B、F、G、H、J、K）は、６つのうち５つがほたてがい養殖を主体とする地区であり、残りの１つはさけ定置網が主力の地区である。ほたてがい養殖が大きな収入源となっていることが推察される。就業者の年齢層をみると、後継者確保率の高いこれらの地区では、65歳以上の高齢漁業者の占める割合が最大でも20％強と極めて少ない。40歳未満の若年就業者数は、２～４割の地区が多く、最大で５割を超えている地区もある。世代交代が順調に進んでいることが窺える。就業形態では、道全体の平均と比べて「漁業雇われ」の割合が高い地区が多く、養殖業や定置網などの雇用型の漁業の有無が若年層の多い就業構造や後継者確保率に関係していることが考えられる。「漁業雇われ」の割合が70％、80％台を示す地区も散見される。

これらのことから、後継者の確保率が高い地区は、漁業種類と販売金額に規定される部分が大きいと考えられる。ほたてがい養殖は、中国等への輸出が好調で他の養殖種類と比べても後継者確保率が高い業種の一つである（2018年で39.7%）[3)]。沿岸の漁業地区においては、養殖や定置網などの雇用型の漁業の存在が働き盛りの就業者の漁業所得を安定させ、地区に定着させるうえで重要な役割を果たしていると考えられる[4)]。

③後継者確保率と販売金額の関係

販売金額の高い漁業経営体の多い地区ほど後継者確保率が高いが多いのは全道に共通する特徴なのだろうか。そこで、北海道の全漁業地区を対象に販売金額1,000万円以上の漁業経営体の割合と後継者ありの漁業経営体の割合との関連性を見たものが図4-1である。必ずしもそうでない地区もあるが、販売金額1,000万円以上の漁業経営体が多い地区は、後継者ありの漁業経

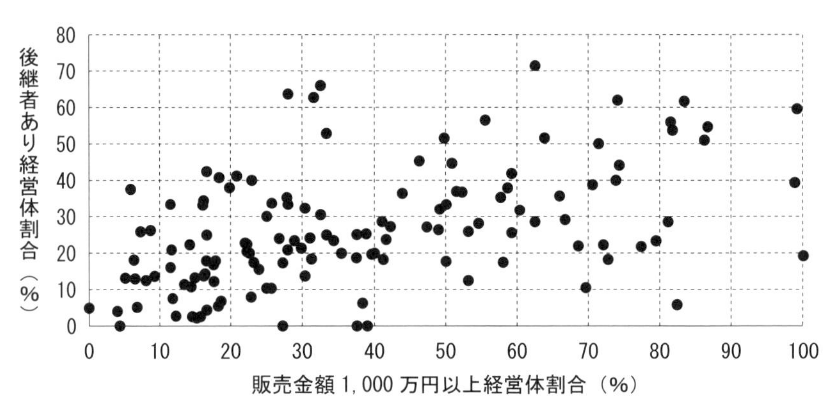

図4-1　北海道の漁業地区における販売金額1,000万円以上漁業経営体割合と後継者あり漁業経営体割合との関係

営体が多く存在する地区が多い傾向があるように見える。それらの地区では、地区内に稼げる漁業が存在し、技術・免許・受け入れ体制等の面で就業できる機会があること、就業後もその地で漁家経営を継続できるレベルの漁業所得があることが、後継者参入の一つの誘因になっているのではないか。一方、販売金額が1,000万円以上の漁業経営体が全体の20%未満の地区でも後継者確保率が40%近くの水準を保っている地区もある。漁業後継者の確保には、販売金額以外にも様々な要素が関わっていることの表れだろう。

4－3．資源管理・漁場改善の取組状況

（1）調査の変更点

ここからは、漁業地区が実施している資源管理・漁場改善の取組状況について見ていこう。

2018年漁業センサスから、従来の「漁業管理組織調査」が廃止となり、新たな「海面漁業地域調査」に統合・再編されることとなった。2011年から始まった資源管理指針・資源管理計画[5)]による資源管理体制が政策として定着してきたことから、国・都道府県が資源管理計画により資源管理の取組情報を得られるようになり、1988年の第8次漁業センサスから実施されてきた「漁業管理組織調査」はその役割を終了したためとされている。

前回センサスまでは、「資源管理型漁業」の担い手である漁業者集団を「漁業管理組織」として捉え、この漁業管理組織ごとに当該集団が自ら行っている資源の管理、漁場の管理、漁獲の管理等の実態を把握してきた。2013年センサスにおける「漁業管理組織」の定義は、自主的に資源管理を行う漁業者集団のうち、「①漁場又は漁業種類を同じくする複数の漁業経営体が集まっている組織、②自主的な漁業資源の管理、漁場の管理又は漁獲の管理を行う組織、③漁業管理について、文書による取決めのある組織、④漁業協同組合又は漁業協同組合連合会が関与している組織」の要件をすべて満たしている組織であった。一方、2018年漁業センサスで実施された新たな「海面漁業地域調査」では、漁業地区ごとに調査を実施し、その地域で取り組んでいる資源管理や地域活性化の状況を取組主体ごとではなく取組の総数として全体的に俯瞰するような内容に変化している。以上のような経緯から、今次センサスでは資源管理の取組主体の動向を連続したデータとして把握することはできなくなった。以下、漁業地区で実施している資源管理や地域活性化の状況について見てみよう。

（2）資源管理の取組数規模

まずは、資源管理の取組数で取組状況を見よう。表4-9は資源管理の取

表 4-9　資源管理の取組数規模別漁業地区数（2018 年）

（単位：%）

	計（地区）	取組あり					取組なし
		小計	1つ	2つ	3つ	4つ以上	
全国	2,066	88.1	25.8	22.7	13.7	25.9	11.9
北海道	137	94.9	13.1	21.2	13.1	47.4	5.1
青森	57	98.2	12.3	8.8	14.0	63.2	1.8
岩手	38	100.0	5.3	7.9	13.2	73.7	-
宮城	57	77.2	22.8	21.1	7.0	26.3	22.8
秋田	21	90.5	14.3	19.0	23.8	33.3	9.5
山形	8	100.0	-	-	-	100.0	-
福島	20	90.0	30.0	10.0	10.0	40.0	10.0
茨城	17	82.4	29.4	5.9	23.5	23.5	17.6
千葉	56	96.4	25.0	17.9	37.5	16.1	3.6
東京	32	78.1	34.4	21.9	12.5	9.4	21.9
神奈川	40	90.0	42.5	20.0	12.5	15.0	10.0
新潟	56	91.1	28.6	32.1	1.8	28.6	8.9
富山	20	95.0	35.0	30.0	10.0	20.0	5.0
石川	41	82.9	29.3	9.8	12.2	31.7	17.1
福井	13	100.0	7.7	15.4	23.1	53.8	-
静岡	49	95.9	8.2	32.7	24.5	30.6	4.1
愛知	43	88.4	18.6	16.3	30.2	23.3	11.6
三重	129	85.3	27.1	20.2	16.3	21.7	14.7
京都	23	95.7	34.8	26.1	26.1	8.7	4.3
大阪	24	87.5	20.8	16.7	16.7	33.3	12.5
兵庫	69	94.2	20.3	33.3	20.3	20.3	5.8
和歌山	51	78.4	29.4	31.4	5.9	11.8	21.6
鳥取	24	95.8	20.8	4.2	20.8	50.0	4.2
島根	53	79.2	35.8	34.0	7.5	1.9	20.8
岡山	27	88.9	44.4	11.1	7.4	25.9	11.1
広島	64	81.3	29.7	15.6	6.3	29.7	18.8
山口	111	91.9	23.4	38.7	14.4	15.3	8.1
徳島	32	90.6	25.0	37.5	9.4	18.8	9.4
香川	52	90.4	44.2	1.9	15.4	28.8	9.6
愛媛	90	76.7	25.6	30.0	3.3	17.8	23.3
高知	79	60.8	32.9	21.5	-	6.3	39.2
福岡	74	95.9	18.9	32.4	16.2	28.4	4.1
佐賀	49	91.8	49.0	14.3	20.4	8.2	8.2
長崎	146	90.4	27.4	21.9	13.0	28.1	9.6
熊本	75	90.7	28.0	34.7	10.7	17.3	9.3
大分	34	100.0	20.6	11.8	11.8	55.9	-
宮崎	27	77.8	3.7	18.5	22.2	33.3	22.2
鹿児島	81	88.9	27.2	24.7	19.8	17.3	11.1
沖縄	47	85.1	44.7	23.4	6.4	10.6	14.9

組数規模別に漁業地区数を示したものである。「海面漁業地域調査」の対象とされた漁業地区は2,066地区、そのうち約9割に当たる1,821地区で資源管理・漁場改善の取組が実施されている。漁業者の資源管理意識が広く全国に浸透していることが分かる。「取組あり」の地区では、取組数が「1つ」と「4つ以上」がそれぞれ約26%、次いで「2つ」が約23%、「3つ」が約14%となっている。「4つ以上」の取組を行っている地区が全体の3割弱を占めていることは注目される。

都道府県別にみると、県内のすべての地区が資源管理・漁場改善に取り組んでいるという県もある（岩手、山形、福井、大分)。これらは漁業地区の数が比較的少ない県であるが、一方で県内に100を超す漁業地区を抱える県であっても、9割近い地区で資源管理の取組が実施されている（北海道、山口、長崎、三重)。資源管理は今や漁業を継続するための前提となっていることを窺わせる。取組の規模をみると、複数以上の取組を実施している地区が多い県もあれば、1つしか実施していない地区が多い県もあって様々である。4つ以上の取組を行っている漁業地区の割合が高いのは山形県（100.0%)、岩手県（73.7%)、青森県（63.2%）で、どちらかといえば東北に多く見られる。一方、高知県のように「取組なし」が約4割を占め、取組のある地区においても取組数の規模が小さい県もある。

（3）管理対象魚種

次は、資源管理の対象魚種を見てみる。表4-10に管理対象魚種ごとの資源管理の取組数を示した。単体の魚種で資源管理の取組数が多いのは、ひらめ（1,013取組)、あわび類（765取組)、まだい（710取組)、かれい類（582取組）などで、いか類（496取組)、たこ類（439取組)、さざえ（435取組)、なまこ類（402取組)、うに類（333取組）が続く[6)]。管理対象は定着性資源が中心である。魚類は移動性の少ない底魚が多い。

資源管理の取組総数を大海区別に見ると、漁業経営体数の多い東シナ海区（1,219取組、22.3%)、瀬戸内海区（991取組、18.1%)、太平洋中区（821取組、15.0%）の順に多い。さけ・ます類、こんぶ類以外の魚種の多くは、

表 4-10　大海区別にみる管理対象魚種ごとの取組数（複数回答）

（単位：取組）

	全国	北海道 太平洋北区	太平洋北区	太平洋中区	太平洋南区	北海道 日本海北区	日本海北区	日本海西区	東シナ海区	瀬戸内海区
計（実数）	5,476	340	564	821	462	253	416	410	1,219	991
ひらめ	1,013	17	144	115	46	26	145	158	152	210
あわび類	765	3	120	157	64	27	74	72	161	87
まだい	710	-	15	103	67	-	73	95	161	196
かれい類	582	40	88	51	10	28	89	52	52	172
いか類	496	27	60	33	23	10	45	60	153	85
たこ類	439	29	69	24	26	18	31	29	63	150
さざえ	435	-	-	108	32	-	50	77	120	48
なまこ類	402	21	28	48	12	49	58	22	98	66
うに類	333	25	65	10	23	35	7	14	130	24
がざみ類	289	-	9	33	3	-	9	8	48	179
あさり類	286	3	10	95	6	1	4	3	67	97
いせえび	279	-	4	131	74	-	-	-	55	15
さけ・ます類	245	70	66	-	1	52	45	5	1	5
こんぶ類	153	63	45	2	1	31	3	-	1	7

東シナ海、瀬戸内海区で取組数が多い傾向にある。

（4）資源管理のタイプ

表4-11で対象魚種ごとに資源管理タイプ別の取組数を確認しよう。取組の総数では「資源管理計画」での取組が63.8％、「漁場改善計画[7)]」での取組が14.6％、「その他」が21.6％である。「資源管理計画」での取組が過半数を占めている。区画漁業権を有する漁業協同組合や養殖業者等が自主的に作成する「漁場改善計画」では、貝類、海藻類で取組数が多い傾向にある。

表4-11　資源管理のタイプ別・管理対象魚種別取組数（複数回答）

	取組数計	取組数（取組）		
		資源管理計画	漁場改善計画	その他
計（実数）	5,476	3,495	798	1,183
さけ・ます類	245	209	20	16
ひらめ	1,013	811	34	168
かれい類	582	480	22	80
まだい	710	504	102	104
その他のたい類	442	361	21	60
その他の魚類	2,189	1,613	231	345
いせえび	279	183	6	90
その他のえび類	400	304	17	79
がざみ類	289	223	12	54
その他のかに類	201	144	9	48
あわび類	765	433	57	275
さざえ	435	223	30	182
あさり類	286	128	43	115
その他の貝類	639	323	159	157
いか類	496	408	23	65
たこ類	439	314	22	103
うに類	333	154	32	147
なまこ類	402	244	30	128
その他の水産動物類	149	109	16	24
こんぶ類	153	74	48	31
その他の海藻類	626	160	278	188

	構成比（％）		
	資源管理計画	漁場改善計画	その他
計（実数）	63.8	14.6	21.6
さけ・ます類	85.3	8.2	6.5
ひらめ	80.1	3.4	16.6
かれい類	82.5	3.8	13.7

まだい	71.0	14.4	14.6
その他のたい類	81.7	4.8	13.6
その他の魚類	73.7	10.6	15.8
いせえび	65.6	2.2	32.3
その他のえび類	76.0	4.3	19.8
がざみ類	77.2	4.2	18.7
その他のかに類	71.6	4.5	23.9
あわび類	56.6	7.5	35.9
さざえ	51.3	6.9	41.8
あさり類	44.8	15.0	40.2
その他の貝類	50.5	24.9	24.6
いか類	82.3	4.6	13.1
たこ類	71.5	5.0	23.5
うに類	46.2	9.6	44.1
なまこ類	60.7	7.5	31.8
その他の水産動物類	73.2	10.7	16.1
こんぶ類	48.4	31.4	20.3
その他の海藻類	25.6	44.4	30.0

（5）参加漁業経営体数規模

表4-12で対象魚種ごとに参加漁業経営体数規模別の取組数を見よう。取組の総数で見てみると、参加漁業経営体が「10経営体未満」の取組が約半数（48.4％）と最多、「300経営体以上」の取組はほとんどない。参加漁業経営体が20経営体未満の取組が全体の約7割を占めている。多くの魚種では「10経営体未満」が参加する取組が中心で、取組の単位は小規模である。200経営体以上の漁業経営体が参加する取組は非常に少ないが、こうした大人数が参加する取組はこんぶ類などに限定されている。魚類では基本的に参加人数の少ない取組が多数を占めるが、定着性の貝類や海藻類などは、比較的参加人数の多い取組が多くなっている。

表 4-12　参加漁業経営体数規模別・管理対象魚種引取組数の構成比（複数回答）

（単位：取組、%）

	計（実数）	10 未満	10 ～ 20	20 ～ 30	30 ～ 50	50 ～ 100	100 ～ 200	200 ～ 300	300 以上
計（実数）	5,476	48.4	19.7	9.3	10.6	6.6	3.5	1.0	0.9
さけ・ます類	245	64.5	11.0	7.8	5.3	6.1	2.0	2.9	0.4
ひらめ	1,013	49.2	19.3	10.3	10.8	6.2	2.9	0.6	0.8
かれい類	582	48.5	17.4	10.8	12.0	6.2	3.3	1.0	0.9
まだい	710	55.8	17.5	9.3	10.3	4.8	2.1	0.3	-
その他のたい類	442	59.3	17.0	9.5	9.0	3.4	1.6	0.2	-
その他の魚類	2,189	57.5	16.9	8.0	9.7	4.9	2.2	0.4	0.5
いせえび	279	37.6	21.9	12.2	16.5	7.2	3.9	0.4	0.4
その他のえび類	400	41.5	22.0	11.0	13.3	7.5	3.8	0.8	0.3
がざみ類	289	40.1	25.6	10.7	12.8	7.6	2.1	0.7	0.3
その他のかに類	201	46.8	15.9	8.5	10.9	9.0	4.0	2.5	2.5
あわび類	765	29.0	24.1	13.2	15.7	8.0	5.2	2.4	2.5
さざえ	435	28.7	26.0	12.6	16.8	10.6	3.9	0.7	0.7
あさり類	286	31.8	22.7	10.5	17.1	10.1	6.6	1.0	-
その他の貝類	639	41.0	18.9	9.4	13.8	10.3	4.5	1.6	0.5
いか類	496	54.4	14.7	10.5	9.1	7.7	2.4	0.6	0.6
たこ類	439	41.5	19.4	9.3	9.3	10.7	5.7	2.3	1.8
うに類	333	20.1	20.1	15.9	14.7	14.4	9.9	2.7	2.1
なまこ類	402	28.9	18.9	13.4	16.7	11.9	7.2	2.2	0.7
その他の水産動物類	149	43.0	20.1	9.4	11.4	6.0	5.4	3.4	1.3
こんぶ類	153	15.7	9.2	12.4	16.3	20.3	14.4	7.8	3.9
その他の海藻類	626	40.1	23.2	12.1	11.2	8.6	3.0	1.1	0.6

（6）資源管理の内容

資源管理の内容別に取組数をまとめたのが表 4-13 である。漁業協同組合が実施した資源管理・漁場改善の取組数は全国で 5,476 であった。そのうち、「漁獲の管理」の取組数が 4,337 と最も多く、「漁業資源の管理」が 3,006、「漁場の保全・管理」が 2,160 であった。資源管理の内容では、「漁期の規制」が 2,555（46.7%）と最多、続いて「漁獲（採捕、収獲）サイズの規制」が 2,197（40.1%）、「漁業資源の増殖」（35.2%）、「出漁日数、操業時間の規制」（33.0%）であった。

表 4-13　資源管理の内容別取組数（複数回答）

管理内容		取組数(取組)	構成比（%）
漁業資源の管理	漁獲（採捕・収獲）枠の設定	872	15.9
	漁業資源の増殖	1,930	35.2
	その他の漁業資源管理の取組	681	12.4
漁場の保全・管理	漁場の保全	1,025	18.7
	藻場・干潟の維持管理	379	6.9
	薬品等の不使用の取組	168	3.1
	漁場の造成	431	7.9
	漁場利用の取決め	1,135	20.7
	その他の漁場保全・管理の取組	482	8.8
漁獲の管理	漁法（養殖方法）の規制	768	14.0
	漁船の使用規制	539	9.8
	漁具の規制	1,447	26.4
	漁期の規制	2,555	46.7
	出漁日数、操業時間の規制	1,807	33.0
	漁獲（採捕、収獲）サイズの規制	2,197	40.1
	漁獲量（採捕量、収獲量）の規制	797	14.6
	その他の漁獲の管理の取組	373	6.8
計（実数）		5,476	100.0

次は大海区別に管理内容別の取組数を見てみよう。表 4-14 に「漁業資源の管理」と「漁場の保全・管理」、表 4-15 に「漁獲の管理」の取組数の割合を示した。表 4-14 より、「漁業資源の管理」の取組数が多いのは、東シナ海区（22.9%）、瀬戸内海区（18.9%）、太平洋中区（15.1%）であり、

表 4-14　大海区ごとの管理内容別取組数（複数回答）
（漁業資源の管理、漁場の保全・管理）

（単位：取組、%）

	漁業資源の管理			
	計（実数）	漁獲（採捕・収獲）枠の設定	漁業資源の増殖	その他
全国	3,006	872	1,930	681
北海道太平洋北区	6.5	9.7	4.8	8.5
太平洋北区	10.3	14.1	9.8	10.7
太平洋中区	15.1	13.1	16.7	16.3
太平洋南区	7.4	9.1	5.3	8.2
北海道日本海北区	5.5	8.9	5.6	8.4
日本海北区	8.3	6.8	9.4	5.3
日本海西区	5.1	4.9	6.2	2.8
東シナ海区	22.9	22.8	20.5	23.2
瀬戸内海区	18.9	10.6	21.6	16.6

	漁場の保全・管理					
	計（実数）	藻場・干潟の維持管理	薬品等の不使用の取組	漁場の造成	漁場利用の取決め	その他
全国	2,160	379	168	431	1,135	482
北海道太平洋北区	6.3	5.5	0.6	6.5	5.7	9.8
太平洋北区	8.8	6.9	16.7	7.7	11.3	9.5
太平洋中区	15.8	16.1	6.5	14.2	17.9	13.7
太平洋南区	10.2	11.3	6.5	9.0	9.3	11.2
北海道日本海北区	4.4	0.3	7.1	3.7	6.7	6.0
日本海北区	6.0	1.8	2.4	2.6	6.7	9.5
日本海西区	6.1	4.0	6.5	8.4	6.3	3.7
東シナ海区	24.2	34.8	37.5	27.6	21.1	24.5
瀬戸内海区	18.3	19.3	16.1	20.4	15.0	12.0

この3海区で約57%を占める。「漁場の保全・管理」の取組数も東シナ海区（24.2%）、瀬戸内海区（18.3%）、太平洋中区（15.8%）の順に多くなっている。表 4-15 の「漁獲の管理」の取組数においても同様の傾向を示しており、東シナ海区（21.6%）、瀬戸内海区（15.4%）、太平洋中区（15.1%）の3

表 4-15　大海区ごとの管理内容別取組数（複数回答）（漁獲の管理）

（単位：取組、%）

	漁獲の管理				
	計（実数）	漁法（養殖方法）の規制	漁船の使用規制	漁具の規制	漁期の規制
全国	4,337	768	539	1,447	2,555
北海道太平洋北区	7.3	4.9	20.2	9.2	9.2
太平洋北区	10.9	11.6	11.1	10.6	11.0
太平洋中区	15.1	13.9	10.0	20.0	15.8
太平洋南区	8.0	12.6	4.6	6.2	5.6
北海道日本海北区	5.3	6.5	10.9	6.5	6.0
日本海北区	8.1	9.2	5.6	7.8	9.1
日本海西区	8.4	1.6	3.5	4.5	8.9
東シナ海区	21.6	22.1	16.0	18.5	20.3
瀬戸内海区	15.4	17.4	18.0	16.7	14.2

	漁獲の管理			
	出漁日数、操業時間の規制	漁獲（採捕、収獲）サイズの規制	漁獲量（採捕量、収獲量）の規制	その他
全国	1,807	2,197	797	373
北海道太平洋北区	5.0	5.1	8.3	4.6
太平洋北区	10.4	11.6	16.9	11.3
太平洋中区	19.6	18.3	14.3	14.2
太平洋南区	10.3	6.0	5.0	3.8
北海道日本海北区	4.3	5.1	9.7	4.3
日本海北区	8.8	9.5	10.4	9.4
日本海西区	5.9	9.1	11.7	8.6
東シナ海区	19.4	17.9	15.7	18.8
瀬戸内海区	16.3	17.5	8.0	25.2

海区で半数を超えている。この海区は他の海区と比較して漁業経営体数が多く、資源管理の取組数はそれに比例していると考えられる[8)]。

さらに、「漁獲の管理」における規制方式別の取組数を表 4-16 に整理した。漁獲の管理においては、ほとんどの管理方法で「法制度による規制のみ」の取組数が半数以上を占め、最多となっている。一方で、「出漁日数、操業時間の規制」のように「法制度を上回る自主規制のみ」の取組数が50%を超えるものもある。

表4-16　漁獲の管理における管理方法ごとの規制方式別取組数（複数回答）

管理方法	規制方式	取組数（取組）	構成比（%）
漁法（養殖方法）の規制	法制度による規制のみ	421	54.8
	法制度を上回る自主規制のみ	245	31.9
	法制度による規制と自主規制	102	13.3
	小計	768	100.0
漁船の使用規制	法制度による規制のみ	399	74.0
	法制度を上回る自主規制のみ	111	20.6
	法制度による規制と自主規制	29	5.4
	小計	539	100.0
漁具の規制	法制度による規制のみ	815	56.3
	法制度を上回る自主規制のみ	486	33.6
	法制度による規制と自主規制	146	10.1
	小計	1,447	100.0
漁期の規制	法制度による規制のみ	1,217	47.6
	法制度を上回る自主規制のみ	838	32.8
	法制度による規制と自主規制	500	19.6
	小計	2,555	100.0
出漁日数、操業時間の規制	法制度による規制のみ	532	29.4
	法制度を上回る自主規制のみ	972	53.8
	法制度による規制と自主規制	303	16.8
	小計	1,807	100.0
漁獲（採捕、収獲）サイズの規制	法制度による規制のみ	1,156	52.6
	法制度を上回る自主規制のみ	692	31.5
	法制度による規制と自主規制	349	15.9
	小計	2,197	100.0
漁獲量（採捕量、収獲量）の規制	法制度による規制のみ	378	47.4
	法制度を上回る自主規制のみ	335	42.0
	法制度による規制と自主規制	84	10.5
	小計	797	100.0
その他	法制度による規制のみ	117	31.4
	法制度を上回る自主規制のみ	196	52.5
	法制度による規制と自主規制	60	16.1
	小計	373	100.0

4－4．地域活性化の取組状況

漁業地区が行っている取組は、資源管理・漁場保全の他にも様々なものがある。ここでは、漁業地区の地域活性化の取組状況について見よう。まずは、漁業地区の会合・集会等の開催状況である。表 4-17 に会合・集会等の議題別漁業地区数の割合を示した。漁業協同組合が関係する会合・集会等を開催した漁業地区数は全国で 1,468 地区である。議題別（その他を除く）にみると、「特定区画漁業権・共同漁業権の変更」が 687 地区（46.8%）と最も多く、「漁業地区の行事（祭り・イベント等）」の 611 地区（41.6%）がそれに続く。都道府県別に見ても、多くの都道府県で上記の２項目を議題とした会合・集会等を開催した漁業地区が多数となっている。漁業権管理に関わる事項とともに、地区を活気づける活動の実施に関して話し合いが行われていることがわかる。

表 4-17　都道府県別にみた会合・集会等の議題別漁業地区数の割合（複数回答）（2018 年）

（単位：地区、%）

	会合・集会等を開催した漁業地区数（実数）	会合・集会等の議題（複数回答）							
		特定区画漁業権・共同漁業権の変更	企業参入	漁業権放棄	漁業補償	漁業地区の共有財産・共有施設の管理	自然環境の保全	漁業地区の行事（祭り・イベント等）	その他
全国	1,468	46.8	1.3	2.4	7.6	11.3	16.6	41.6	63.4
北海道	108	62.0	-	0.9	4.6	6.5	8.3	50.0	51.9
青森県	45	26.7	6.7	4.4	13.3	24.4	15.6	37.8	75.6
岩手県	25	68.0	-	16.0	4.0	12.0	16.0	44.0	72.0
宮城県	45	60.0	-	-	8.9	11.1	13.3	26.7	60.0
秋田県	16	37.5	-	-	6.3	25.0	37.5	18.8	87.5
山形県	8	-	-	-	-	37.5	12.5	50.0	100.0
福島県	18	-	-	-	-	11.1	5.6	38.9	94.4
茨城県	10	-	-	-	-	-	10.0	30.0	90.0
千葉県	32	21.9	3.1	-	-	12.5	3.1	50.0	62.5
東京都	18	-	-	-	22.2	16.7	11.1	22.2	94.4
神奈川県	27	11.1	3.7	3.7	11.1	18.5	11.1	55.6	70.4
新潟県	44	38.6	-	-	9.1	6.8	11.4	61.4	56.8
富山県	16	-	-	-	6.3	-	12.5	50.0	100.0
石川県	30	60.0	-	-	-	3.3	10.0	16.7	53.3
福井県	10	60.0	-	-	-	20.0	30.0	40.0	50.0

静岡県	42	35.7	–	–	4.8	28.6	16.7	64.3	81.0
愛知県	28	64.3	–	–	–	–	46.4	25.0	42.9
三重県	74	52.7	–	–	2.7	9.5	20.3	35.1	64.9
京都府	7	85.7	–	–	–	–	–	28.6	85.7
大阪府	22	27.3	13.6	–	13.6	4.5	27.3	72.7	45.5
兵庫県	57	50.9	3.5	–	5.3	17.5	24.6	50.9	50.9
和歌山県	34	47.1	5.9	2.9	2.9	32.4	17.6	41.2	55.9
鳥取県	15	80.0	–	6.7	–	–	6.7	6.7	13.3
島根県	49	8.2	–	–	–	–	–	–	91.8
岡山県	16	43.8	–	–	12.5	6.3	18.8	31.3	75.0
広島県	42	64.3	4.8	2.4	26.2	9.5	23.8	61.9	57.1
山口県	80	20.0	–	–	5.0	7.5	16.3	65.0	77.5
徳島県	19	68.4	–	–	10.5	5.3	5.3	31.6	57.9
香川県	36	61.1	–	11.1	8.3	8.3	27.8	30.6	38.9
愛媛県	41	22.0	–	7.3	26.8	17.1	17.1	34.1	51.2
高知県	59	25.4	3.4	–	10.2	10.2	15.3	30.5	66.1
福岡県	63	44.4	–	4.8	17.5	14.3	30.2	55.6	54.0
佐賀県	47	97.9	–	2.1	–	17.0	17.0	42.6	97.9
長崎県	114	58.8	–	4.4	4.4	7.0	20.2	32.5	66.7
熊本県	38	57.9	2.6	2.6	–	5.3	15.8	31.6	50.0
大分県	25	64.0		4.0	4.0		8.0	20.0	44.0
宮崎県	18	50.0	–	5.6	11.1	16.7	38.9	50.0	50.0
鹿児島県	53	66.0	1.9	7.5	7.5	20.8	9.4	49.1	56.6
沖縄県	37	81.1	2.7	2.7	24.3	8.1	13.5	62.2	45.9

また、表4-18は、漁業協同組合が関係する活動別の漁業地区数を示したものである。まず、漁業協同組合が関係する地域活性化の取組を実施した漁業地区数は全国で1,520地区であった。そのうち、「ゴミ（海岸・海上・海底）の清掃活動」は約9割の地区が実施している。また、約4割の地区が「各種イベントの開催」（37.1％）、約3割の地区が「新規漁業就業者・後継者を確保する取組」（29.8％）や「水産に関する伝統的な祭り・文化・芸能の保存」（27.4％）を実施している。「6次産業化への取組」は約1割の地区が実施した。

活動内容別に見ると、「新規漁業就業者・後継者を確保する取組」を実施した漁業地区が多い県は、福井県（76.9％）、佐賀県（75.0％）、岩手県（69.0％）、山形県（62.5％）であった。「各種イベントの開催」は、佐賀県（72.9％）、次いで大阪府（66.7％）、福島県（66.7％）、神奈川県（65.5％）などで実施した地区数が多く見られた。「6次産業化への取組」は、茨城県（33.3％）、静岡県（31.8％）、大阪府（27.8％）、「ブルー・ツーリズムの取組」

表 4-18　都道府県別にみた漁業協同組合が関係する活動別漁業地区数の割合（複数回答）（2018 年）

（単位：地区、％）

	活動実施地区数(実数)	新規漁業就業者・後継者を確保する取組	ゴミ（海岸・海上・海底）の清掃活動	6 次産業化への取組	ブルー・ツーリズムの取組	水産に関する伝統的な祭り・文化・芸能の保存	各種イベントの開催
全国	1,520	29.8	87.9	11.0	4.7	27.4	37.1
北海道	84	28.6	84.5	7.1	6.0	23.8	61.9
青森県	38	15.8	94.7	7.9	-	15.8	63.2
岩手県	29	69.0	65.5	20.7	13.8	31.0	48.3
宮城県	39	56.4	71.8	25.6	15.4	17.9	33.3
秋田県	14	28.6	78.6	7.1	-	-	28.6
山形県	8	62.5	100.0	-	-	12.5	62.5
福島県	9	22.2	66.7	11.1	-	11.1	66.7
茨城県	9	33.3	55.6	33.3	22.2	22.2	44.4
千葉県	30	13.3	96.7	10.0	-	23.3	13.3
東京都	24	41.7	83.3	8.3	4.2	37.5	4.2
神奈川県	29	13.8	89.7	13.8	6.9	37.9	65.5
新潟県	36	30.6	77.8	8.3	2.8	19.4	61.1
富山県	17	52.9	100.0	11.8	11.8	47.1	41.2
石川県	28	21.4	82.1	7.1	3.6	28.6	28.6
福井県	13	76.9	100.0	23.1	-	46.2	30.8
静岡県	44	25.0	81.8	31.8	6.8	52.3	61.4
愛知県	37	10.8	91.9	2.7	5.4	10.8	21.6
三重県	88	8.0	92.0	5.7	2.3	17.0	28.4
京都府	12	50.0	83.3	8.3	-	-	-
大阪府	18	22.2	83.3	27.8	5.6	22.2	66.7
兵庫県	56	32.1	96.4	16.1	1.8	37.5	60.7
和歌山県	39	30.8	87.2	7.7	10.3	41.0	35.9
鳥取県	24	45.8	100.0	25.0	4.2	12.5	33.3
島根県	46	10.9	100.0	-	-	13.0	6.5
岡山県	24	25.0	100.0	4.2	4.2	4.2	29.2
広島県	50	12.0	100.0	20.0	2.0	36.0	34.0
山口県	81	44.4	87.7	8.6	1.2	35.8	29.6
徳島県	24	20.8	91.7	8.3	8.3	16.7	25.0
香川県	44	6.8	97.7	4.5	-	15.9	20.5
愛媛県	57	24.6	82.5	7.0	1.8	26.3	22.8
高知県	48	27.1	87.5	2.1	2.1	25.0	20.8
福岡県	64	18.8	87.5	17.2	1.6	39.1	42.2
佐賀県	48	75.0	95.8	10.4	8.3	22.9	72.9
長崎県	110	35.5	87.3	7.3	2.7	27.3	26.4
熊本県	53	20.8	86.8	9.4	1.9	24.5	20.8
大分県	28	28.6	100.0	10.7	3.6	28.6	39.3
宮崎県	22	31.8	86.4	9.1	9.1	22.7	36.4
鹿児島県	61	36.1	80.3	14.8	13.1	42.6	36.1
沖縄県	35	48.6	65.7	11.4	17.1	51.4	48.6

は、茨城県（22.2％）、沖縄県（17.1％）、宮城県（15.4％）、岩手県（13.8％）で実施した地区数が多かった。全国各地の漁業地区で、水産物、自然環境、伝統文化等の地域資源を活かして漁村地域に人を呼び込むような活動が実施されていることが分かる。これらは都市住民に対して漁業の存在感を高め、漁業地区の維持・存続に繋げる取組と言える。

４－５．おわりに

本章では、2018 年漁業センサスの漁業地区別データを用いて我が国の漁業地区の実態把握を行った。このことを通して、今日の地域漁業をとりまく厳しい経営環境の中、多くの漁業地区で漁業経営体の減少と高齢化が同時に進行していること、漁業生産の重要な担い手となる後継者確保が難航している状況が改めて確認できた。このまま漁業生産力の低下が続けば、水産物の安定供給に支障をきたすほか、地域によっては漁村の維持が困難になる恐れがある。一方、各地の漁業地区では、漁業者が資源管理・漁場改善の取組により漁業の経営基盤を維持し、地域活性化のための様々な取組を通して積極的に都市住民と交流を持ちながら地域漁業の再生を図ろうとする動きも見られた。すなわち、全国各地で漁業地区の存続に向けた活動が展開していることが確認できた。

我が国の漁業地区の実態は多種多様である。高齢化の進展具合、後継者の確保率等の目に見える数値は、たとえ隣同士の地区であっても千差万別なのである。漁業後継者の確保が漁業種類や販売金額等に規定される部分はそれなりに大きいとしても、実際には統計データだけでは補足できないその他の様々な要因が絡んでいると思われる。漁業を基盤とする漁業地区の存続条件について実態調査を通して解明し、漁村地域の持続可能性について検討していく必要があろう。

――― (注)

[1] 水産庁「令和元年度水産白書」、p.127

[2] 2018年漁業センサスで、自家漁業の後継者は「満15歳以上で過去1年間に漁業に従事した者のうち、将来、自家漁業の経営主になる予定の者」とされている。

[3] 他の主要な養殖業における後継者ありの漁業経営体数の割合は、ぶり類養殖43.7%、まだい養殖31.6%、かき類養殖30.2%、のり養殖35.6%（2018年）。

[4] 2018年の定置網の後継者あり漁業経営体数の割合は、大型定置網41.5%、さけ定置網40.5%、小型定置網25.9%であり、漁業大型定置網とさけ定置網で特に高い。

[5] 資源管理指針・資源管理計画は、それまでの資源回復計画に代わって2011年から導入された資源管理体制である。資源状況や漁業の実態を踏まえて水産資源の管理を合理的・計画的に実施する目的がある。国や都道府県が魚種または漁業種類ごとの具体的な管理方策等を内容とする「資源管理指針」を作成し、その指針に沿って関係漁業者が公的管理措置に加えて自主的な資源管理措置等を盛り込んだ「資源管理計画」を作成・実施する。沿岸から沖合、遠洋まで全国の漁業が対象であり、2020年3月31日現在、全国で2,063件の資源管理計画が実施されている。国は、この体制の下で計画的に資源管理に取り組む漁業者に対し、漁業収入が一定の基準を下回った場合に減収を補填する漁業収入安定対策事業により、漁業経営の安定化を図っている。

[6] 取組数では「その他の魚類」(2,189)、「その他の貝類」(639)、「その他の海藻類」(626)、「その他のえび類」(400) 等が多いが、ここでは単体の魚種のみを示した。

[7] 「漁場改善計画」は、養殖漁場の環境を維持・改善することで養殖生産を持続的に行うことを目的として、1999年の持続的養殖生産確保法に基づいて漁業協同組合や養殖業者等の区画漁業権を有する者が自主的に作成するものである。

[8] 大海区別の漁業経営体数は、海区によって大きく異なる。東シナ海（19,740経営体）、瀬戸内海区（13,197経営体）、太平洋中区（10,615経営体）、太平洋北区（8,163経営体）、北海道太平洋北区（6,964経営体）、太平洋南区（6,581経営体）、日本海西区（5,187経営体）、日本海北区（4,495経営体）、北海道日本海北区（4,125経営体）である。主な漁業種類は、東シナ海区が採貝・採藻、のり類養殖、いか釣り、瀬戸内海区が小型底びき網、採貝・採藻、船びき網、かき類養殖、のり類養殖、太平洋中区が採貝・採藻、小型底びき網、のり類養殖、船びき網、真珠養殖等である。

トピックス⑥ 持続可能な漁業に対する関心の高まり

2015年9月に行われた国連サミットで、持続可能な開発目標（SDGs）が採択された。

SDG sには、2030年までに世界が達成すべき17の目標が定められている。そのうち14番目の目標は、「海の豊かさを守ろう」である。この目標の中には海洋環境の保全や水産資源の持続的利用をテーマとする10のターゲットが設定されており、過剰漁獲やIUU漁業を規制し、科学的な資源管理を行うことが明記されている。

図 SDGs 目標14のロゴマーク

そんな中、水産資源の持続的利用や、環境負荷に配慮した方法で生産された水産物であることを消費者に伝えることを目的とした水産エコラベルを活用する動きが、欧米を中心に世界的に広がっている。

世界には様々な種類の水産エコラベルがあり、それぞれに運営組織が存在する。日本国内で使用されている主な水産エコラベルには、英国に本部を置く海洋管理協議会が運営するMSC（Marine Stewardship Council）やオランダに本部を置く水産養殖管理協議会によるASC(Aquaculture Stewardship Council)、一般社団法人マリン・エコラベル・ジャパン協議会によるＭＥＬ（Marine Eco-label Japan)、一般社団法人日本食育者協会によるAEL(Aquaculture Eco-Label)などがあり、それぞれに日本産水産物の認証実績がある。

米国やイギリスといった欧米先進国では、人や社会、地球環境、地域などへの影響を考慮した商品を優先的に購入する消費形態が注目されており、エシカル消費と呼ばれている。こうした消費形態は欧米の高所得者層を中心に急速に普及しており、現地の大手スーパーマーケットの中には、エコラベルの付いていない製品を扱わないという企業もあるほどであり、日本産の水産物を輸出する際の障壁となるケースもある。

日本国内でも、一部の大手量販店やファストフードチェーンでは水産エコラベルの認証を受けた水産物を積極的に取り扱い、エシカル消費を促そうという動きがみられる。

一方で、水産物の品質や価格を重視して商品を選択する日本国内の消費者には馴染みが薄い。認証の取得に手間と費用が掛かる反面、付加価値向上に繋がらないとの意見も根強い。

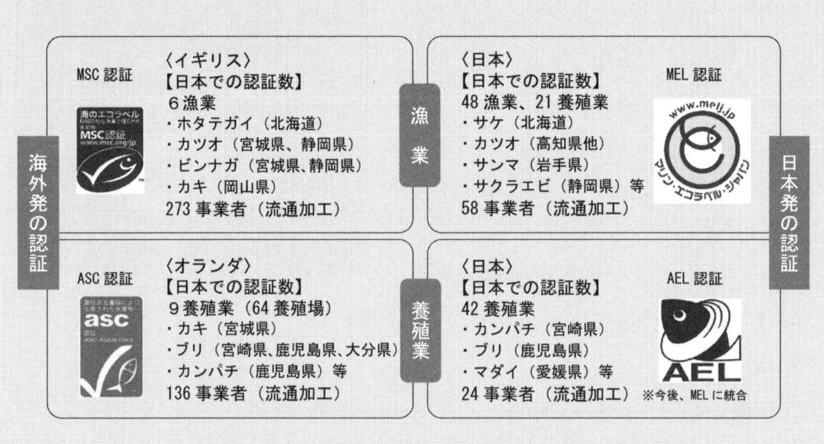

わが国で主に活用されている水産エコラベル認証
『令和元年度　水産白書』より引用

第５章　震災復興

濱田　武士

本章は、被災地の動向を見ていくものであるが、2013年次の漁業センサス分析を引き継いで岩手県、宮城県および福島県を被災地の対象とする。

2013年時点の分析では多くの項目において福島県を省かざるを得なかった。なぜなら、東京電力福島第一原発の事故の影響を強く受けて、水産物への「風評」を防ぐために“試験操業”という形で操業の再開・拡大を強く抑制し、2013年時点は、海上作業30日以上という漁業経営体の要件をクリアできている漁業世帯はほぼなかったからである。徐々に震災前に近づけてはいるが、2021年３月現在もなお、県下の沿岸漁業においては操業を統制して漁獲物については安全を確認してから流通させるというスタイルが行われている。その後、試験操業はかなり拡大し、2018年には漁業世帯の状況が数値に表れてきた。2013年→2018年における漁業経営体の階層移動の動向などは追えないが、このたびの分析ではできる限り福島県の状況も見ていくことにする。

そこで本章では、地域の全体像を分析しながら、2008年→2013年→2018年における各県の漁業経営体の動向を確認していきたい。

５－１．被災県の動向

表5-1は、被災地三県の2008年、2013年、2018年における漁業経営体、漁船、漁業従事者、専兼業経営体数、産地市場、水産加工に関するデータを示している。

このデータから見て取れるように各県の状況は異なる。

まず、漁業生産量を見ると、2013年→2018年において岩手県が減少したのに対して宮城県と福島県は増加した。しかし、漁業産出額は、宮城県、福島県と同じく岩手県も増加した。

漁業経営体数については、2013年→2018年において三県とも増加した。ただし、岩手県では共同経営が、宮城県では団体経営体、漁業協同組合、漁業生産組合が減少となった。復興関連事業において、こうした経営形態が受け皿となったが、事業の終了をもって解消したと言えるであろう。それはともあれ、各県とも個人経営体が増加していて、復興がさらに進んだという印象をもつことができる。このことについては後の分析で触れることになる。

漁船についても、漁業従事者についても、漁業経営体と同様、三県とも、2013年→2018年においては増加した。ただし、無動力漁船、岩手県、宮城県の雇用者数は減少した。

個人経営体の専業・兼業別の経営体数は、岩手県・宮城県において専業が増加、第1種兼業、第2種兼業は減少している。両県とも第1種兼業よりも第2種兼業の方が、18/13の値が低い。つまり、個人経営体は増加しただけでなく、専業化も同時に進んだと言える。ただし、13/08の値は両県とも第1種兼業の方が第2種兼業よりも低くかったことを踏まえると、震災直後は第1種兼業の復興が鈍かったとも言える。これらについては専・兼業の移動が関係することから5－4節で改めて分析することにする。

産地市場については、漁業生産量・額と同じ傾向である。すなわち、岩手県では取扱数量は落ちたものの、取扱金額は増加し、宮城県と福島県では、取扱数量も取扱金額も増えたというものである。岩手県、宮城県、福島県は被害状況がそれぞれ異なるので、復興状況も異なるので単純に比較はできないが、漁業と流通部門の復興は、岩手県、宮城県、福島県の順で進んだ。その意味で、2018年の状況はすでに復興の「のびしろ」は岩手県でもっとも弱っていて、福島県においてはまだまだあると考えられる。それを証してくれるのが次の水産加工のデータである。

冷凍・冷蔵工場数、従業者数、水産加工場数、生産量は2013年→2018年で減少した。岩手県では、漁業経営体、漁船、漁業従事者は小幅ながら増えたが、水産加工分野においてすでに下り坂に入っている。それに対して宮

表 5-1　被災三県の 2008 年と 2013 年と 2018 年の比較

		単位	岩手県					宮城県					福島県					
			2008 年	2013 年	2018 年	13/08	18/13	2008 年	2013 年	2018 年	13/08	18/13	2008 年	2013 年	2018 年	13/08	18/13	18/08
漁業生産量		トン	216,170	144,618	126,589	67%	88%	379,157	246,260	265,911	65%	108%	100,620	45,322	50,077	45%	110%	50%
漁業産出額		百万円	45,303	31,362	37,883	69%	121%	82,861	57,002	78,871	69%	138%	20,377	7,919	9,679	39%	122%	47%
漁業経営体	漁業経営体	経営体数	5,313	3,365	3,406	63%	101%	4,006	2,311	2,326	58%	101%	746	14	377	2%	2693%	51%
	個人経営体	〃	5,204	3,278	3,317	63%	101%	3,860	2,191	2,214	57%	101%	716	-	354	nc	nc	49%
	団体経営体	〃	109	87	89	80%	102%	146	120	112	82%	93%	27	14	23	52%	164%	85%
	会社	〃	19	14	17	74%	121%	120	58	80	48%	138%	19	14	14	74%	100%	74%
	漁業協同組合	〃	23	23	24	100%	104%	5	37	3	740%	8%	3	-	-	nc	nc	nc
	漁業生産組合	〃	9	10	10	111%	100%	1	15	13	1500%	87%	-	-	-	nc	nc	nc
	共同経営	〃	55	39	37	71%	95%	18	10	16	56%	160%	4	-	9	nc	nc	225%
	その他	〃	3	1	1	33%	100%	2	-	-	nc	nc	1	-	-	nc	nc	nc
漁船	漁船	隻数	8,964	5,740	5,791	64%	101%	8,173	4,704	5,318	58%	113%	865	32	444	4%	1388%	51%
	無動力漁船隻数	〃	163	67	36	41%	54%	122	30	11	25%	37%	13	-	-	nc	nc	nc
	船外機付漁船隻数	〃	6,663	4,544	4,609	68%	101%	5,822	3,579	3,809	61%	106%	237	-	128	nc	nc	54%
	動力漁船隻数	〃	2,138	1,129	1,146	53%	102%	2,229	1,095	1,498	49%	137%	615	32	316	5%	988%	51%
従事者	漁業従事者数	人数	9,545	6,173	6,187	65%	100%	10,280	7,245	7,255	70%	100%	1,773	409	1,106	23%	270%	62%
	家族計	〃	5,853	2,872	3,315	49%	115%	5,349	2,678	3,005	50%	112%	906	-	478	nc	nc	53%
	男	〃	4,750	2,448	2,871	52%	117%	4,307	2,225	2,539	52%	114%	843	-	432	nc	nc	51%
	女	〃	1,103	424	444	38%	105%	1,042	453	466	43%	103%	63	-	46	nc	nc	73%
	雇用者数	〃	3,692	3,301	2,872	89%	87%	4,931	4,567	4,250	93%	93%	867	409	628	47%	154%	72%
専兼業	個人経営体	経営体数	5,204	3,278	3,317	63%	101%	3,860	2,19[illegible]	2,214	57%	101%	716	7	354	1%	5057%	49%
	専業	〃	1,429	987	1,255	69%	127%	1,580	1,01[illegible]	1,254	64%	124%	403	6	185	1%	3083%	46%
	第 1 種兼業	〃	2,031	1,078	1,026	53%	95%	1,414	694	636	49%	92%	238	2	108	1%	5400%	45%
	第 2 種兼業	〃	1,744	1,213	1,036	70%	85%	866	486	324	56%	67%	75	-	61	nc	nc	81%
市場	魚市場数	市場数	14	14	14	100%	100%	11	10	10	91%	100%	12	1	5	8%	500%	42%
	水産物取扱数量	トン	186,999	136,169	113,826	73%	84%	469,595	317,815	334,686	68%	105%	50,295	4,071	9,887	8%	243%	20%
	水産物取扱金額	百万円	45,427	37,599	40,127	83%	107%	149,390	125,36[illegible]	136,597	84%	109%	13,687	650	3,097	5%	476%	23%
水産加工	冷凍冷蔵工場数	工場数	176	145	128	82%	88%	268	183	208	68%	114%	111	63	65	57%	103%	59%
	従事者数	人数	4,940	3,824	3,430	77%	90%	10,956	5,364	7,601	49%	142%	2,704	1,780	1,778	66%	100%	66%
	水産加工場数	工場数	178	154	135	87%	88%	439	293	291	67%	99%	135	87	102	64%	117%	76%
	従事者数	人数	5,314	4,302	3,377	81%	78%	14,015	8,641	9,964	62%	115%	2,532	1,781	2,079	70%	117%	82%
	生産量(焼き/味付けのりを除く)	トン	145,932	123,572	102,631	85%	83%	482,301	232,123	319,547	48%	138%	42,268	22,560	26,519	53%	118%	63%

城県は、水産加工場数こそ僅か２工場減っているが、その他は増加した。特に生産量の増加は著しい。福島県は水産加工分野の項目すべてが増加している。ただし、従事者については僅かな伸びであって、人手不足のなかで今後水産加工分野が漁業の復興と併行してこれまでのような伸び率を維持できるとは考えられない。なぜなら、福島県の水産加工業が供給していた需要先を他県の水産加工業界が満たしてしまっている可能性が高いからである。例えば、2013 年→ 2018 年における宮城県の水産加工業の生産量の伸び（138％）は福島県の復興の遅れを吸収したかのようにも見える。

５－２．被災三県の市町村別の経営体の動向

表 5-2 は、2008 年、2013 年、2018 年における被災三県の各市町村別に漁業経営体数を示している。

表 5-1 で見たように 2013 年→ 2018 年では各県とも漁業経営体数は増加したのだが、各県を市町村単位で見ると状況はそれぞれ異なる。

岩手県においては、普代村、田野畑村の経営体数が大きく減少した。普代村は 32 ポイント、田野畑村においては 48 ポイントのマイナスである。両地域は 2008 年→ 2013 年において比較的減少を逃れていた。岩手県全体ではマイナス 37 ポイントだったが、普代村はマイナス 14 ポイント、田野畑村はマイナス 20 ポイントであった。復興は早かったが、衰退が早く進捗している可能性がある。

宮古市、山田町、大槌町、陸前高田市は漁業経営体数が大きく増加した。それぞれ、36 ポイント、18 ポイント、31 ポイント、47 ポイントの増加であった。2008 年→ 2013 年の増減率がマイナス 50 ポイント、マイナス 44 ポイント、マイナス 41 ポイント、マイナス 49 ポイントと、2013 年以後に復興が加速したと考えられる。

宮城県の動向は岩手県と違う。

2008 年→ 2013 年で 64 ポイント、90 ポイント減少していた女川町、山元町は 2013 年→ 2018 年において 54 ポイント、467 ポイント増加し、

表 5-2　市町村別漁業経営体数の変化

（単位：経営体）

県	市町村	2008年			2013年				2018年			
		経営体数	被害のあった経営体	被害のなかった経営体	経営体数	増減率	継続	新規着業経営体	経営体数	増減率	継続	新規着業経営体
岩手県	洋野町	645	470	175	415	-36%	375	40	342	-18%	295	47
	久慈市	145	131	14	135	-7%	81	54	106	-21%	97	9
	野田村	115	112	3	100	-13%	89	11	97	-3%	94	3
	普代村	169	152	17	145	-14%	115	30	98	-32%	92	6
	田野畑村	122	122	-	97	-20%	73	24	50	-48%	35	15
	岩泉町	130	130	-	53	-59%	41	12	43	-19%	28	15
	宮古市	1,025	1,025	-	511	-50%	452	59	696	36%	405	291
	山田町	544	539	5	303	-44%	243	60	357	18%	222	135
	大槌町	225	225	-	132	-41%	90	42	173	31%	109	64
	釜石市	827	827	-	540	-35%	428	112	473	-12%	343	130
	大船渡市	877	877	-	685	-22%	489	196	605	-12%	498	107
	陸前高田市	489	489	-	249	-49%	193	56	366	47%	201	165
宮城県	気仙沼市	935	935	-	500	-47%	473	27	515	3%	359	156
	南三陸町	628	628	-	472	-25%	378	94	505	7%	359	146
	石巻市	1,297	1,287	10	757	-42%	682	75	655	-13%	540	115
	女川町	390	390	-	139	-64%	128	11	214	54%	116	98
	東松島市	208	208	-	112	-46%	91	21	104	-7%	68	36
	松島町	104	104	-	69	-34%	68	1	53	-23%	45	8
	利府町	17	17	-	20	18%	14	6	13	-35%	11	2
	塩竈市	127	124	3	76	-40%	62	14	79	4%	51	28
	多賀城市	4	4	-	3	-25%	-	3	6	100%	1	5
	七ヶ浜町	183	183	-	123	-33%	86	37	123	0%	94	29
	仙台市	17	17	-	12	-29%	9	3	15	25%	9	6
	名取市	31	31	-	12	-61%	11	1	11	-8%	9	2
	岩沼市	0	0	-	-	nc	-	-	-	nc	-	-
	亘理町	36	36	-	13	-64%	9	4	16	23%	7	9
	山元町	29	29	-	3	-90%	-	3	17	467%	2	15
福島県	新地町	42	42	-	-	nc	-	-	23	nc	-	23
	相馬市	325	325	-	-	nc	-	-	200	nc	-	200
	南相馬市	56	56	-	-	nc	-	-	32	nc	-	32
	浪江町	74	74	-	-	nc	-	-	9	nc	-	9
	双葉町	0	0	-	-	nc	-	-	-	nc	-	-
	大熊町	2	2	-	-	nc	-	-	-	nc	-	-
	富岡町	8	8	-	-	nc	-	-	1	nc	-	1
	楢葉町	1	1	-	-	nc	-	-	-	nc	-	-
	広野町	0	0	-	-	nc	-	-	-	nc	-	-
	いわき市	235	235	-	14	-94%	13	1	112	700%	12	100

2013年以後の復興が顕著だった。

その一方で2008年→2013年に61ポイント減少して、2013年→2018年にさらに8ポイント減少した名取市もある。

仙台市は2008年：17経営体→2013年：12経営体→2018年：15経営体と漁業経営体数が震災前に近づいており、また多賀城市においては2008年：4経営体→2013年：3経営体→2018年：6経営体と震災前の漁業経営体数を越えている。

気仙沼市、南三陸町、塩竈市は、2013年→2018年において僅かながら増加した。

福島県においては、2013年時点でのデータがいわき市以外ないため、岩手県や宮城県のような動向を見て取れない。ただ、相馬市においては2008年：325経営体→2018年：200経営体と県内では群を抜いて再開している漁業経営体が多い。

個人経営体数は、当該漁業経営体が海上作業を30日以上という条件をクリアしたもので、漁業を行っていたとしても30日以下ならカウントされない。そのことから、2013年には漁業を再開していたとしても、このような条件がクリアされていない経営体が相当数あったと思われる。他方で、2013年→2018年で高齢化などによって海上作業日数を30日以下に減らしてカウントされなくなった個人経営体がこれまた相当数出てきていると考えられる。

5－3．漁業種類別の経営体数の動向

表5-3は、岩手県、宮城県、福島県における2018年の営んだ漁業種類別漁業経営体数の上位10位までの数値を、2008年、2013年と併記したものである。

2013年時点では、採貝・採藻漁業など沿岸で行われる多種多様な小規模な漁業、またわかめ養殖、こんぶ養殖など単年度サイクルの養殖業が上位を占める状況となった。一方で、投資額が大きく、複数年度サイクルのほたてがい養殖やかき類養殖の再開が鈍いという状況であった。

表 5-3　2008 年、2013 年、2018 年の営んだ漁業種類別の経営体数
（2018 年の上位 10 位）

（単位：経営体）

		2008 年	2013 年	2018 年	13/08	18/13	18/08
岩手県	その他の漁業	4,822	3,105	3,120	64%	100%	65%
	採貝・採藻	4,789	3,098	3,092	65%	100%	65%
	わかめ類養殖	1,647	946	873	57%	92%	53%
	その他の刺網	868	574	554	66%	97%	64%
	ほたてがい養殖	1,049	206	437	20%	212%	42%
	その他の釣	516	293	410	57%	140%	79%
	こんぶ類養殖	720	482	386	67%	80%	54%
	かき類養殖	618	151	318	24%	211%	51%
	ほや類養殖	262	235	270	90%	115%	103%
	その他のはえ縄	489	259	264	53%	102%	54%
宮城県	採貝・採藻	2,517	1,085	1,072	43%	99%	43%
	その他の漁業	1,108	656	977	59%	149%	88%
	わかめ類養殖	1,108	795	856	72%	108%	77%
	その他の刺網	1,013	591	603	58%	102%	60%
	かき類養殖	1,114	510	529	46%	104%	47%
	ほや類養殖	548	264	437	48%	166%	80%
	ほたてがい養殖	654	260	304	40%	117%	46%
	その他の網漁業	261	168	232	64%	138%	89%
	小型定置網	242	135	137	56%	101%	57%
	その他の釣	119	77	119	65%	155%	100%
福島県	その他の刺網	308	-	176	nc	nc	57%
	船びき網	242	-	129	nc	nc	53%
	その他の漁業	230	-	119	nc	nc	52%
	採貝・採藻	119	-	110	nc	nc	92%
	その他の釣	139	-	79	nc	nc	57%
	のり類養殖	10	7	65	70%	929%	650%
	ひき縄釣	5	6	39	120%	650%	780%
	小型底びき網	129	-	37	5%	nc	29%
	沖合底びき網１そうびき	39	2	31	nc	1550%	79%
	その他のはえ縄	39	-	9	nc	nc	23%

しかしながら、2013年→2018年において、ほたてがい養殖、かき類養殖、ほや類養殖の増加が顕著となった。岩手県においては、ほたてがい養殖、かき類養殖とも順位が上昇した。さらに岩手県ではほや類養殖の漁業経営体数が2008年を超えた。

福島県においては、2013年時点では遠洋まぐろはえ縄漁業やさんま棒受網漁業等大臣許可漁業が主であったが、2018年時点では試験操業の漁業種が拡大して、その他の刺網、船びき網、その他の漁業、採貝・採藻漁業が上位を占めた。漁業生産量は震災前と比較すると少ないが、漁業を継続する意思のある漁業者は出揃ってきたと思われる。

5－4．岩手県と宮城県における経営体の動向
－販売階層移動、専業兼業移動、年齢階層移動

（1）漁獲物・収獲物の販売金額移動経営体数の動向

表5-4は岩手県、表5-5は宮城県における2013年→2018年の漁獲物・収獲物の販売金額移動経営体数を示している。

まず2013年次のセンサス分析の確認をしておこう。2008年→2013年において岩手県の継続経営体が2,840経営体（全経営体数3,365経営体）であり、うち上層移動した経営体が6.8%、維持が35.6%、下層移動が57.6%であり、宮城県の継続経営体が2,053経営体（全経営体数2,311経営体）であり、うち上層移動した経営体が11.2%、維持が29.7%、下層移動が59.1%であった。東日本大震災を挟んで漁業経営体の漁獲物・販売金額が大きく減少したことを裏付けた。

そこで表5-4と表5-5を見ると、岩手県の継続経営体2,419経営体（全経営体3,406経営体）のうち、増加が1,017経営体で42.0%、維持が1,091経営体で45.1%、下層移動が311経営体で12.9%であり、宮城県の継続経営体1,671経営体（全経営体2,326経営体）のうち、上層移動した経営体数は897経営体で53.7%、維持が532経営体で31.8%、下層移動が242経営体で14.5%である。

上層移動した経営体が岩手県で4割、宮城県で5割を超えている。維持も

表 5-4　岩手県における漁獲物・収獲物の販売金額移動経営体数

区分		継続経営体（2018年）														2013年継続経営体計	休廃業経営体	2013年経営体
		販売金額なし	漁獲物・収獲物の販売金額規模別															
			100万円未満	100～300	300～500	500～800	800～1,000	1,000～1,500	1,500～2,000	2,000～5,000	5,000万円～1億円	1～2	2～5	5～10	10億円以上			
継続経営体（2013年）	販売金額なし	-	1	1	-	-	-	-	-	-	-	1	-	-	-	3	4	7
漁獲物・収獲物の販売金額規模別	100万円未満	7	581	198	73	33	11	13	6	2	-	-	-	-	-	924	637	1,561
	100～300	5	130	275	112	66	41	21	20	6	-	-	-	-	-	676	207	883
	300～500	3	20	39	70	78	39	27	8	7	2	-	-	-	-	293	46	339
	500～800	-	4	7	22	54	40	62	10	6	-	-	-	-	-	205	26	231
	800～1,000	-	1	3	7	9	26	27	14	3	-	-	-	-	-	90	4	94
	1000～1,500	3	-	2	2	3	12	24	25	13	-	-	-	-	-	84	5	89
	1500～2,000	2	-	-	-	2	3	9	5	19	2	-	1	-	-	43	6	49
	2,000～5,000	3	-	-	-	1	1	4	-	31	8	1	1	-	-	50	7	57
	5,000万円～1億円	1	-	-	-	-	-	-	-	2	11	5	-	-	1	20	1	21
	1～2	-	-	-	-	-	-	-	-	-	-	4	9	-	-	13	2	15
	2～5	-	-	-	-	-	-	-	-	-	-	2	7	2	1	12	-	12
	5～10	-	-	-	-	-	-	-	-	-	-	-	2	2	1	5	1	6
	10億円以上	-	-	-	-	-	-	-	-	-	-	-	-	-	1	1	-	1
2018年継続経営体計		24	737	525	286	246	173	187	88	89	23	13	20	4	4	2,419	946	3,365
新規着業経営体		9	662	146	61	44	13	24	7	15	6	-	-	-	-	987		
2018年経営体		33	1,399	671	347	290	186	211	95	104	29	13	20	4	4	3,406		

注：1）枠で囲まれた数値は、2013年漁業センサスから2018年漁業センサスとの間の同一階層区分の経営体数を示す。

表 5-5　宮城県における漁獲物・収獲物の販売金額移動経営体数

区分	継続経営体（2018年） 販売金額なし	漁獲物・収獲物の販売金額規模別 100万円未満	100～300	300～500	500～800	800～1,000	1,000～1,500	1,500～2,000	2,000～5,000	5,000万円～1億円	1～2	2～5	5～10	10億円以上	2013年継続経営体計	休廃業経営体	2013年経営体
継続経営体（2013年） 販売金額なし	2	9	10	5	6	3	-	-	-	-	-	-	-	-	35	44	79
漁獲物・収獲物の販売金額規模別 100万円未満	4	170	130	32	20	12	9	4	8	2	4	-	-	-	395	291	686
100～300	-	62	120	78	48	25	17	12	6	4	4	-	-	-	376	138	514
300～500	-	9	31	60	57	28	30	14	13	1	3	1	-	-	247	60	307
500～800	1	-	10	29	48	21	38	20	16	1	1	-	-	-	185	30	215
800～1,000	-	1	4	8	10	18	31	17	16	3	-	1	-	-	109	14	123
1000～1,500	-	-	4	1	8	17	25	24	23	2	2	-	-	-	106	11	117
1500～2,000	-	1	-	2	2	-	13	19	34	2	2	-	-	-	75	7	82
2,000～5,000	-	3	1	3	2	1	2	2	38	23	5	2	-	1	83	11	94
5,000万円～1億円	-	-	-	-	2	-	-	-	2	9	4	-	1	-	18	10	28
1～2	-	-	-	-	-	-	-	-	-	4	3	4	-	-	11	8	19
2～5	-	-	-	1	-	-	-	-	-	-	1	8	4	1	15	10	25
5～10	-	-	-	-	-	-	-	-	-	-	-	-	7	3	10	4	14
10億円以上	-	-	-	-	-	-	-	-	-	-	-	-	1	5	6	2	8
2018年継続経営体計	7	255	310	219	203	125	165	112	156	51	29	16	13	10	1,671	640	2,311
新規着業経営体	12	184	120	57	63	45	47	18	41	26	30	8	2	2	655		
2018年経営体	19	439	430	276	266	170	212	130	197	77	59	24	15	12	2,326		

注：1）枠で囲まれた数値は、2013年漁業センサスから2018年漁業センサスとの間の同一階層区分の経営体数を示す。

表 5-6　岩手県における自営漁業の専兼業移動経営体数

区分			継続経営体（2018年）			2013年継続経営体計	休廃業経営体	休廃業率	2013年経営体
			自家漁業の専兼業別						
			専業	兼業					
				第1種兼業	第2種兼業				
継続経営体（2013年）	自家漁業の専兼業別	専業	507	145	43	695	292	29.6%	987
		兼業							
		第1種兼業	308	443	112	863	215	19.9%	1,078
		第2種兼業	156	228	401	785	428	35.3%	1,213
2018年継続経営体計			971	816	556	2,343	935	28.5%	3,278

新規着業経営体	284	210	480	974
2018年経営体	1,255	1,026	1,038	3,317

注：1）枠で囲まれた数値は、2013年漁業センサスから2018年漁業センサスとの間の同一階層区分の経営体数を示す。

含めると8割を超える。

2013年→2018年では、漁獲物・収獲物の販売金額が全般的に改善されたと言える。

（2）自営漁業の専業兼業移動

表5-6は岩手県、表5-7は宮城県における2013年→2018年の専業兼業移動の経営体数を示している。

表5-6を見ると、岩手県において専業継続経営体695経営体（2013年）から2018年に第1種兼業経営体に移ったのは145経営体（20.9％）、2種は43経営体（6.2％）であった。そのまま専業経営体に留まったのは507経営体（72.9％）。

第1種兼業継続経営体863経営体（2013年）から2018年に第2種兼業経営体に移ったのは112経営体（13.0％）であった。そのまま第1種兼業経営体に留まったのは443経営体（51.3％）であった。継続している2,343経営体中、兼業を強めた経営体は300経営体（12.8％）となった。

第1種兼業継続経営体863経営体（2013年）から2018年に専業に移ったのは、308経営体（35.7%）。第2種兼業継続経営体785経営体（2013年）から2018年に専業に移ったのは156経営体（19.9％）、第1種兼業経営体に移ったのは228経営体（29.0％）。そのまま第2種兼業経営体に留まったのは401経営体（51.1％）であった。継続している2,343経営体中、全体で専業度を強めた経営体は692経営体（29.5％）となった。

次に表5-7を見ると、宮城県において専業継続経営体769経営体（2013年）から2018年に第1種兼業経営体に移ったのは156経営体（20.3％）、第2種兼業経営体は28経営体（3.6％）。そのまま専業経営体に留まったのは585経営体（76.1％）。

第1種兼業経営体544経営体から2018年に第2種兼業経営体に移ったのは55経営体（10.1％）であった。そのまま第1種兼業経営体に留まったのは226経営体（41.5％）。継続している1,606経営体の中、兼業を強めた経営体は239経営体（14.9％）となった。

表 5-7　宮城県における自営漁業の専兼業移動経営体数

区分			継続経営体（2018年） 自家漁業の専兼業別 専業	兼業 第1種兼業	兼業 第2種兼業	2013年継続経営体計	休廃業経営体	休廃業率	2013年経営体
継続経営体（2013年）	自家漁業の専兼業別	専業	585	156	28	769	242	23.9%	1,011
		兼業							
		第1種兼業	263	226	55	544	150	21.6%	694
		第2種兼業	97	95	101	293	193	39.7%	486
2013年継続経営体計			945	477	184	1,606	585	26.7%	2,191
新規着業経営体			309	159	140	608			
2013年経営体			1,254	636	324	2,214			

注：1）枠で囲まれた数値は、2013年漁業センサスから2018年漁業センサスとの間の同一階層区分の経営体数を示す。

第１種兼業継続経営体 544 経営体（2013 年）から 2018 年に専業経営体に移ったのは、263 経営体（48.3%）。第２種兼業継続経営体が 293 経営体（2013 年）であり、2018 年に専業経営体に移ったのは 97 経営体（33.1%）、第１種兼業経営体に移ったのは 95 経営体（32.4%）であった。そのまま第２種兼業経営体に留まったのは 101 経営体（34.5%）である。継続している 1,606 経営体の経営体の中、専業度を強めた経営体は 455 経営体（28.3%）となった。

2013 年次の漁業センサス分析と比較すると、岩手県においては 2008 年→ 2013 年において兼業度強（24.1%）、専業度強（21.9%）となっており拮抗していたが、2013 年→ 2018 年では兼業度強（12.8%）、専業度強（29.5%）となっており専業度を強める経営体が兼業度を強める経営体を大きく上回った。同じく、宮城県においては 2008 年→ 2013 年において兼業度強（14.5%）、専業度強（19.1%）となっており専業度を強める経営体の方が多く、2013 年→ 2018 年でも兼業度強（14.9%）、専業度強（28.3%）となり専業度を強める経営体が兼業度を強める経営体を大きく上回った。

2013 年→ 2018 年の休廃業率は、岩手県が 935 経営体（28.5%）、宮城県が 585 経営体（26.7%）だった（2008 年→ 2013 年において両県とも 48%前後）。また両県とも第２種兼業が最も高く、岩手県が 35.3%、宮城県が 39.7%であった。ただし、両県とも休廃業を上回る新規着業があったため漁業経営体数は増加した。

以上、2013 年→ 2018 年については、漁業経営体数は、休廃業する経営体数を新規着業経営体数が上回り、継続経営体が専業度を強めたということになる。漁業・養殖業の依存度を強める経営体が増加したと言える。

（３）基幹的漁業従事者の年齢移動経営体数

2013 年→ 2018 年の基幹的漁業従事者の年齢移動経営体数を表 5-8 と表 5-9 に示した。表 5-8 が岩手県、表 5-9 が宮城県である。

岩手県では、基幹的漁業従事者が若返った経営体が 203 経営体（8.7%）、うち 20 歳若返った経営体（年齢 4 階層下に移動）が 110 経営体（4.7%）、

表 5-8　岩手県における基幹的漁業従事者の年齢移動経営体数

区分		継続経営体（2018年）														2013年継続経営体計	休廃業経営体	2013年経営体
		基幹的漁業従事者の年齢階層別																
		海上作業従事世帯員なし	海上作業従事世帯員あり															
			計	19歳以下	20〜24	25〜29	30〜34	35〜39	40〜44	45〜49	50〜54	55〜59	60〜64	65〜69	70〜74	75歳以上			
継続経営体（2013年）	海上作業従事世帯員なし	-	-	-	-	-	-	-	-	-	-	-	-	-	-	-	-	-	-
基幹的漁業従事者の年齢階層別	海上作業従事世帯員あり	-	2,343	-	2	3	17	38	82	133	207	269	274	468	386	464	2,343	935	3,278
	19 歳 以 下	-	1	-	-	-	-	-	-	-	-	-	1	-	-	-	1	-	1
	20〜 〜 24	-	7	-	-	2	1	-	-	-	1	3	-	-	-	-	7	1	8
	25 〜 29	-	15	-	-	-	11	-	-	-	-	3	-	1	-	-	15	1	16
	30 〜 34	-	32	-	-	-	-	23	4	-	-	-	3	2	-	-	32	4	36
	35 〜 39	-	57	-	-	-	-	1	46	2	-	-	-	2	2	4	57	13	70
	40 〜 44	-	103	-	-	-	-	-	3	93	4	-	-	-	1	2	103	22	125
	45 〜 49	-	188	-	-	-	-	-	-	5	178	3	1	-	-	1	188	45	233
	50 〜 54	-	248	-	2	1	-	-	-	-	5	232	4	2	1	1	248	41	289
	55 〜 59	-	273	-	-	-	-	1	-	-	1	12	241	15	1	2	273	93	366
	60 〜 64	-	477	-	-	-	3	7	8	1	-	1	14	428	13	2	477	120	597
	65 〜 69	-	408	-	-	-	2	5	11	9	2	-	3	16	352	8	408	147	555
	70 〜 74	-	306	-	-	-	-	1	9	17	8	4	-	-	16	251	306	185	491
	75 歳 以 上	-	228	-	-	-	-	-	1	6	8	11	7	2	-	193	228	263	491
2018年継続経営体計		-	2,343	0	2	3	17	38	82	133	207	269	274	468	386	464	2,343	935	3,278
新規着業経営体		-	974	-	4	15	21	27	42	64	78	84	118	184	161	176	974		
2018年経営体		-	3,317	-	6	18	38	65	124	197	285	353	392	652	547	640	3,317		

注:1）枠で囲まれた数値は、2013年漁業センサスから2018年漁業センサスとの間の同一階層区分の経営体数を示す（但し、5歳区分の年齢階層については、2008年漁業センサスから2013年漁業センサスへの動きを見た場合、1階層上位への移動を示している。）。

表 5-9　宮城県における基幹的漁業従事者の年齢移動経営体数

区分		継続経営体（2018年） 基幹的漁業従事者の年齢階層別															2013年継続経営体計	休廃業経営体	2013年経営体
		海上作業従事世帯員なし	海上作業従事世帯員あり																
			小計	19歳以下	20～24	25～29	30～34	35～39	40～44	45～49	50～54	55～59	60～64	65～69	70～74	75歳以上			
継続経営体（2013年） 基幹的漁業従事者の年齢階層別	海上作業従事世帯員なし	-	1	-	-	-	-	-	-	-	-	1	-	-	-	-	1	-	1
	海上作業従事世帯員あり	1	1,604	-	1	4	12	35	59	109	155	161	196	324	223	325	1,604	585	2,190
	19 歳 以 下	-	-	-	-	-	-	-	-	-	-	-	-	-	-	-	0	-	-
	20～ ～ 24	-	1	-	-	1	-	-	-	-	-	-	-	-	-	-	1	2	3
	25 ～ 29	-	7	-	-	-	3	-	-	-	2	1	1	-	-	-	7	3	10
	30 ～ 34	-	25	-	-	-	1	19	3	-	-	-	-	1	-	1	25	6	31
	35 ～ 39	-	43	-	-	-	-	-	30	4	-	-	-	3	5	1	43	9	52
	40 ～ 44	-	79	-	-	-	-	-	1	70	6	-	-	2	-	-	79	20	99
	45 ～ 49	-	132	-	-	1	-	-	-	8	120	1	-	-	-	2	132	22	154
	50 ～ 54	-	157	-	-	-	2	-	-	-	4	139	6	3	-	3	157	34	191
	55 ～ 59	-	205	-	-	-	4	1	1	-	-	9	171	16	2	1	205	64	269
	60 ～ 64	-	322	-	-	-	2	9	6	2	1	-	10	270	20	2	322	70	392
	65 ～ 69	1	260	-	-	1	-	5	11	8	3	1	2	22	190	17	260	78	339
	70 ～ 74	-	199	-	-	-	-	1	7	13	8	1	-	3	5	161	199	111	310
	75 歳 以 上	-	174	-	1	1	-	-	-	4	11	9	6	4	1	137	174	166	340
2018年 継続経営体計		1	1,604	0	1	4	12	35	59	109	155	162	196	324	223	325	1,604	585	2,191

区分	海上作業従事世帯員なし	小計	19歳以下	20～24	25～29	30～34	35～39	40～44	45～49	50～54	55～59	60～64	65～69	70～74	75歳以上	計
新規着業経営体	2	606	-	-	3	11	19	26	28	44	76	93	133	92	81	608
2018年経営体	3	2,211	-	1	7	23	54	85	137	199	238	289	457	315	406	2,214

注:1）枠で囲まれた数値は、2013 年漁業センサスから 2018 年漁業センサスとの間の同一階層区分の経営体数を示す（但し、5 歳区分の年齢階層については、2008 年漁業センサスから 2013 年漁業センサスへの動きを見た場合、1 階層上位への移動を示している。）。

高齢化した経営体が 90 経営体（3.8%）であり、宮城県では、基幹的漁業従事者が若返った経営体が 190 経営体（11.8%）、うち 20 歳若返った経営体が 103 経営体（6.4%）、高齢化した経営体が 103 経営体（6.4%）であった。2013 年次の漁業センサス分析では、基幹的漁業従事者が 20 歳若返った経営体の割合は岩手県が 6.9%、宮城県が 8.8%、高齢化した経営体の割合においては岩手県が 7.3%、宮城県が 7.3%だった。2013 年→ 2018 年の傾向としては若返る傾向が弱まったと言える。

20 歳若返った世帯では親から子への継承が進んだと考えられるが、高齢化した経営体の事由についていろいろと想定される。たとえば、基幹的漁業従事者が事故などでなくなったり、漁業外の仕事に従事するようになったりして、その親や経営主の妻が経営主になったというケースである。

５－５．専兼別・基幹的漁業従事者の男女別年齢階層別経営体数

専兼別・基幹的漁業従事者の男女別年齢階層別経営体数を表 5-10、表 5-11、表 5-12 に示した。表 5-10 が岩手県、表 5-11 が宮城県の数値であり、2013 年と 2018 年を並べている。表 5-12 は福島県の数値であり、2013 年時点では漁業経営体が少ないため 2018 年のみ示した。

（1）岩手県（表 5-10）

岩手県では、2013 年では専業経営体がもっとも少なかったが、2018 年の 2013 年→ 2018 年において増加し、もっとも多くなった。29 歳以下、30 ～ 34 歳そして 60 ～ 64 歳を除いたすべての階層で経営体が増加した。

第１種兼業経営体は 1,078 経営体→ 1,026 経営体と若干の減少である。増加した階層は、40 ～ 44 歳、50 ～ 54 歳、65 ～ 69 歳、70 ～ 74 歳、75 歳以上の階層であり、また 1,213 経営体→ 1,036 経営体と減らした第２種兼業経営体では、30 ～ 34 歳、65 ～ 69 歳、75 歳以上が増加した。

2018 年の専業経営体の年齢分布を見ると、75 歳以上がもっとも割合が高く、年齢階層を下げるほど割合が低くなる。この傾向は 2013 年とは変わらない。しかしながら、第１種兼業になるとモードが 65 ～ 69 歳にある。

表 5-10　岩手県における専兼別・基幹的漁業従事者の男女別年齢階層別経営体数

（単位：経営体、％）

		基幹的漁業従事者	海上作業従事世帯員あり										
			計	29歳以下	30～34	35～39	40～44	45～49	50～54	55～59	60～64	65～69	70～74	75歳以上
専業	2013年	男女	987	4	10	12	37	44	75	77	156	175	184	213
		割合	100.0%	0.4%	1.0%	1.2%	3.7%	4.5%	7.6%	7.8%	15.8%	17.7%	18.6%	21.6%
		女	18	-	-	-	1	-	-	-	2	4	4	7
	2018年	男女	1,255	1	8	26	38	66	80	111	127	248	251	299
		割合	100.0%	0.1%	0.6%	2.1%	3.0%	5.3%	6.4%	8.8%	10.1%	19.8%	20.0%	23.8%
		女	19	-	-	-	-	-	1	-	2	5	3	8
第1種兼業	2013年	男女	1,078	14	15	28	46	104	87	124	205	180	153	122
		割合	100.0%	1.3%	1.4%	2.6%	4.3%	9.6%	8.1%	11.5%	19.0%	16.7%	14.2%	11.3%
		女	19	1	1	-	-	1	-	4	1	2	5	4
	2018年	男女	1,026	11	12	21	49	69	117	114	127	196	156	154
		割合	100.0%	1.1%	1.2%	2.0%	4.8%	6.7%	11.4%	11.1%	12.4%	19.1%	15.2%	15.0%
		女	28	1	1	-	-	-	-	3	3	6	7	7
第2種兼業	2013年	男女	1,213	7	11	30	42	85	127	165	236	200	154	156
		割合	100.0%	0.6%	0.9%	2.5%	3.5%	7.0%	10.5%	13.6%	19.5%	16.5%	12.7%	12.9%
		女	84	-	-	-	-	1	8	10	26	15	11	13
	2018年	男女	1,036	12	18	18	37	62	88	128	138	208	140	187
		割合	100.0%	1.2%	1.7%	1.7%	3.6%	6.0%	8.5%	12.4%	13.3%	20.1%	13.5%	18.1%
		女	39	-	-	-	1	-	-	4	6	15	7	6

2013 年の 60 ～ 64 歳にあったモードが高齢化した格好となった。2018 年の分布は 65 ～ 69 歳をモードに年齢階層を下げるほど少なくなっていく。第２種兼業の年齢分布や傾向も第１種兼業とほぼ同じ傾向であった。

女性の基幹的漁業従事者は 50 歳以上の階層に多い。2013 年→ 2018 年においては専業経営体が 18 経営体→ 19 経営体とほぼ変化はなく、第１種兼業経営体が 19 経営体→ 28 経営体と増え、第２種兼業経営体が 84 経営体→ 39 経営体と大きく減った。

（2）宮城県（表 5-11）

宮城県では 2018 年に専業経営体が第１種兼業経営体と第２種兼業経営体の合計を上回る状況となった。2013 年も専業経営体が多かったが、その状況がさらに強まった。2013 年の第２種兼業経営体はもっとも少なかったがより減少した。2013 年→ 2018 年において専業経営体、第１種兼業経営体、第２種兼業経営体が均衡した岩手県とは対照的である。

専業経営体は、40 ～ 44 歳を含めてそれより上の年齢階層で経営体が増加した。第１種兼業経営体では 29 歳以下、35 ～ 39 歳、65 ～ 69 歳、70 ～ 74 歳で、第２種兼業経営体では 35 ～ 39 歳のみで経営体が増加した。

2013 年では専業経営体では 75 歳以上の経営体数がもっとも多かったが、2018 年には 2013 年時に２番目だった 60 ～ 64 歳が 65 ～ 69 歳となってもっとも多くなり、モードが移った。2018 年の第１種兼業経営体のモードは 65 ～ 69 歳である。2013 年にモードだった 60 ～ 64 歳がスライドした。2018 年の第２種兼業経営体では 75 歳以上がもっとも多くなった。2013 年では 65 ～ 69 歳がモードであったが、５年後の 2018 年の 70 ～ 74 歳では経営体数が減少した。専業経営体のモードが少し若返る一方で、第２種兼業の高齢化はより著しくなっている。

宮城県では岩手県と比べると女性の基幹的漁業従事者は少なく、55 歳以上の階層に多いが分散している。2013 年→ 2018 年において専業経営体が 10 経営体→ 12 経営体と若干増え、第１種兼業経営体が 11 経営体→２経営体、第２種兼業経営体が 13 経営体→３経営体と大きく減った。

表 5-11　宮城県における専兼別・基幹的漁業従事者の男女別年齢階層別経営体数

（単位：経営体、%）

		基幹的漁業従事者	海上作業従事世帯員あり										
			計	29歳以下	30～34	35～39	40～44	45～49	50～54	55～59	60～64	65～69	70～74	75歳以上
専業	2013年	男女	1,010	6	14	29	48	74	78	122	165	148	152	174
		割合	100.0%	0.6%	1.4%	2.9%	4.8%	7.3%	7.7%	12.1%	16.3%	14.7%	15.0%	17.2%
		女	10	-	-	-	-	1	-	-	-	4	3	2
	2018年	男女	1,252	3	12	26	50	79	107	130	169	261	170	245
		割合	100.0%	0.2%	1.0%	2.1%	4.0%	6.3%	8.5%	10.4%	13.5%	20.8%	13.6%	19.6%
		女	12	-	1	-	2	-	-	-	-	4	1	4
第1種兼業	2013年	男女	694	2	10	14	38	49	69	92	138	100	90	92
		割合	100.0%	0.3%	1.4%	2.0%	5.5%	7.1%	9.9%	13.3%	19.9%	14.4%	13.0%	13.3%
		女	11	-	-	-	-	2	-	2	5	1	1	-
	2018年	男女	636	4	8	16	27	41	64	68	87	137	93	91
		割合	100.0%	0.6%	1.3%	2.5%	4.2%	6.4%	10.1%	10.7%	13.7%	21.5%	14.6%	14.3%
		女	2	-	-	-	-	-	-	-	1	1	-	-
第2種兼業	2013年	男女	486	5	7	9	13	31	44	55	89	91	68	74
		割合	100.0%	1.0%	1.4%	1.9%	2.7%	6.4%	9.1%	11.3%	18.3%	18.7%	14.0%	15.2%
		女	13	-	1	1	-	-	2	-	2	2	2	3
	2018年	男女	323	1	3	12	8	17	28	40	33	59	52	70
		割合	100.0%	0.3%	0.9%	3.7%	2.5%	5.3%	8.7%	12.4%	10.2%	18.3%	16.1%	21.7%
		女	3	-	-	-	-	-	1	1	1	-	-	-

（３）福島県（表 5-12）

福島県では、専業経営体が 184 経営体、第１種兼業経営体が 108 経営体、第２種兼業経営体が 61 経営体という状況になっている。専業経営体、第１種兼業経営体､第２種兼業経営体､問わず基幹的漁業従事者の年齢階層でもっとも多いのは 65 ～ 69 歳となっている。ただし、第２種兼業経営体においては 75 歳以上と同数である。女性の基幹的漁業従事者は、専業経営体が５経営体、第１種兼業経営体が４経営体、第２種兼業経営体が６経営体となっている。すべて 50 歳以上である。

表 5-12　福島県における専兼別・基幹的漁業従事者の男女別年齢階層別経営体数（2018 年）

	基幹的漁業従事者	海上作業従事世帯員あり					
		計	29 歳以下	30 ～ 34	35 ～ 39	40 ～ 44	45 ～ 49
専業	男女	184	-	-	3	3	8
	割合	100.0%	-	-	1.6%	1.6%	4.3%
	女	5	-	-	-	-	-
第１種兼業	男女	108	1	1	1	4	9
	割合	100.0%	0.9%	0.9%	0.9%	3.7%	8.3%
	女	4	-	-	-	-	-
第２種兼業	男女	61	-	2	3	-	-
	割合	100.0%	-	3.3%	4.9%	-	-
		6	-	-	-	-	-

	基幹的漁業従事者	海上作業従事世帯員あり					
		50 ～ 54	55 ～ 59	60 ～ 64	65 ～ 69	70 ～ 74	75 歳以上
専業	男女	21	29	22	38	25	35
	割合	11.4%	15.8%	12.0%	20.7%	13.6%	19.0%
	女	1	1	-	1	1	1
第１種兼業	男女	9	20	16	22	14	11
	割合	8.3%	18.5%	14.8%	20.4%	13.0%	10.2%
	女	-	1	-	3	-	-
第２種兼業	男女	3	8	5	15	10	15
	割合	4.9%	13.1%	8.2%	24.6%	16.4%	24.6%
	女	-	1	-	1	1	3

（4）小括

基幹的漁業従事者が 65 歳以上の高齢になっている経営体は、後継者がいない場合、仮設住宅に入り、特に稼ぐ必要がないが、年金があり、ほどほどの生活費を漁業だけで稼ごうとしている漁業者が多いと考えられる。

2013 年→ 2018 年の変化としては、岩手県、宮城県においては専業経営体が増え、漁業世帯における漁業の依存度を高まったと言える。それでも漁業外の就業機会を得て生活費を充当していく必要のある漁業世帯は少なくない。被災地では人手不足が深刻になっていることから、漁業や養殖業における陸上作業などの被雇用者が見つからず、世帯員が漁業外就業できなくなっている可能性がある。

5－6．まとめ

2013 年→ 2018 年の経営環境は、過剰供給が解消されているため、それ以前と比較すると好転していた。かつて獲れるものが獲れなくなるなど資源の変動期や、養殖業では天候不順や度重なる低気圧の発生などで不作となったりして、漁獲数量や収獲量面では伸び悩んでいる。ただ、販売金額面でみると継続している経営体においては好転している経営体が多いことから、2013 年→ 2018 年で経営体数自体が増加したことも納得ができる。すなわち、海上作業日数が 30 日以内で止めていた個人経営体が本格的に再開するという状況を生んだと言うことである。もちろん、その背後には、がんばる漁業・がんばる養殖などの政府の復興支援の他、民間団体の支援策があったこともある。とはいえ、魚価形成面で好転していたことは、漁業者の操業意欲を高めてきたのも確かであろう。

――――（参考文献）

濱田武士「東日本大震災の被災地の動向」『わが国水産業の環境変化と漁業構造―2013 年漁業センサス構造分析書（農林水産省編）』（農林統計協会、pp.269-289、2017 年６月

［執筆者］（五十音順）

加瀬和俊　東京大学名誉教授

工藤貴史　東京海洋大学准教授

佐々木貴文　北海道大学大学院水産科学研究院准教授

佐野雅昭　鹿児島大学水産学部教授

西村絵美　国立研究開発法人水産研究・教育機構
水産大学校水産流通経営学科講師

濱田武士　北海学園大学経済学部教授

三木奈都子　国立研究開発法人水産研究・教育機構
水産技術研究所養殖部門養殖経営・経済室長

転換期におけるわが国漁業の構造変化
ー 2018年漁業センサス分析報告書ー

2021年10月19日　印刷
2021年10月31日　発行

定価は表紙カバーに表示してあります。

編　集　農林水産省
発行者　山本 義樹
発　行　有限会社　北斗書房

〒132-0024　東京都江戸川区一之江８丁目３の２　MMビル
http://www.gyokyo.co.jp
電話　03-3674-5241
振替　00170-7-56715

PRINTED IN JAPAN 2021

落丁・乱丁本はお取り替え致します。　印刷　モリモト印刷株式会社
ISBN978-4-89290-059-4　C3062